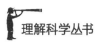
理解科学丛书

FEARFUL
The Search
for Beauty in Modern Physics SYMMETRY

可畏的对称

探寻现代物理学的美丽

（修订版）

［美］徐一鸿◎著　张礼◎译

清华大学出版社

北京

A. ZEE

FEARFUL SYMMETRY

EISBN：0-691-00946-5

Copyright © 1999 by Anthony Zee.

All Rights Reserved.

本中文简体字翻译版由作者授权清华大学出版社出版发行。未经出版者预先书面许可，不得以任何方式复制或发行本书的任何部分。

北京市版权局著作权合同登记号　图字：01-2013-7329

图书在版编目（CIP）数据

可畏的对称：探寻现代物理学的美丽/（美）徐一鸿著；张礼译. —修订版. —北京：清华大学出版社，2013（2025.4 重印）

（理解科学丛书）

ISBN 978-7-302-33168-1

Ⅰ. ①可… Ⅱ. ①徐… ②张… Ⅲ. ①对称－普及读物 Ⅳ. ①O411.1-49

中国版本图书馆 CIP 数据核字（2013）第 159295 号

责任编辑：朱红莲
封面设计：蔡小波
责任校对：王淑云
责任印制：丛怀宇

出版发行：清华大学出版社
　　　　网　　址：https://www.tup.com.cn，https://www.wqxuetang.com
　　　　地　　址：北京清华大学学研大厦 A 座　　邮　　编：100084
　　　　社 总 机：010-83470000　　　　　　　　邮　　购：010-62786544
　　　　投稿与读者服务：010-62776969，c-service@tup.tsinghua.edu.cn
　　　　质量反馈：010-62772015，zhiliang@tup.tsinghua.edu.cn
印 装 者：涿州市般润文化传播有限公司
经　　销：全国新华书店
开　　本：165mm×240mm　　印　张：21　　字　数：304 千字
版　　次：2005 年 4 月第 1 版　2013 年 11 月第 2 版　印　次：2025 年 4 月第 14 次印刷
定　　价：63.00 元

产品编号：050490-03

　　从 1606 年利玛窦与徐光启翻译完成《几何原本》(前六卷)算起,科学传入中国已整整四百年。但遗憾的是,科学在中国一直没有扎根,因为我们始终把科学作为提高生产力的手段,而忽视了她文化的一面。我们出版的大多数传播科学的著作仅限于叙述具体的科学知识,对科学的灵魂是什么这类基本问题很少涉及。因此,在中国学科学,就像外国人学京剧一样困难。因为周围没有名家指点,我们从小只能照着各种教科书比划唱念做打,最终只能是形似,离神似总有相当的距离。由此看来,要尽快提高中国的科学水平,除了引进名家做指导外,出版一些诠释科学文化,阐扬科学义理的著作也是很重要的。因此,这次清华大学出版社出版徐一鸿教授(Prof. Anthony Zee)所著的《可畏的对称》是值得所有爱好科学的中国人高兴的事情。

　　这本书与大多数科普著作不同,它不拘泥于讲述科学知识的细节,而是通过叙述科学家们如何一步步地窥探"上帝"

设计世界的原则，将现代物理学的整体架构呈现给读者。正是此书使我明白了科学的灵魂在于追求自然之美。在这一点上，科学与艺术是相近的，但她们追求的层次不同，手段也不同。艺术靠感官直觉体验自然（包括社会）的表观的美、形象的美；而科学则靠抽象思维（主要是数学）体验自然（包括社会）的本质的美、抽象的美。有趣的是，不论抽象的美还是形象的美都讲究平衡与对称。事实上，对称已成为现代科学（尤其是物理学）的基本美学原则之一，因为对称意味着不变，不变意味着规律，而在千变万化的自然现象中揭示不变的东西（规律）正是科学的本质追求。从这种意义上讲，对称是可畏的，更是可爱的。

作为硕果仅存的上古文明，五千年来中华文明一直以开放的姿态对待其他文明。两千年前，我们向佛教文化学习，大大提升了本土文化的内涵。今天，我们又要向科学文化学习。可以预见，两种文化融合之时，就是中华文明重光之际。历史将证明，《可畏的对称》一书中译本的出版将为此做出重要贡献。

张红雨

2006 年 6 月 28 日于山东理工大学

对称的概念普遍地存在人类的文化中。在自然世界的运作里，对称亦以许多不同的姿色展现自己。对称，这个概念简单到幼儿即能了解与使用，但其精神又微妙地融入最深奥又成功的物理理论，形成描述自然界如何运作的中心概念。因此，对称是一种既明显又深奥的议题。

对称应用在许多不同的领域。有些相当实用，例如应用于工程学，或是飞机左右对称的设计，或是桥梁建筑对称的设计，甚至普及于家具的设计，以满足人体工学的需要。另一方面，对称的其他用途很显然地是纯粹从审美的观点考虑，并且成为许多艺术创作的重心，在许多伟大的艺术作品中可见其宏伟壮丽的底蕴。在绘画、雕塑，或在音乐、文学作品中，对称已成为实际可量的准则。

在数学领域里，对称的概念不仅是订立深奥理论的出发点，更提供博大精深的洞见。在结晶学或是化学领域里，对称亦扮演关键性的角色。毋庸置疑地，在生物上的作用，对称亦占有重要的地位。在植物和动物世界的王国里,对称概念亦以不同的方式贡献于有机体是如何有效地运作。

举例来说,左右对称几乎普遍地存在于动物世界。然而,此普遍性虽然偶尔受到违反,像是蜗牛壳扭转的螺旋形状看似不符合对称概念,但事实上我们发现了另一种更深奥的对称。虽不明显,但蜗牛壳在其行走转动的过程中展现对称,主因是受之于转动时一致性的扩展或收缩。

在现代基础物理,我们发现在对称和非对称之间有着最微妙的互动关系。20 世纪的物理学,对称在自然界的基本作用力中扮演着独特的角色,有时置于核心,有时却捉摸不透地违反定律。对称的一些想法是相当简单且易于掌握的,而另一些则复杂到难以理解。但我深信这样的复杂,应不足以成为阻挡一般大众了解对称概念的借口。这些概念与想法经常展现出一种宏伟壮丽的美感。但这些概念若要以浅显易懂的方式向一般读者介绍说明,又要使其不被一些玄妙的语辞轰扰并仍能保持昂然的兴致,实非易事! 而徐一鸿教授(A. Zee)成就了这项艰困的任务,他这本经典之作《可畏的对称》,正以圆熟的思考及写作方式,如副标题所述地,带领读者探寻现代物理之美。

基础物理是门困难的学科。其中对称在此领域所扮演的关键性角色实在是很微妙! 基于这个原因,使它经常受阻于无法对大众作充分或更俱深度且令人满意的解释。在艺术的领域里或在建筑学和工程学上,引用对称的特质通常并不那么困难,像是简单地利用一张图片,就能将对称的概念表述地淋漓尽致。又如对生物的描述,或是在书本中阐述水晶物质的自然美感,在此提出对称概念的说明可以说是相对地轻而易举。另外在许多作品中,阐述纯几何学或是纯数学的对称形式,因易于亲近与可见,使得仅有简单数学背景的读者们即可理解。但对于基础物理来说,阐述对称的角色显得特别困难,主因是角色本身经常性地呈现抽象状态,又与依赖量子力学非直觉又令人混淆不清的基本原则息息相关。

对于量子物理学本身的需要,事实上并不容易理解。这是很微妙的,同时它对于深蕴在自然界运作时,不为人类所能理解的微妙意义有特别的重要性。直到对称和量子力学想法结合后,才巧妙地点出这微妙的精义,并对于我们理解自然界的基本作用力发挥关键性的突破。

我所说的这些主要在于彰显徐一鸿教授在此书所担负的重任,并为他撰写此书的宏伟成就感到万分钦佩。他为我们精辟地解说对称与美是如何结合的。藉由强调对称在自然界运作下如何呈现美感,而非让我们陷入数学细节的泥沼中,此外更进一步地说明在目前进展中所面临技术上及更深入的难题。

故事尚未结束,许多谜团及明显的矛盾仍然存在。当然,这也是它令人着迷而激起我们更想了解它的进展,并且认真地带领更多读者进入这前所未见的美妙世界。徐一鸿教授(A. Zee)的这本著作无疑地提供了绝佳的指南!

罗杰·彭罗斯(Roger Penrose)
于 2006 年 10 月

注:彭罗斯爵士,牛津大学荣誉教授,是当代最杰出的理论物理学家及世界畅销书的作家之一。与史蒂芬·霍金(Stephen Hawking)共同发表诸多重要的研究与著作。

　　决定写《可畏的对称》这本书，我感到很高兴。在1984 年访问得克萨斯大学期间，和杰出的物理学家斯梯夫·温伯格(Steve Weinberg)谈话时，他的秘书送来的邮件中恰好有关于他第二本科普著作的评论，我们的谈话自然转到写科普书的问题。此前，曾有几位物理学家鼓励我写一本关于量子场论的教科书。温伯格则不仅鼓励我写一本科普书，还把我介绍给他的出版人，并提出了有价值的建议。几个月之后，我就在纽约和温伯格的出版人共进午餐。我带来书中的一个样章，是关于守恒定律的。这一章开始的第一句就是"没有免费的午餐"。出版人笑了，并说"有"。从那时开始，不同的出版人、编辑和代理人请我去共进午餐或晚餐，我再次意识到，真是没有免费的午餐。好奇的读者可以在第8 章中见到这句话，虽然它不再是该章的开头。

　　我为写了《可畏的对称》这本书而高兴，因为我收到了喜欢这本书的读者的热情信件(甚至礼物)，因为我看到了使我感到温暖的书评，因为我听到了在国会图书馆发行的为盲人听的录音带中一位职业演员朗读我的书，还因为我看到我的书被译成几种文字，但最使我高兴的是这本书能使我偶尔可以离开物理学界。我被邀请到各种有趣的地方去作关于对称性的演讲，例如到孟买的国家表演艺术中心，在那里我体会到了古典印度舞蹈的对称性。我还被邀请到柏林艺术学院参加关于种族主义的国际讨论会。（种族主义和对称性有什么关系我就不清楚了。）《可畏的对称》这本书开始了我的写作生涯。从这本书的原稿中撤下来的一部分后来成了我第二本科普书《老人的玩具》的核心部分。不久我还发现《可畏的对称》书中的部分内容被摘引到一本关于写作的大学教科书中，我还被邀请去一个关于创造性写作的讨论班作演讲。

迈克米伦出版社使我的书脱销，我感到不高兴。此后我还知道了关于出版业的一些令人吃惊的统计。因此在得知普林斯顿大学出版社准备出《可畏的对称》新版时我感到高兴，尤其因为我是普林斯顿大学校友。我感谢物理学家莫夫·戈尔德伯格（Murph Goldberger）、戴夫·斯佩吉尔（Dave Spergel）和山姆·特瑞曼（Sam Treiman）对这个项目的鼓励，感谢我的编辑垂沃尔·李普康布（Trevor Lipcombe）和当娜·克让麦尔（Donna Kronemeyer）出色的工作。

感谢乔·波尔钦斯基（Joe Polchinski）和罗杰·设帕德（Roger Shepard）阅读我为普林斯顿大学版加的跋。我要再一次感谢所有读过部分或全部原书稿的物理学家：比尔·比阿莱克（Bill Bialek）、西德尼·科尔曼（Sidney Coleman）、莫瑞·盖尔曼（Murray Gell-Mann）、李政道、海因兹·佩格尔斯（Heinz Pagels）、斯梯夫·温伯格和弗兰克·威尔切克（Frank Wilczek）。最后我必须感谢格列青·徐（Gretchen Zee）多年来对我的支持和爱。

于圣巴巴拉（Santa Barbara）

1999 年 3 月

在《可畏的对称》中，我希望讨论 20 世纪物理学的审美动机。比起解释近代物理学的现实内容来，我更希望传达给读者的是关于基础物理学得以运行的智能框架。

阿尔伯特·爱因斯坦曾说过："我希望知道上帝是如何创造这个世界的。我对这样或那样的现象、这个或那个元素的能谱不感兴趣。我希望知道**他**①的思想，其余都是细节。"

作为一个物理学家，我倾心于爱因斯坦的这种情感。大多数当代物理学家致力于解释特定的现象，这本是应该的，但同时有小部分爱因斯坦的精神后代却变得具有更高的目标。他们进入夜间的森林寻找自然界的基本设计，并以极端的自负宣称已经瞥见了它的一部分。

有两个伟大的原则引导着这个寻找：对称性和重正化。重正化是指不同特征长度的物理过程是如何相互联系的。

---

① 原著中，为与凡人的"他"区别，作者在提到上帝或神灵时用大写"他"表示，译文中用黑体**他**表示，以下同。——译注

虽然我也会谈到重正化，但我的着重点是对称性，并把它当做基础物理学家观察自然界的审美观点。

最近几年，人们对近代物理学的兴趣不断增长。对"新"物理学的展示不断涌现。现在许多人都知道有数亿的星系，每一个星系又含有数亿的星体。我们知道世界可以通过亚核粒子来理解，其中的多数只存活几亿分之一秒。听到这些，读者会感到吃惊和眼花缭乱。是的，近代物理的世界真是千奇百怪。带有希腊字母名称的粒子随着量子的音乐狂舞，毫不遵守经典物理的决定论。但最终读者会带着失望的心情走开，虽然这些事实确实很新奇，但它们也枯燥烦人。

这本书是为愿意透过事实思考的好奇求知的读者写的。在我的想像中有这样一位读者的形象：这是我在年轻时一度遇到过的某个人；从那时起，这个人成了一位建筑家，一位舞蹈家，一位股票中介人，一位生物学家，或者一位律师；这是一位对近代物理学的思维和审美框架感兴趣的人。

这不意味着本书对近代物理惊人的发现不作解释。相反，在进入近代物理的知识框架的讨论之前必须对它们进行解释。但我希望读者合上这本书时不仅是对一些惊人的事实了解并认同，而且能认识到，如果没有这个框架，事实就仅停留为事实。

我并不想给出一个详细并全面的物理学的对称性的历史。将一个主要的发展归功于少数人的描述不符合历史，应该予以坚决地拒绝。谈到粒子物理的某些发展时，杰出的物理学家谢利·格拉肖（Shelly Glashow）曾说过："挂毯是许多工匠共同完成的。在完成的工作中你辨认不出某一个工匠的贡献，松的和错的线头被掩盖起来了。这就是粒子物理的图画……标准理论并不是从一个物理学家的头脑中充分发展出来的，甚至不是从三个人的头脑中①发展出来的。它也是许多科学家，包括实验家和理论家，集体奋斗的结果。"但在一个科普著作中，不可避免地要简化历史，希望读者理解这一点。

于圣巴巴拉

1986 年 4 月

---

① 指创立电弱相互作用统一理论的三个人，格拉肖就是其中之一，请参阅第 13 章。——译注

　　我们的朋友金姆·比乐（Kim Beeler）、克利斯·格罗思贝克（Chris Groesbeck）、玛沙·瑞特曼和弗兰克·瑞特曼（Martha Retman and Frank Retman）、黛安·舒福德（Diane Shuford），分别是心理学家、主修文艺历史的学生、律师、建筑家，他们读过稿件的各个部分，保证本书是非专业读者可以读懂的。

　　两位杰出的同事海因兹·佩格尔斯和斯梯夫·温伯格都出版过关于物理学的科普著作，他们鼓励我实现了写一本关于对称性的科普书的理想。他们慷慨地就写作和出版问题的方方面面对我提出忠告，并把我介绍给他们在出版界的朋友。

　　我对李政道、海因兹·佩格尔斯和斯梯夫·温伯格阅读原稿并给予有帮助的和鼓励的意见深表谢意。我还要感谢西德尼·科尔曼和弗兰克·威尔切克阅读第 12 章，莫瑞·盖尔曼阅读第 11 章，比尔·比阿莱克阅读清样。

我很幸运有查理·莱文(Charles Levine)做我的编辑。他的建议和支持是不可缺少的。我需要鼓励时,他给予鼓励;我需要批评时,他不吝批评。我把他作为朋友看待。

我的文稿编辑凯瑟琳·肖(Catherine Shaw)工作得很出色,因为我费了将近两个月的时间修改稿件以满足她的所有要求。她会不时地说:"这里我不懂!"因此,这本书变得更清楚易懂了。书稿由编辑罗伯塔·弗洛斯特(Roberta Frost)进一步润色。

我还要感谢马丁·凯斯勒(Martin Kessler)在工作的前期给予了我有帮助的建议。

我从代理人约翰·布洛克曼(John Brockman)和卡廷卡·马特森(Katinka Matsen)的忠告中受益匪浅。

我很高兴由海伦·米尔斯(Helen Mills)担任书的设计负责人。她的兄弟罗伯特将在第12章中和我们见面。在他们的家庭中有着欣赏对称和平衡的氛围。

最后我要感谢德布拉·维特摩伊尔(Debra Witmoyer)、丽莎·洛佩兹(Lisa Lopez)、格雯·凯特荣(Gwen Cattron)、凯蒂·多列姆斯(Katie Doremus)、卡纶·墨菲(Karen Murphy)和克列沙·瓦尔诺克(Kresha Warnock)打印稿子的不同部分。

绘 图 致 谢

邦尼·布莱特(Bonnie Bright),图 3.4,5.2,6.3,7.2,7.3,7.4,10.2,10.3,11.1,11.3,12.1,12,2,12.3,14.2,15.2

迈克尔·卡纶(Michael Cullen),图 3.5,3.9,9.1,11.7,13.2,14.1,14.4

黄季军,图 15.1

艾瑞克·均克尔(Eric Junker),图 5.1,5.3,5.4

乔·卡尔(Joe Karl),图 2.1,2.3,4.2

佩吉·罗伊斯特尔(Peggy Royster),图 4.3,13.1

克拉拉·维斯(Clara Weis),图 4.1

格列青·徐(Gretchen Zee),图 2.2,7.1,9.2,10.1

01

对称性与设计

Fearful
Symmetry
The search for Beauty in Modern Physics

我想要知道上帝是如何创造这个世界的。我对这个或那个现象,这个或那个元素的能谱不感兴趣。

我要知道的是他的思想。其他都是细节。

——爱因斯坦

1 美的寻求

我记得最清楚的是,当我提出一个自认为能使人信服而又合理的建议时,爱因斯坦一点也不表示反对,而只是说,"啊,多么丑!"当他遇到一个他认为丑的方程时,他只是对它不感兴趣,并且不能理解为什么有些人愿意花费那么多时间在它上面。他完全确信,在理论物理学中寻找一个重要结果时,美是一个指导原则。

——邦迪(H. Bondi)

美先于真

我和我的研究基础物理学的同事们继承了阿尔伯特·爱因斯坦的精神;我们也是在寻求美。有些物理方程是如此之丑,我们连看它一眼都不愿意,更不要说把它写下来了。我们承认,**最高设计者**①在描述宇宙时当然只会用美的方程!当有两个可用于描述**自然**的方程时,我们永远会选择符合我们审美标准的

---

① 原著在提到自然、上帝以及具有类似含义的名词时都用大写,译文用黑体字表示。——译注

那一个。"让我们首先来关心美,而真理会关照它自己的!"这就是基础物理学家庄严的口号。

读者或许认为物理学是精确的、有预言力的科学,并不适于从审美角度考虑。但实际上审美已经成为当代物理学的推动力。物理学家已经发现了一件奇怪的事:在基础水平上,**自然**是设计得很美的。我要和大家分享的就是这种奇妙的感觉。

训练我们的眼睛

什么是美?探求审美意义的哲学家连篇累牍地讨论它。但审美价值的绝对定义仍在虚幻之中。首先,时尚在变。鲁本斯(Rubens)①的贵妇人已不再出现于杂志封面上了。从一个文明到另一个文明审美感觉都不同。东方和西方风景绘画的风格不同。布拉曼特(Bramante)和贝聿铭的建筑设计有不同的美。如果在人类创作的领域内没有审美的客观标准,在谈论**自然**的美时又该用什么审美体系呢?我们该如何判断**自然**的设计呢?

在本书中,我要解释当代物理学的审美规则如何构成了可以严格表述的审美学体系。正如我的艺术史教授说的,人们应该"训练自己的眼睛"。对于建筑的鉴定,文艺复兴时期的建筑家和后现代的建筑家有同样的指导原则。同样地,物理学家应该训练他们的内在的眼睛来观察设计**自然**的普遍指导原则。

内在的美和外在的美

当我在海边找到一个鹦鹉螺(更大的可能是在贝壳商店),它的美会把我迷住。但是一位发育生物学家会告诉我,完美的螺线是贝壳不均匀生长的结果。但即使我知道了这一点,作为一个人,我对鹦鹉螺的美的迷恋不会减少,但作为物理学家,我要超越人们能看到的外在的美。我要讨论的美,不是拍岸的惊涛

---

① 鲁本斯,画家。由于当时的审美标准,他所画的美女体态都很胖。

或者当空的彩虹的美,而是蕴藏在物理定律中的更深刻的美,正是这些定律决定着水在不同形式下的行为。

在设计师的宇宙中生活

从爱因斯坦以来的物理学家被一个深刻的事实所震惊,我们在观察**自然**进入越来越深的层次时,**她**变得越来越美丽。为什么会这样呢? 我们也许会生活在一个内在很丑陋的宇宙中,就像爱因斯坦说的,"一个混沌的、无法通过思考来理解的世界"。

沿着这条思路思考会在物理学家思想中唤起类似宗教的感觉。在判断一个描述宇宙的物理理论时,爱因斯坦会问他自己,如果他就是**上帝**,他会创造这样的世界吗? 基础物理学家相信存在一个根本的设计。

音乐与歌词

物理学的科普工作者经常用特定物理现象的描述来款待读者,用近代物理的奇妙发现使他们吃惊。我更感兴趣的是把当代基础物理的知识性和审美性框架传达给读者。就说歌剧吧。歌剧迷们喜欢图兰朵(Turandot),但首先并不是因为它的歌词,这个荒诞的故事是因为普契尼(Pucchini)的音乐而走红。另一方面,不知道故事情节而把歌剧从头听到尾也是不容易的,更不用说只听交响乐部分了。音乐和歌词是交相辉映的。

同样地,叙述众多的特定物理现象(歌词)而不把它们放在近代物理的审美框架(音乐)中也令人生厌而且没有启发性。我希望给读者的是近代物理的音乐——引导物理学家的审美原则。但正像抽走声乐部分的歌剧是毫无意义的一样,脱离真实的物理现象来讨论审美也是空洞无物的。我必须叙述物理的歌词。最后我必须承认,作为基础物理学家和歌剧爱好者,我的心是更靠近音乐(而不是歌词)的。

(a)

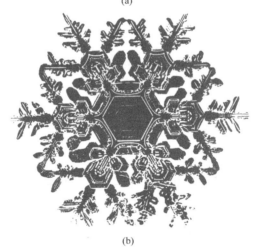

(b)

图 1.1　水在两个不同水平上的美

(a) 从神奈川远望富士山[北斋(Hokusai, 1760—1849),明尼阿波利斯艺术学院

(Minneapolis Institute of Art)提供];(b) 雪花的显微照相[霍依特(R. B. Hoit)

摄,摄影研究者社(Photo Researchers, Inc.)提供]

地方法规和宪法原则

在有关物理学的书中,"物理定律"一词到处泛滥。在民法中地方性法规和
宪法法律是不同的,所以在物理学中定律也有所不同。考虑胡克定律(Hooke's

Law)的叙述,拉长金属弹簧所需的力和弹簧伸长的量成正比。这是唯象定律的一个例子,是实验观察到的现象的简约叙述。在 20 世纪 30 年代,金属理论建立起来,胡克定律就可以用金属原子间的电磁作用解释了。胡克定律涉及一种特定的现象。与此对比,电磁学基本定律可以用来解释形形色色的不同现象。

当我在高中学习像胡克定律这样的东西时,我的印象是,物理学家需要找出尽可能多的定律才能解释物理世界的每一个现象。实际上,我和在基础物理领域内的同事们是在为得到尽可能少的定律而工作。基础物理学的雄心在于用一个基础定律来代替为数众多的唯象定律,以达到对**自然**的统一描述。为达到统一而努力就是《可畏的对称》的中心论题。

2 对称性与单纯

> 我想要知道**上帝**是如何创造这个世界的。我对这个或那个现象，这个或那个元素的能谱不感兴趣。我要知道的是**他**的思想。其他都是细节。
>
> ——爱因斯坦

对自然的一瞥

假想一位建筑师醒来发现自己被关在一个奇特的房间里，他冲到窗前向外观看，看见一座塔，另外一处有根柱子，显然他是在一处极大的别墅中。很快他的职业想像胜过了他的恐惧。他所看到的建筑是很美的，他被迷住了，并感到了挑战；从他所看到的，他要推演出别墅的基本设计。这个把一套复杂的结构放在另一套复杂的结构上的别墅设计者是一个疯子吗？他是没有韵律和没有理由地在这里修一个飞檐，那里放一块影壁吗？他是一个被雇用的建筑师吗？被囚禁的建筑师有着一个无法解释的信念，世界上一位最优秀的建筑师基于一个优美、单纯的统一原理设计了这座别墅。

我们也是一样，醒来发现自己置身于一个奇妙的美丽世界中。物理现象纯净的壮丽和丰富一直使我们惊讶。物理学在进步,物理学家们发现,多样性的现象并不要求同样多样性的规律来解释它们。在 20 世纪,物理学家变得越来越雄心勃勃。他们看到了量子的不停舞蹈,瞥见了空间和时间的永恒秘密。他们不再满足于解释这个或那个现象,他们被一种信仰所感染,**自然**有一个美丽的、单纯的基本设计。自从爱因斯坦以来,世界最终可以理解的信念一直支持着他们。

基础物理学的发展是爆发性的。缓慢积累起来的理解突然综合起来了,一个领域的前景忽然清楚了。20 世纪 20 年代量子物理的发现提供了一个戏剧性的例子。1971 年之后的年代也被认为是这样一个狂热创造性波涛汹涌的年代,从中涌现了更深刻的了解。在兴奋和无限的自负中,有的物理学家走得很远,甚至宣称我们现在已经瞥见了**自然**的最终设计。我们将要考察这种说法。

这一瞥显现了一个令人吃惊的事实:**自然**的基本设计是美丽的单纯。爱因斯坦是对的。

节约的美

"美"的提法需要说明白。在日常生活中我们关于美的观念是和心理的、文化的、社会的,甚至生物学的因素联系在一起的。显然这种美不是物理学所关心的。

自然在其定律中显露给物理学家的美是一种设计的美,在一定程度上使我们联想到古典建筑的美,几何与对称性显现在这种美之中。物理学家用来判断**自然**的审美体系也从几何学的简约的框架得到启发。画一个圆、一个正方形和一个长方形,快速回答哪一个图形更顺眼些?按照古希腊人的观点,可能最多的人选择圆。也不是没有人爱好正方形,甚至长方形。但存在客观的判据,把图形按照以下次序排列:圆、正方形、长方形。圆具有更大的对称性。

或许我不应该问哪个图形更美,而应该问哪个图形更对称。但再一次追随古希腊人,他们雄辩地论证了球体和由它们造成的天体音乐的完全美,我将继续把对称和美等同起来。

对称的确切数学定义涉及不变性的概念。如果对一个几何图形进行某种操作，而图形保持不变，那么图形对这种操作是对称的。例如，圆围绕其圆心的转动是不变的。我们把圆转 17°，或其他的任意角度，作为一个抽象的实体，它是不变的。与此相对比，正方形只有围绕其中心转 90°、180°、270°、360°时才不变。（对几何图形的效应而言，转 360°和转 0°，即根本不转是等价的。）长方形比正方形的对称性更差，它只有在围绕其中心转 0°和 180°时才不变。

除转动外，反射也可以使简单几何图形不变。圆形再一次显示为最对称，它对通过其圆心的任一条直线反射时都不变。

对物理学更合适的，还有另一个等价的对称概念的表述。不去转动几何图形，而只要问图形对两个视点相对转动的观测者是否相同。显然，当把头歪 17°时，正方形看起来就歪了，但圆形仍然不变。

海狸上课

你把它放在锯末里煮，

你在胶里给它加盐，

你把它和蝗虫放在袋子里浓缩：

始终要注意主要目标——

保持它的对称形状。

——刘易斯·卡洛尔（Lewis Carroll），《捕猎蛇鲨》"海狸上课"

图 2.1　艺术家对海狸上课的描绘

在几何学中间,对几何对象做些什么可以使它保持不变,是很自然的。但物理学家不面对几何对象,对称性又如何进入物理学呢?

仿照几何学家来问,我们对物理现实做些什么能使它不变呢?这显然不是该问的问题。但它提示了物理学关注的基础问题之一:不同视点的物理学家观察同一个物理现实,它会是不同的吗?

假想有两位物理学家。不知因为什么古怪原因,其中一位在观察世界时总把他的头从垂直方向歪31°,而另一位则是正常的。在多年研究之后,他们分别将自己的观察总结为物理定律。最后,他们比较结果。如果他们的定律相同,则物理定律对转动31°是不变的。古怪的物理学家现在改用另一个角度歪头去观察世界。最终两位物理学家达成共识:不论他们的视点相差多少度,他们的结果总是一样的。真实生活中的物理学家也相信,物理定律对转动任何角度都是不变的。物理学称之为具有旋转对称性。

旋转对称性

在历史上,物理学家首先注意到转动和反射的对称性——和我们生活的空间有关的对称性。下一章,我将给大家讲一个关于反射对称的有趣故事。在这里,我只讨论旋转对称,它是特别简单的、在直观上最易接受的物理对称性。

我给出了一个有点长但确实精确的旋转对称性的定义:如果我们转动视点,物理定律保持不变。旋转对称定义的思维精确性是必要的,否则我们会和古希腊的埃拉托色尼(Eratosthenes)犯同样的错误。我本来可以说,物理现实是完美的,就和圆或球一样。确实,这个不精确的但能打动人的陈述多多少少代表了古代人的信念,它把他们引入了行星轨道必然是圆的这一错误。旋转对称的正确定义根本不需要圆轨道。

显然地,说物理学有旋转对称性,就是说它并不偏重于空间的哪一个特定的方向。从当代的理性的观点来看,特别是从喜欢电影星球大战的人们来看,"没有哪一个特定的方向比其他的更优越"这个陈述几乎成了哲学的需要。指向某个方向并说它是特殊的,这近乎荒谬。但事实上,在不久之前几乎每个人

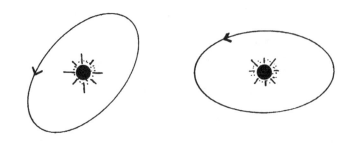

图 2.2　在经典物理学中，旋转对称只告诉我们，如果我们把行星系统转
一个选定的任意角度，转动后的轨道仍是一个可能的轨道。古希
腊人错误地认为旋转对称意味着圆轨道

都相信如此。自古以来，人们对物理世界的认识被引力所统治，"上面"和"下面"没有区别的观点简直是令人惊讶的发现。虽然古希腊的埃拉托色尼(Eratosthenes)曾怀疑地球是圆的，我们对旋转对称的认识实际上却始于牛顿的观察：苹果并不是向地面落下，而是朝地心落去。

不用说，物理学是基于经验论之上的，旋转对称只能通过实验确立。20 世纪 30 年代，匈牙利裔的美国物理学家尤金·韦格纳(Eugene Wigner)给出量子现象(例如原子发光)旋转对称性的观测推论。实验物理学家们并没有歪他们的头，而是在辐射的原子周围放上几个探测器来达到同样的目的。不同探测器接收光的计数率被记录下来，并与韦格纳用旋转对称所得到的理论预言相比较。

迄今为止，实验物理学家仍坚持旋转对称性。如果明天报纸报道这个受珍视的对称性被推翻了，物理学家会受到一击而不知所措。这是我们关于空间的基本观念的原则问题。

在直观上我们知道空间是光滑的连续体，是基本粒子运动并相互作用的舞台。这个假设贯穿于我们的物理理论之中，没有任何实验结果与它相矛盾。但无论如何不能排除空间并不光滑的可能性。在肉眼看来，一块银子是光滑而无结构的，但更仔细看来，其中有原子的晶格。空间本身也是一个晶格吗？我们的实验探针还不够细，不能探测空间的颗粒性。

就这样，物理学家发展了对称的观点来判断**自然**设计的一个客观标准。给定两个理论,物理学家认为一般来说更对称的理论是更美的。当观察者是个物理学家时,美就意味着对称。

物理定律的对称性

区别物理定律的对称性和特定情况所规定的对称有关键的意义。例如,物理课的一个传统的习题是电磁波沿圆柱形金属管的传播。电磁学定律具有旋转对称性,但这个问题却只有圆柱对称:圆柱的轴在空间选定了一个特定的方向。研究特定现象的物理学家通常更注意物理环境造成的对称性,而较少注意物理定律的内在对称性。与此不同,本书对物理定律的内在对称性感兴趣。我举另一个例子来强调这一点。在观察苹果落下的时候,基础物理学家更感兴趣的是引力定律并不确定出一个特殊方向的事实,而不是地球近乎球形的事实。尽管地球可以是茄子形的。

牛顿最伟大的成就之一就是区别物理定律的对称性和特定情况造成的对称,这个成就使得现在的物理学得以成形。虽然明确指出这个区别后,它是显然的,但也常会弄混,因为在日常的用法中,我们说对称经常是指特定环境造成的对称。当我们说一幅画展示了对称,是指艺术家把颜料涂在画布上的安排,这当然和决定颜料分子的物理定律的对称性毫无关系。在本书中我常用具体事物的比喻来说明抽象的概念。读者应该记住,我们感兴趣的永远只是物理定律的对称性,而不是具体事物的对称性。

春天的约化

在本章的引言中我说过物理学家在**自然**的设计中瞥见对称和单纯。物理学家如何理解单纯呢?

物理学在前进中用无情的约化①走向单纯。因为复杂的现象可以约化为它

---

① reduction,译作约化或约简,其意义将在下文中解释。——译注

的要素，所以物理学才成为可能。

历史地看，为了物理学取得进步，许多为什么的问题被重新表述为如何的问题。"石头在下落时为什么会加速？"古人认为石头和马一样想回家，所以往地上落。物理学是从伽利略开始的，他不问石头为什么下落，而是走出去测量它如何下落。

我们在儿童时代有许多为什么的问题。但每一个有了回答的为什么又被另一个为什么代替。"为什么叶子在春天那样翠绿？"教授的解释是，叶子含有叶绿素分子，那是许多原子的复杂集合，它和光波有复杂的相互作用。叶绿素分子几乎吸收了全部的光，只是人眼看作绿色的那部分除外。这个解释使许多普通人困惑（在今天也使物理学家困惑）。最终，对这个问题的回答，也是对许多其他问题的回答，都归结为电子如何和光的基本粒子，即光子，相互作用。

物理学家约在 1928 年开始研究电子和光子相互作用的近代理论，并在 20 世纪 50 年代的早期完成。电子如何和光子相互作用被彻底了解已经有 30 年了，但人们还是感到奇怪，为什么这两种基本粒子要以那种特定的方式相互作用。这个问题也已经有答案了。现在物理学家知道，电子-光子相互作用被称为规范原理的对称原理所确定，这个原理在**自然**中起着根本性的作用。显然，现在物理学家可以坚持地问，为什么**自然**应该尊重规范原理。在这里近代物理学停止了，这个问题基本上和问为什么有光是等价的，关于它的讨论还处在猜测的迷雾之中。

当一些为什么被其他的为什么所替代时，就取得了巨大的进步：一个为什么取代了许多为什么。电子-光子相互作用不仅使我们得以解释春天的翠绿，还能解释弹簧的拉伸，更不用说激光和半导体的行为了。实际上我们直接感受到的物理现象都可以用电子-光子相互作用来解释。

物理学是科学中最富约化精神的。与之相比，我从生物学科普著作中所读到的解释虽然很有趣，但绝对是非约化的。通常，用生物化学过程所作的解释比原有的现象更复杂。

当代物理学是建立在约化主义的基石上的。我们钻得越深，发现**自然**显得越简单。这真是令人吃惊的。我们没有先验的理由预期宇宙，有着无比复杂现象的奇妙财富的宇宙最终只由少数定律所支配。

单纯性产生复杂性

假定下一次建筑师罗马大奖征求宇宙的设计方案。许多人会尽力把设计搞得过分复杂,好让宇宙能呈现有趣的多样现象。

用复杂的设计来体现复杂的事物是容易的。在儿童时代当我们拆开一个复杂的机械玩具时,会预期在里面藏着齿轮和轮子。我喜欢看橄榄球,因为它显露出多种动作。复杂的比赛表演正是运动中可能具有最复杂的规则的必然结果。与此类似,围棋的复杂性来源于它规则的复杂性。

图 2.3 橄榄球的规则很复杂,而五子棋的规则极为简单

自然就聪明多了,**她**的复杂来源于其单纯性。人们可以说宇宙的运行更像东方的五子棋,而不像围棋或橄榄球。五子棋的规则很简单,但能产生复杂的棋局。杰出的物理学家谢利·格拉肖把当代物理学家比作比赛的旁观者,而他们并不知道游戏规则。当他们认真旁观很长时间之后,开始能猜到规则是怎样的。

物理学家所看到的,**自然**的规则很简单但也很巧妙:不同的规则巧妙地关联在一起。规则间巧妙的关系在许多物理现象中产生有趣的效应。

在美国,全国橄榄球联盟委员会每年开一次会议,总结过去的赛季并修改比赛规则。正如每个观赛的球迷知道的,哪怕有一条规则作不大的改动,都会对比赛的形式有极大的影响。稍微限制一下角卫对接球运动员的冲撞，比赛就会变得以进攻为主。多年来比赛规则的变化保证进攻和防守间有趣的平衡。类似地，**自然**的定律也是微妙地平衡的。

这个平衡的一个例子是星体的演化。典型的星体从质子和电子的一团气体开始。在引力的作用之下，气体最终凝结为一个球团，核力和电力上演一幕激烈的竞争戏。读者会记得电力是同性相斥、异性相吸的。质子间因为其电力的排斥而保持距离。另一方面质子间的核力吸引又把它们拉向一起。在这场竞争中电力有稍微的优势，这对我们可太重要了。如果核力吸引稍微再强一点点，两个质子就要粘在一起，并释放能量，核反应就会进行得很快，在短时间内就把星体的核燃料消耗完了。这使得稳定的星体演化成为不可能，更不要说人类文明的产生了。实际上核力只够强到把质子和中子粘到一起，而不够强到把两个质子粘到一起。粗略地说，在一个质子和另一个质子相互作用之前，它必须先要变成中子。这个变化是由所谓的弱相互作用造成的。弱相互作用造成的过程进行得很缓慢，这正是"弱"字的意义。其结果就是，在一个典型星体，例如太阳中，核燃料的聚变反应慢速进行，使我们沐浴在稳定而温暖的阳光下。

关键之处在于，和橄榄球规则不同，**自然**的规则不是任意的；它们是由同一的普遍对称原则所决定的，并且相互联系为有机的整体。

自然的设计不仅是单纯，而且是最大可能的单纯，意思是，如果设计还能够更单纯的话，这个宇宙就变得毫无生气了。理论物理学家有时会找个乐子，他们问如果设计更少对称些，宇宙会变成什么样子。这个假想的练习表明，你不能动大厦的一块石头，否则会导致整个大厦倒塌。例如光会从宇宙消失，那还有什么意思！

大数的定律

基本的单纯能产生复杂现象的原因之一是在**自然**中有着不可思议的大数。一滴水包含的原子数多得难以想像。孩子们迷恋大数，当教给他们像"千"、"百万"等大数时，他们感到高兴。他们想知道，有没有比百万还大的数。当我3岁的儿子知道无限大是最大的数时,他高兴极了。但对孩子们说,"千"、"百万",甚至"一百",都是"许多"的同义词。我记得,首先提出宇宙从大爆炸开始,并从事卓越的物理普及工作的伟大的俄裔美籍物理学家乔治·伽莫夫(George Gamow)曾讲过,有一位匈牙利伯爵的计数范围是一、二、三和"许多"。

当物理学家谈到并计算大数时,人类的意识滞后了,他们不能真正理解与**自然**现象有关的大数。当我在报纸中读到那些相对来说还算是小的大数时,也不好理解,只好把它们折算到按人口平均的数才能理解。当你也常常做这样的练习时,你会高兴地发现,通俗媒体上引证的数字时常是荒谬的。

一位社会学家会懂得,大量粒子组成的体系和少量粒子体系的行为会很不同。在这个电子时代,我们让电子在一个受控的集体狂乱的环境中冲来冲去。要记录滚石乐队录像带中的一个乐拍,需要有比地球上的人还要多的原子按要求站好队形。

作为孩子,我们曾奇怪为什么有那么多的沙子铺在沙滩上。物理学的某些最深刻的思想家也曾感到奇怪,为什么宇宙中有那么多的粒子。

宇宙中粒子数的问题和设计的单纯性问题在逻辑上是很不相同的。在假想的罗马大奖赛上,一位宇宙的设计者在定出几条粒子间相互作用的规则以后,决定要往宇宙中撒合理数量的粒子,例如 3 个质子和 3 个电子。或许他或她想撒进几个光的粒子,比如 7 个光子。在这样一个宇宙中是不太会发生的事件,但在逻辑上不能排除这个可能性。但在实际上,宇宙中的质子数估计有 10^{78},而光子数有 10^{88}。读者或许知道,10^{78} 这个数可以写成 1 后面跟着 78 个 0。这些数简直大得荒谬!到底是谁订购了这么多的质子呢?

所以,宇宙包含了极大量的粒子。为什么?这个问题有时被称为"布居问题(population problem)",它是和"宏大问题(vastness problem)"以及"长寿问题(longevity problem)"紧密联系在一起的。为什么宇宙这么大和这么老?用亚核粒子生活和死亡的时间长短来衡量,宇宙的寿命太长了。为什么宇宙不在**自然**定律中呈现的时间尺度内膨胀和坍缩?直到最近,物理学家仍认为这些问题是无法回答的。我们将在以后的各章中描述新近的发展,在新发展中某些物理学家认为他们可能有了一些答案。

强度的等级

足够神秘的是，不仅在可观测宇宙中有大量的粒子，而且基本定律也展示出大的数。根据近代物理学，粒子间有四种相互作用：电磁、引力、强和弱。

电磁相互作用把原子拉到一起，管理光和无线电波的传播，引起化学反应，阻止我们穿墙而过或者穿过地板掉到楼下去。在一个原子中，电子带有负电荷，由于它们和位于原子核中带正电荷的质子相互吸引而不致飞出去。引力相互作用让我们不会飞到空间去，并将行星体系和星系拉在一起，控制宇宙的膨胀。强相互作用把原子核中的核子拉在一起，弱相互作用使某些放射性核衰变。强和弱相互作用虽然在**自然**的设计中也有基本的重要性，但它们在人类生活尺度的任何现象中都不起作用。如我们前面讨论过的，四种相互作用在星体的燃烧中都起关键作用。

正像强和弱的名称所表示的，一种相互作用比电磁强得多，而另一种要弱得多。更戏剧性地，引力要比其他三种力弱得多。两个质子之间的电力比它们间的引力吸引要强 10^{38} 倍，又是一个荒谬的大数。

有讽刺意义的是，我们经常感受到的是引力，**自然**中最弱的力。虽然两个原子之间的引力小得令人称奇，但我们体内的每一个原子都被地球中的每一个原子吸引，这些力要叠加起来。在这个例子中，粒子的难以置信的大数目抵消了引力难以置信的微弱。与此相对照，两个粒子间的电力是排斥还是吸引取决于它们的电荷符号。一块普通的物质含有几乎完全相同的电子和质子数，因此两块这样的物质间的电力几乎抵消完了。

物理学家称这个四种极不相同的相互作用的安排为相互作用的等级。顺便来说，"等级（hierarchy）"这个词源于狄俄尼索斯（Dionysius）[1]，他把天使分成四部，每一部又有三级。今天我们用它来安排物质的基本相互作用。

自然安排**她**自己的等级是煞费苦心的。在研究一种相互作用时，物理学家

---

[1] 希腊哲学家和神学家。

通常可以忽略其他。这样他们就可以把几种相互作用分别考虑。因为物理现实是一层一层安排的，就像洋葱一样，我们可以一层层地研究**自然**。我们可以了解原子而不必先了解原子核。原子物理学家没必要等待核物理学家，核物理学家没必要等待粒子物理学家。物理现实没必要同时全部都了解。谢谢你，**自然**。

自然中两个概念上不同的大数的出现，即大的粒子数和基本相互作用强度的极大差别，产生了宇宙中尺度的极大范围：从光要用亘古时间才能穿过的难以想像的星系间的大空洞到一滴水中原子之间那么小的距离。人类占据了从微观之小到宇宙之大，从瞬息生命到几乎永久之间的中间地带。从宇宙诞生到现在经过了多少秒，就意味着一秒钟包含多少不稳定基本粒子的寿命。我们视原子为侏儒，正像星系视我们为侏儒一样。在人类经验的时间尺度中，从十分之一秒到一百年，我们生活，死去，并创造我们的艺术和科学。

被对称性所引导

我们现在可以明白，虽然物理世界看来是很复杂的，但**自然**的基本设计可以是简单而可理解的。以后，我要描述物理学家是如何通过假设**自然**可能用在**她**的设计中的各种对称性来开始破译**她**的基本设计。

在历史上，物理学家首先意识到与我们所生活的空间有关的对称性，即平移和旋转。下一章要讲关于反射对称的有趣故事。因为旋转和反射是深入我们直观概念中的，我们在旋转对称的讨论中还没有使用物理学家关于对称的语言的全部力量与深度。再往后，当我们遇到**自然**设计中的更抽象的对称性时，这种语言就不能缺少了。

3 镜子另一端的世界

亲爱的曼娜斯小姐：

我该把菜往哪个方向传呢，是左还是右？

文雅的读者：

菜盘子应该从左往右传。

意识和对称

最近几年，我常常注意我的儿子安德鲁和他的朋友玩积木。在某个年龄以前的孩子们只是把一块放在另一块的上面，但是以后，在被皮亚热(Piaget)描述为发展的跳跃阶段，他们忽然搭起有左右对称的结构来。那些长大后最终成为建筑师的孩子们就会建起如图3.1、图3.2和图3.3所示的结构来。建筑基本上是基于两边对称的规则的。不对称的建筑被认为是怪物，应该给予解释。恰特斯(Chartres)教堂是有趣地不对称的。它的建造用了很长的时间，在此期间建筑风格改变了。

近代建筑和20世纪的反叛性格相合拍，产生了一些戏剧性不对称的建筑，这并不令人惊异。现在正时髦的后现代主义部分地重现若干经典原则的运动，

图 3.1　泰姬陵在建筑学上的杰出贡献与其明显的对称结构有关［劳若斯-吉绕东（Lauros-Giraudon），纽约艺术资源（Art Resources,NY）提供］

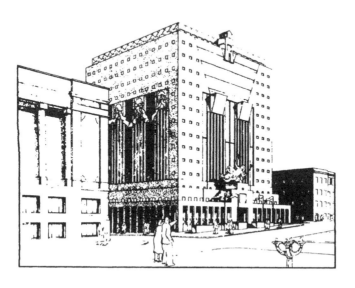

图 3.2　俄勒冈州波特兰（Portland, Oregon）的公共服务大楼，由迈克尔·格勒夫斯（Michael Graves）设计，重现了后现代时期的对称性［迈克尔·格勒夫斯：建筑与设计（Buildings and Projects），纽约瑞佐力（Rizzoli,New York）出版］

图 3.3 恰特斯教堂：右方的罗马式尖塔是在 12 世纪建成的，左方的哥特式
尖塔是在 16 世纪建成的。据说恰特斯教堂尖塔的不对称标志着中
世纪建筑的开始和终结［劳若斯-吉绕东（Lauros-Giraudon），纽约艺
术资源（Art Resources,NY）提供］

例如左右对称。

众所周知，人体有着显著的左右对称性，世界分为左边和右边的概念早在
人们幼年时期就被接受了。显然，生物进化造成人体和多数野兽身体左右对

称。耳和眼的对称安排显然是为了立体接收的需要,腿的对称安排是为了直线行走。甚至我们在银幕上看到的外星人也被赋予左右对称。左右对称在生物世界是如此压倒一切,如果我们看到不对称的东西倒真正是又奇怪又有趣了。

人们都知道人脑分为具有不同功能的左脑和右脑。鸡的一个卵巢是萎缩而没有功能的,这提供了另一个例子。我所知道的最惊人的例子或许就是生活在美洲热带水域中的花鳉科的小鱼。我从桂·穆尔契(Guy Murchie)的描述中摘引一段:

> 最不寻常的特征是雄鱼的性器官,它显然是由腹鳍演化而来的,有鱼的一半那样长。在勃起时它胀大并指向前方,在某些品种中它的尖端甚至达到了鱼的鼻子,但却向左或向右偏30°。在几个品种中,雄鱼生殖器还有指状的副肢,可以想像用它们进入雌鱼体内是很方便的。有时它还有两个弯曲的梳状鳍(显然是从边鳍演化而来)帮忙,用它们可以在此时抱紧雌鱼。但雌鱼也应该在正确的一侧长着生殖穴,左边或右边,好接受雄鱼,否则交配就失败了。

人类的意识喜欢基于双边对称设计的经济性。我们只要看看四周的一般建筑物,就会发现设计者经常使用这个设计原则。但人类意识也能作出奇怪的联想。

西方绘画年展大量地展示这两种倾向。看一下典型的文艺复兴时期的宗教画,它严格遵循将一对圣者安排在中央的神两侧。通常在神右侧的圣者在排序中比左侧的地位要高一些。画面上一般是夫妇二人,男人总是跪在右边。另一个约定是,在经典绘画中光总是从神的右侧射进来。很有趣的是,许多有名的艺术家在以销售他们的画为目的而作画时有意地违反这个约定。例如,伦勃朗就不愿意为遵守右高于左的约定而对其蚀刻画作出调整。在这里我要对读者做一个小测验。想一下在你的记忆中,在西斯廷教堂天花板上米开朗琪罗的创造人的画中,**上帝**是用**他**的右手还是左手触摸亚当?

男人的上衣纽扣是在右边,而女人的上衣纽扣是在左边。标准的解释是,男人在处于困境时,可以用左手很快脱去上衣,用右手拔出剑来。对用右手的人,操作钉在左边的纽扣更方便些。但夫人们不是自己穿衣和脱衣的,这是侍女们的事,所以还是纽扣在左边更方便些。

爱丽丝和纳尔西索斯

我们现在回到物理学。**自然**是否也像从前进晚餐的人那样在乎左和右?如果**自然**不在乎,物理学家就说世界是宇称不变或反射不变的。我在这里要精确一些,给宇称不变性一个可操作的定义。任意选一个你喜欢的物理现象,从两个台球碰撞到原子发光。放一个镜子在它前面,问下面的问题:我们在镜中看到的过程是否和我们所知的**自然**定律相矛盾? 如果不,我们说管理这个过程的定律是宇称不变的。这个定义是小心措辞的,以避免涉及左右不对称这样本没有内在物理兴趣的问题。

说物理是宇称不变的,并"不是"说镜中的世界和我们的世界一样。当我在镜中看我自己时,我看到一个像我的人,但他的心脏在他的右侧,他的表针逆时针走。甚至他的 DNA 分子的螺旋也是反方向的。问题是说,物理定律并不禁止心脏长在右侧的人存在。如果我们一直用我们双螺旋镜像的生物分子喂养他(和他的祖先),他的双螺旋确实往相反方向转。当然创造这样一个人在生物学家能力之外,但一个钟表匠却能创造一只表针逆时针行走的表。它将遵守物理学的宇称不变的定律,并精确地保持指示同一时间。

对物理学家来讲,我们的心脏偏在身体左侧没有什么内在的意义,仅是生物进化的偶然事件而已。最早的钟表匠们达成了共识,让钟表的针顺时针方向走。类似地,某些有机分子的螺旋向哪一个方向旋也被认为没有什么基本的意义。化学家确实能创造自然界分子的镜像分子,它们确有同样的物理性质。我们很容易想像,在生命起源的时期,两种类型的有机分子都存在。但由于统计上的涨落,一种分子比另一种稍微多一点,结果就变成压倒性的,把另一种推到绝灭。

在《爱丽丝漫游奇境记》的续篇《穿过镜子》中,刘易斯·卡洛尔描绘了我们大多数人,特别是孩子,有过的幻想。我以极大的兴趣观察了我的小儿子如何对待他的镜像。一个孩子突然意识到镜中的像并不是一个独立的人以后,就用成人的眼光看镜子了。纳尔西索斯①(Narcissus)确是一个奇怪的人。

爱丽丝爬过壁炉架上的镜子,发现自己到了另一个世界。卡洛尔的幻想提供给我们叙述宇称不变概念的精确方法。让我们追随爱丽丝到镜内的世界去。

所有的东西看起来有趣的稍有不同,这与我们无关。我们希望找到一个物理学家,并问他基本粒子如何相互作用。如果他的定律和我们所知的一样,我们就下结论:**自然**并不区别左和右。

一个珍爱的信念动摇了

如果我在街上作民意调查,问**自然**的设计是否左右对称。我猜想除了"没意见"或"管它呢!"(这真使调查人懊丧)之外,或许有几个答案是"大概不会"。但直到 1956 年,物理学家把**自然**不区别左与右看成是不言自明的。19 世纪的物理学家把这个信念付诸实验检验,没有找到**自然**偏重左或右的迹象。在 20 世纪初原子物理和核物理兴起,宇称不变的假定再次受到一些实验的检验。到 20 世纪 50 年代中期,宇称不变性普遍地被认为是物理学家珍视的少数几个神圣的原则之一,他们不愿意想**自然**会偏爱左或右。认为**自然**会像社会的女主人一样,把荣誉客人置于自己的右方,这种概念简直是荒谬。但物理界很快就要震惊了。

到 20 世纪 50 年代中期,物理学家发现了一些新粒子,它们的存在大出人们意料,因此在人们惊奇之中,它们被称为"奇异粒子"。物理学家们用纽约长岛的布鲁克海文国家实验室的加速器对奇异粒子进行了仔细研究。到 1955 年末,澳大利亚物理学家达利兹(R. H. Dalitz)的详细分析指明,某些奇异粒子在它们的衰变方面有令人困惑的性质。

1956 年 4 月,在纽约州罗切斯特(Rochester)召开的高能物理会议上,奇异粒子之谜引起很多讨论,但没有一个解决方案是令人满意的。华裔美籍物理学

---

①　希腊神话中的人物,他爱恋自己在水中的影子而憔悴致死,死后变为水仙花。
——译注

家杨振宁作了奇异粒子的总结报告，报告之后继以激烈的讨论。讨论中理查·费因曼（Richard Feynman）提出了马丁·布洛克（Martin Block）问过他的一个问题，达利兹将宇称不变性作为一个隐含的假定来分析他的数据，这个假定是否应该存疑。杨振宁回答，他和另一位华裔美籍物理学家李政道曾分析过这种可能性，但还没有得到确切的结论。

事后看来，宇称破坏——即**自然**区别左与右——可以给出一个走出困境的自然出路。但是左右对称的**自然**这个概念是如此深入人心，宇称破坏被认为是最不可能的解释秘密的答案。

李政道和杨振宁继续探索这个难题。杨振宁以后回忆说，他好像是"一个人在黑屋子里摸索出口"。1956 年 5 月初的一天，杨振宁到哥伦比亚大学去访问李政道（李政道在该大学当教授），他们二人开车在校园跑了一圈也没找到一个停车的地方。当他们开车转来转去的时候，就开始讨论起宇称不守恒来。最后他们烦了，把车停在一个中国餐馆前的另一辆车旁。探寻奇异粒子的神秘又为找停车位而双重受挫，对他们的意识一定产生了特殊的效应。根据历史记载，当他们坐下的时候，一个重要的念头忽然进入了他们的思维：支持宇称守恒的实验证据或者是来自涉及电磁力的过程，例如原子发光，或者是来自强力的过程，例如两个原子核的散射。与此对比，奇异粒子的衰变在 1956 年被确定为由弱力所决定，弱力也决定某些放射性原子核的衰变。

李政道和杨振宁思想中的重要理念是，**自然**在**她**的许多定律中尊重宇称守恒，但在支配弱作用的定律中并非如此。假想我们法律制度中的一个基本原则，即被告在被证明为有罪之前应被认为是无罪的这一条，被修改为对某些罪行成立而对另一些罪行不成立。司法界的某些哲学家肯定会对这个修改加以奉承，而物理学家却对**自然**有选择地破坏宇称在哲学上感到不舒服。

此后几个星期，李政道和杨振宁仔细分析了众多已完成的有关弱作用的实验，并做出结论，可能的宇称破坏在这些实验中并未出现。下一步就是要发明一个对宇称破坏灵敏的实验了。6 月，他们发表了现已成为有历史意义的论文，对弱作用宇称不变性提出质疑，并给出能判断问题的一个实验大纲。

镜子中的世界和我们的一样吗?

他们建议的一个实验涉及有自旋的原子核。

有许多种原子核在原子中有自转运动。如读者所知,原子就像一个小的太阳系。原子核就像太阳,电子就像行星围绕核转动。电子的轨道半径要比原子核的半径大得多,因此对我们下边讨论的电子是不起作用的,它们离得太远了。

在进行讨论之前,我要解释一下物理学家是如何定义一个自转物体的自旋方向的。假想把你的左手手指围绕一个自转物体弯曲起来,手指的方向和转动物体表面的运动方向一致。我们定义自旋的方向为拇指所指的方向。例如,在图3.4(a)中芭蕾舞演员的自旋方向是"向上",而在图3.4(b)中是"向下"。(在这个例子中,拇指方向的"上"和"下"是相对地球表面而言,但这个用拇指方向来定义的自旋方向对在深度空间自旋的物体也是适用的。)用左手纯粹是一种约定,就像在有的国家中你靠路的右边开车,而在另一些国家中靠左边开车一样。在这里重要的是找一个方法定义自旋的方向。你也可以说顺时针或逆时

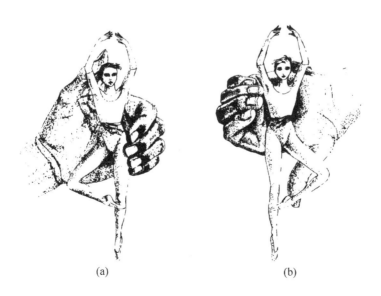

(a) (b)

图3.4 艺术家用视觉形象观察两位芭蕾舞演员的脚尖旋转的方向

(a) 演员是自旋向上;(b) 演员是自旋向下

针,但这和你从哪一边看自旋的物体有关。我用橄榄球的例子来说明这个原则。设四分卫作了一个长传,则四分卫和接球的队员对于球是顺时针或逆时针自旋会有不同的说法。

读者应该理解,上面所说的并没有什么深奥的东西。这是为了在下面的讨论之前有一个精确的定义。

李政道和杨振宁建议研究一个自旋的放射性原子核。原子核可以看成是一些质子和中子粘在一起的集合。在放射原子核中,质子和中子的安排并不稳定,在一定时间内,原子核有一定的几率发生衰变。如果弱相互作用决定衰变,则此几率是很小的。这正是为什么它被称为弱力的缘故。衰变的原子核放出一个电子和另一个称为中微子的粒子,后者在实验中观测不到。放出的电子以高速飞出,不要把它和在原子核周围远处转圈的电子混同起来。

如前面所解释的,自旋的原子核确立了一个方向。我们现在可以问,放出的电子是沿这个方向运动,还是沿相反的方向运动?我们引用以前讨论过的判据,来比较在我们世界中发生的和在镜像世界中发生的事,就会发现这个问题的答案将揭示是不是自然破坏宇称。

假定电子沿核自旋方向射出。现在往镜中望去。如图 3.5 所示,恰好和镜中的表针逆时针方向转动一样,镜中的核也在反方向自旋。在镜中世界,电子沿核自旋相反的方向射出!一个观察衰变过程的物理学家和他镜中观察的同事,会得到关于放射性衰变中电子射出方向的完全相反的定律。如果**自然**尊重宇称,电子应该在核自旋方向和相反方向有相同的射出几率。在真实实验中涉及许多原子核,观察到的是从许多衰变中射出的电子,以发现它们是否偏爱哪一个方向。

很清楚,为了提供一个参考方向原子核必须自旋。(但这并不意味着宇称破坏只能在涉及核自旋的过程中才能被观察到。)还值得强调的是,建议的实验并不涉及奇异粒子,因此对结果的诠释并不会被在当时还不清楚的奇异粒子动力学所干扰。

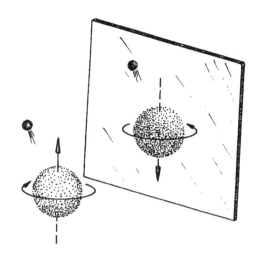

图 3.5　一个自旋的原子核（用大球代表）射出一个电子（小球）。 在我
们的世界中，电子更多沿核自旋的方向射出； 在镜中世界，它更
多沿核自旋的相反方向射出。 在真实实验中，从许多核衰变中产
生的电子射出方向被记录下来。 如果电子更多沿核自旋方向射
出，我们可以得出结论：**自然**破坏宇称不变性，因为镜中的物理
学家观察到电子更多沿核自旋的反方向射出。 我们的世界和镜中
的世界就会被不同的定律所统治

女士和上帝的左手

　　李政道和杨振宁的下一步就是要说服有能力的人去做这个实验。物理期刊
上载满了建议的实验，但实验家要能被说服才行：实验的意义值得对它投入极
大的努力。

　　托勒米（Ptolemy）是毫无痛苦地猜想到尼罗河的源头在非洲内陆的，但波
尔顿（Burton）和斯佩克（Speke）为证实这个问题献出了生命，就是另外一回事
了。在接洽了一些实验家之后（他们中许多人表示怀疑），李政道和杨振宁努力
说服弱相互作用实验的权威之一——吴健雄作一次冒险的尝试。

　　物理界知名的吴健雄女士是位杰出的人物。她于 1912 年（清朝被推翻后一年)生于中国,她被称为"实验核物理的女皇",是美国物理学会的第一任女会长,在由男人统治的领域内为女实验物理学家闯出了一条道路。她的实验以一种极端的细致和特殊风格的单纯作为特征,她的一些同事把这种风格称为女性的。吴女士对李和杨所说的感到极大的兴趣,把暑期的旅行取消了,立即投入了工作。就这样,**自然**第一次把**她**的"手征"呈现在一位女士面前。

和爱丽丝一样,吴健雄女士也往镜中看去。这样做,使她遇到了很多困难。虽然事情对理论家们看起来很简单(见图 3.5),但实际上实验物理学家需要克服的困难是巨大的。例如,没有人能给吴女士一个自旋的原子核。实验样品中的巨大数量的原子核在不同的方向上转动。只有她设法把这些核自旋排列起来,实验才能奏效。室温下,原子在永久的热激发中振动,所以核自旋排列好了之后很快就又指向不同方向了。因此,她只能在极低温度下进行实验以使热激发最小。这就需要复杂的制冷设备、真空泵等装置,我们都知道这些机械是多么容易出毛病。(实验物理和理论物理吸引不同类型的人,他们的脾气和能力不同。社会学家们应能在这个问题上找到一个成熟的研究领域。)吴女士和华盛顿国家标准局的低温物理学家建立了联系和合作,在那里有所需的冷却设备。

到 1956 年 12 月,吴健雄和她的合作者已经找到宇称破坏的肯定证据:在弱相互作用决定的衰变中,电子主要从一个特定方向射出。芝加哥大学瓦伦丁·泰勒格第(Valentine Telegdi)领导的小组进行了由李政道和杨振宁建议的另一个实验,独立地得到同样的结论。

在 1957 年 1 月 4 日(星期五),李政道把吴健雄实验的肯定结果告诉了他的同事。在午餐时,讨论特别热烈,此时,哥伦比亚大学的实验物理学家里昂·雷德曼(Leon Lederman)忽然幸运地意识到,他有可能观测到 π 介子(一种已被发现若干年的亚核粒子)衰变时的宇称破坏。当天晚上他给现在在 IBM 工作的著名的物理学家理查·伽尔文(Richard Garwin)打了电话。凌晨两点钟,这两位激动的物理学家已经设计好实验,安排了设备并开始取数据了。但正当他们认为已经看见上帝的左手时,设备忽然坏了。他们找到另一位实验家帮忙,修理好设备,然后昼夜工作。在星期二早晨 6 点钟,雷德曼给李政道打电话说,毫无疑问上帝是有手征的。

近代粒子物理实验通常是巨大的多国协作,有时涉及一百多位或更多位物理学家,并持续几年。雷德曼等人的实验肯定是时间最短的纪录。里昂·雷德曼现在是在巴泰维亚(Batavia)的庞大的国家费米加速器实验室的主任。可以想像他干得很好。

宇称破坏的消息让物理界目瞪口呆,就像礼仪娴熟的高贵夫人有了说不出口的不检点行为一样。公众也着了迷。例如,当时的以色列总理本·古里安(Ben Gurion)问吴健雄,宇称和瑜伽有什么关系。《纽约时报》报道了关于宇称意义的内容。消息慢慢地传到社会各界,被断章取义和误解了。当我还是一个孩子的时候,我父亲的一位商人朋友告诉我,两位华裔美国物理学家推翻了爱因斯坦的相对论,而他并不知道相对论是什么。

吝啬鬼和他的小精灵

宇称破坏的发现深刻地改变了我们对**自然**的先入为主的概念。但它也给予我们对物理世界的理解以即时的和意义深远的冲击。原来宇称破坏正好是构造弱相互作用理论所缺少的成分。

为了理解在 1956 年弱相互作用理论的状况,我们要回溯到 20 世纪 30 年代的早期,当时英国物理学家艾里斯(C. D. Ellis)仔细地测量了放射性核衰变射出电子的速度。这涉及吴女士与她的合作者所考察的同样的物理过程,但在物理学中经常发生的是,不同的实验测量不同的物理量。艾里斯没有把放射性核排起来的难题,但他要精确测量电子的能量,而这是吴女士不需要做的。

艾里斯是在不寻常的状况下成为物理学家的。作为一名军官,他在第一次世界大战初期被俘虏了。在战俘营中他和一位不走运的英国同胞詹姆士·查德维克(James Chadwick)成了朋友。我们要在以后结识作为明星角色的查德维克。年轻的查德维克到柏林向研究计数器的名人弗里兹·盖革(Fritz Geiger)学核物理。战争开始后,他被当作间谍逮捕了。因为无事可做,查德维克开始教艾里斯学习物理。艾里斯入了迷,战后他放弃了军事生涯。

当艾里斯进行他的实验时,理论家们认为他们知道射出电子的能量该是多少。归根结底,爱因斯坦告诉了我们,质量如何根据公式 $E=mc^2$ 转换成能量。知道衰变核的质量和产物核的质量,取它们的差并用爱因斯坦公式,就能确定电子应有的能量,并称为 E^* 。

令人吃惊! 艾里斯发现,电子射出时能量并不总是相同的(虽然它的能量永远小于 E^*)。在一次衰变中射出的电子可能较慢,在另一次衰变中要快得多。很少情况下,它的能量达到 E^* 。丢掉的能量哪里去了? 会是爱因斯坦错了吗?

这个谜的破解归功于沃夫冈·泡利(Wolfgang Pauli),这位快活的、胖胖的维也纳物理学家在 20 世纪物理学的戏剧中扮演一个自封的吝啬鬼角色。泡利是破坏性否定的大师。据说当人们告诉他一个新的理论结果时,泡利会悲伤地说:"它居然没有错。"他到处发牢骚,说物理太难了,他应该去当一个喜剧演员。在物理界流传的很多关于泡利的故事中,有一个是深受人们喜爱的。说是在泡利死后请求**上帝**揭开**他**的设计的谜底(这是物理学家们的标准幻想)。当**上帝**告诉他之后,泡利叹道:"它居然没有错。"

1933 年,泡利建议,一个迄今未知的粒子,它既没有强相互作用,又没有电磁相互作用,因此能逃脱探测,把丢失的能量带走了,就像一个黑衣贼消失在黑暗中一样。这个神秘的粒子后来被赋予一个意大利名字"中微子",它是第一个在实验发现前就已被预言存在的粒子。在今天,当粒子理论家随心所欲地任意假设实验未发现粒子的存在时,我们只能在历史的背景下高度评价泡利的勇气。

泡利推断出,中微子有奇妙的性质。在量子力学中,用几率的概念。泡利的假设中,中微子只有弱相互作用,因此它和相遇的电子或核子发生相互作用的几率是很小的。(这正是为什么弱力称为弱的缘故。)知道了弱相互作用有多么弱,泡利推断出中微子就和一个精灵一样,它能穿过整个地球而不发生相互作用。与此不同的是,我们有血肉之躯,不能穿墙而过,因为我们体内的原子和墙内原子间发生电磁作用的几率是近乎完全确定的。

泡利对自己和对别人一样抱批评的态度,他写信给朋友说他犯了一个物理学家所能犯的最大的错误：假设了一个不能用实验发现的粒子的存在。但他过于悲观了。1955年，美国物理学家莱因斯(F. Reines)和科文(C. Cowan)设法"看见"了一个中微子。今天，粒子加速器能够常规地射出一束中微子，其中有一些可以被观察到与其他物质发生相互作用。(要产生中微子束，实验家首先产生一束亚核粒子，它们在飞行过程中衰变产生中微子。)读者会觉得奇怪，这怎么可能。中微子和一个原子核发生相互作用的几率确实很小，但不为零。要想战胜如此小的几率，你就要把极大量的原子核堆在中微子束前，并且要有耐心等待。美国海军报废了一批老战舰，把废铁送给了实验物理学家。尽管有了一大堆铁，实验家还是等了几个月才找到一个和原子发生相互作用的中微子。

泡利还推断出中微子没有质量，因为在艾里斯的实验中电子能量偶尔会达到 E^*。如果中微子有质量，根据爱因斯坦的观点，部分能量要用来产生中微子质量，留给电子的就要小于 E^*。知道了衰变核、产物核以及电子的自旋，泡利推断出中微子也有自旋。美国小说家约翰·阿普戴克(John Updike)对中微子如此着迷，竟为它写了一首诗。据我所知，这是惟一一首由一个重要的文学家为亚核粒子写的诗。

> 中微子，它们很小。
> 　　它们没有电荷，没有质量，
> 并且完全不相互作用。
> 　　地球对它们来说就是一个傻球，
> 想穿过就穿过，
> 　　就像清洁工走过大厅，
> 或者光子穿过玻璃。
> 　　它们怠慢最优雅的气体，
> 无视最坚实的墙，
> 　　无语的钢和响亮的铜，
> 在马厩里欺侮小马驹，
> 　　辱骂等级的壁垒，
> 穿过你和我！

就像高旋的无痛铡刀，

切过我们的头来到了草地上。

夜间，它们到了尼泊尔，

从床下面刺穿情侣——

你说这真奇妙，我说真了不起。

——约翰·阿普戴克，《宇宙的烦恼》

嫌疑犯

泡利的难以抓到的粒子原来正是恩里科·费米（Enrico Fermi）所需要的。在 1934 年，费米构造了弱相互作用理论，他把当时所知道的东西用精确的数学形式综合起来。此后 20 年，理论家尝试改进他的理论，但他们总是事先假设宇称不变性，所以理论从来没有完全符合实验过。

一旦知道了宇称破坏，理论家就可以自由地写下原来被禁戒的方程，于是就在 1957 年由理查·费因曼和莫瑞·盖尔曼以及罗伯特·马夏克（Robert Marshak）和乔治·苏达山（George Sudarshan）分别独立地表述出一个基本上正确的弱相互作用理论。

经过进一步"侦察"，理论家就能指出，难以抓住的中微子就是造成宇称破坏的"嫌疑犯"。现在我就来解释中微子是怎样被定罪的。

给定一个沿直线运动的自旋的粒子，我们可以问，前面所定义的自旋方向是沿运动方向呢还是与它相反？物理学家称这种情况相应地为左手征或右手征。（起初理论家建议称这种手征为"螺旋性（screwiness）"[1]，但美国权威的物理杂志《物理评论》的编辑坚持用更文雅的称呼"螺旋度（helicity）"[2]和"手征（chirality）"。作为语言的保卫者，他们比法国科学院的四十位"不朽的人"仅略逊一筹，这次和物理学界的较量他们赢了，但在以后的较量中他们让步了。）

---

[1] screwiness 为美语俚语，因此当时编者认为不够文雅而不同意使用。

[2] helicity 源于 helix，螺旋形，避免了 screwiness 的不文雅。——译注

手征仅对于无质量粒子才能定义为粒子的内禀性质。为什么手征 (handedness)①不能对有质量的粒子定义？假设我们看见一个有质量粒子沿一定方向，例如东方。对于一个向东方运动得比粒子还快的观测者而言，粒子是向西方运动。因为手征描写自旋方向与运动方向的关系，所以那位观测者和我们之间对粒子的手征判断不同。与此不同，一个无质量粒子，例如中微子，永远以光速运动。根据爱因斯坦的相对论，这是最大可能的速度。因为没有一个观测者可以比无质量粒子运动得还快，粒子手征就是一个内禀的性质。例如无质量的光子可以是左手征的或右手征的。如果**自然**尊重宇称，这种性质对其他粒子也应适用。但实验肯定地证明，中微子还有一个奇怪的性质：它永远是左手的。中微子在犯罪现场被抓住了！30 年来，实验家到处寻找右手中微子，但没有成功。

有趣的是，德国数学家赫尔曼·外尔（Hermann Weyl）早在 1929 年就得出我们现在描述中微子的方程，但他的方程因为明显破坏宇称而被物理界拒绝，我们在以后的章节还要和外尔相遇。外尔的方程在 1956 年被重新确认。

我已经提到物理学家被宇称破坏所震惊，但他们更觉震惊的是，**自然**有选择地破坏宇称。在中微子被定罪之后，在一定程度上选择性可以理解了，因为中微子只参加弱相互作用（和引力）。但泡利仍然感到心烦。在给吴健雄的一封信中他写道："在第一次冲击过去之后，我开始反思……现在使我震惊的是，当**上帝**强烈地表现**他自己**时，他仍是左右对称的。"经过了二十年，物理学家才对困扰泡利的问题有一个深刻理解。原来，另外三种相互作用必须有一种特殊的结构才能使宇称破坏被限于弱相互作用范围。

进入反镜子

故事情节现在变得复杂了。在 1956 年夏天，李政道和杨振宁接到芝加哥大学一位物理学家莱因哈德·欧默（Reinhad Oehme）的一封信，他提出了粒子和反粒子的对称性问题。早在 1929 年，辉煌的英国物理学家保罗·艾缀安·

---

① 与 chirality 同义。——译注

毛利斯·狄拉克(Paul Adrian Maurice Dirac)因预言了反粒子的存在而震惊了物理界。到1956年反粒子的存在已经很好地确立了。反电子(称为正电子)和反质子都已被发现。

当一个粒子遇到它的反粒子时,它们将会彼此湮灭,释放出大量能量,能量再物质化为其他类型的粒子。粒子与反粒子的湮灭,现在已经可以在全世界的加速器实验室中常规地观测和研究了。例如产生一束反质子并让它和一束质子碰撞。反质子的存在以及它和质子的湮灭早已不是令人感兴趣的基本问题了。物理学家更感兴趣的问题是从湮灭中能产生哪些新粒子。

粒子和它的反粒子有完全相同的质量,但电荷却相反。电子带负电荷,而正电子带正电荷。既然中微子不带电荷,读者会奇怪,它和反中微子有什么区别。我来解释一种可能的方式。带正电的 π 介子有时会衰变为一个正电子和一个中微子。它的反粒子,带负电的 π 介子衰变为一个电子和一个难以捕捉到的粒子(根据定义我们称它为反中微子)。

狄拉克的理论指出物理学的定律并不偏向物质或反物质。为了精确起见,我定义一个称为电荷共轭的操作,即在一个物理过程中把所有的粒子用相应的反粒子替代。例如,两个质子间的碰撞在电荷共轭下变为两个反质子间的碰撞。根据定义,电荷共轭不改变粒子的运动和自旋。例如,电荷共轭将一个左手的粒子变为左手的反粒子。

给定一个物理过程,对它使用电荷共轭,就得到所谓的电荷共轭过程。如果电荷共轭过程发生的几率和原过程的相同,支配此过程的定律就被称为电荷共轭不变性。这种绕弯的但却精确的提法表述了**自然**在**她**的定律中不偏向粒子或反粒子,见图3.6。

就和想像镜中的世界一样,我们也可以想像一个由反物质构成的反世界。根据电荷共轭不变性推断,如果我们世界的物理学家得以和一位反世界的物理学家比较他们的笔记,他们关于物理定律的结论应该完全一样。例如,由反电子、反质子和反中子构成的反碳原子应该和碳原子有相同的性质。由反原子构成的日常物件也和我们的原子构成的相应物件性质相同。我们不能构造大块的反物质,因为没有盛它们的容器。

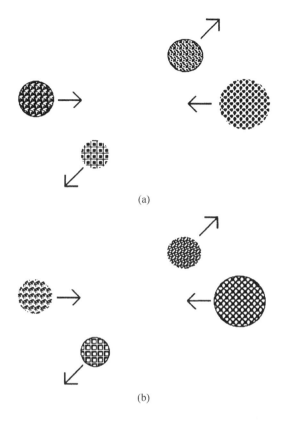

图　3.6

(a) 物理过程中两个粒子(大圆)碰撞转变为另两个粒子(小圆)；(b) 图(a)的电荷共轭过

程：艺术家把粒子的黑白图样的黑与白互换用以表示反粒子。电荷共轭不变性给出，

图(a)和图(b)过程发生的几率相等。这意味着我们的世界和它的反世界是无法区别的

　　到 1956 年,在不同的实验中已经验证了电荷共轭不变性。但宇称既然被破坏,欧默和其他人自然要问,电荷共轭不变性是否也会被破坏。

　　再次考虑中微子可以对这个问题做出判断：根据电荷共轭不变性推断,反中微子也应是左手的。因此实验家就去看一看反中微子。他们发现,它却是右手的。弱相互作用也破坏电荷共轭不变性。

　　真了不起,这个原则问题也由纯理论解决了。一个理论家可以通过几行数学运算就能确定,电荷共轭不变性确实被 1957 年表述的弱相互作用理论所破坏了。这表现出理论物理学最令人敬畏的特点。一个"好的"理论有它自己的、被其内在逻辑所支配的生命。先验地,宇称和电荷共轭不变性是逻辑上没有联系的问题。但当我们把宇称破坏纳入理论时(这个理论在构造时应该尊重已确立的物理事实和原理),理论反过来告诉我们,电荷共轭也被破坏了。

物理学中,伟大的理论包含的东西远比理论家第一眼看到的要多。实际上,在哲学意义上讲,说某一位理论家发明或创造了一个理论是使人误解的。更恰当地,应该说他或她发现了一个理论,而这个理论连同其千变万化的数学内在联系一直就存在着。某些内在联系可能立即被注意到了,但另外一些可能隐藏几十年,也说不定永远隐藏下去,谁又知道呢?

逗弄人的倔犟

宇称和电荷共轭的同时破坏提示了一个可能性:如果我们能建造一个魔镜,它不仅能反射左和右,还能把粒子变成反粒子,那么镜中的世界可能被我们世界同样的定律所支配。换句话说,如果**自然**破坏电荷共轭(用 C 代表)和宇称(用 P 代表),**她**可能在联合的操作 CP 作用之下不变。17 世纪,荷兰画家彼得·德·胡赫(Pieter de Hooch)艺术地画出了这个可能性。图 3.7 所示的荷兰庭院的图画对反射是不对称的。但如果把妇女转过身,同时把明和暗互换,它还是近似对称的。20 世纪,荷兰画家艾舍尔(M. C. Escher)用他的几何图画使物理学家着迷,通过明暗互换,这些图画对反射是对称的。见图 3.8。

面对 P 和 C 的破坏,物理学家希望至少能从相信 CP 不被破坏得到一点安慰。但几年以后这块"安全毯子"也被抽走了。欧默在李政道、杨振宁合作之下提出检验 CP 守恒的可能的实验方法。由瓦尔·菲奇(Val Fitch)和詹姆士·克罗宁(James Cronin)领导的一组普林斯顿大学的实验家,在 1964 年宣布它们看到**自然**破坏 CP。在那时我已在普林斯顿大学开始本科学习,记得有一天晚上,一位教授把一组学生集合起来,把这个消息告诉我们。每个人都激动起来,并为**自然**再一次被抓住犯了不得体的错误而震惊。**自然**可以是如此逗弄人的倔犟,使我决定学物理而放弃艺术史。

克罗宁、菲奇等人的里程碑式的实验涉及观察奇异粒子 K 介子的一种。基于量子力学的分析预言,如果 CP 不变成立,K 介子应该衰变为两个 π 介子。

图 3.7　德尔福特一幢房子的庭院［彼得·德·胡赫，1658 年，伦敦国家画廊提
　　　　供］。 这幅图画提醒我想起 CP 操作。 右边的妇女面向我们，左边的妇女背
　　　　向我们。 右边妇女的明亮形象从暗的背景走出来，左边妇女的暗影走进明
　　　　亮的背景，参见图 3.6

图 3.8　用鸟对平面的规则划分进行研究［艾舍尔，1938 年，
艾舍尔继承人提供］

K 介子确实在多数情况下衰变为两个 π 介子，如 CP 守恒所预言的。普林斯顿耐心的实验物理学家注意到，在几千个事例中有一个 K 介子衰变为三个 π 介子！

　　作为一个理论物理学家，我对 K 介子如何衰变的细节本身不怎么感兴趣，它并不比一些念不出名字来的化学品的性质更有趣。令我感兴趣的是**自然**如何偏离对**她**的预期。

　　宇称破坏固然令人震惊，但它是绝对的并是最大限度的破坏，意思是所有看到的中微子都是左手的，永远不是右手的。**自然**以明确的方式破坏宇称，使某些理论物理学家最终得到安慰。与此成为恼人的对比的是，**自然**像是懒散地说，在很长时间内**她**会偶然让 CP 破坏一次，好叫探究隐私的物理学家狼狈一回。

　　自从 1956 年，在每一个弱相互作用过程中都观察到了宇称破坏。但在二十年的尝试后，实验物理学家还没有找到除 K 介子衰变过程之外的其他 CP 破坏过程。也许我们不久就能听到新闻。①

① CP 破坏已在 B 介子衰变中被观察到。——译注

同时,理论家还没有能就 CP 破坏的理论达成共识。作为对比,如我早些时候提到的,在 1957 年包含宇称破坏的理论已被大家所接受。包括我在内的许多理论家相信 CP 破坏源于一种比弱相互作用还要弱的新的相互作用。但其他人不同意。

虽然还没有出现对 CP 破坏的深刻理解,它的推论已经在宇宙学的思考中出现。几年以前,理论家创造了一个剧本,宇宙从空无所有中产生,演化到含有物质,再进而演化到出现人类。这本身就是一个有趣的故事,我们将在以后讨论到它。在这里要提到的只是,要使这个剧本得以成立,物理定律在一定的层次上比起反物质来更偏爱物质。

她所喜欢的

读者或许要问,为什么**自然**要破坏宇称。谁知道呢? **自然**就像经典玩笑中的大猩猩一样,**她**爱干什么就干什么。

我是一群物理学家中的一员,相信**自然**在更深的水平上是尊重宇称的。《纽约时报》关于宇称的社论题目是《表观与现实》。社论的作者是要通过标题告诉我们,受尊敬的报纸的意见是指**自然**仅是看起来破坏宇称吗? 或许社论的作者进行了浮士德式的交易,知道的比**她**显露的要多?

奥地利哲学家和物理学家厄恩斯特·马赫(Ernst Mach, 1838—1916)提出了一个关于表观与现实的美妙说明。作为极端的实证论者,马赫曾被列宁批判过,他致力于研究物理学提出的哲学问题,他的思想曾经影响过爱因斯坦。马赫写道,当他是个孩子时,被磁针上面带电流的导线能使磁针偏转的事实深深地困扰(见图 3.9)。因为实验设备是完全对称的,磁针不应该偏向哪一边,而会一动不动。宇称好像被破坏了,这使年轻的马赫不安。但如果我们从微观的观点看一块磁体,就会看到一块金属,其中所有的电子都在同一个方向上自旋。自旋的方向指向磁针的"北"端。假定我们在垂直于导线的方向放一个镜子,并爬到镜中的世界去。我们会看到磁体中的自旋方向逆转,镜中的磁针北端和南端对调。仔细研究图 3.9 会发现,电磁学实际上是尊重宇称的。困扰年轻马赫的宇称破坏实际上是一种幻象。

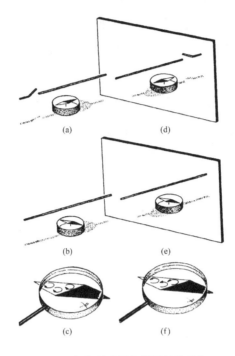

图 3.9　深深地困扰年轻马赫的现象

在图(a)中,一根导线放在罗盘的上方,方向沿着磁针。导线的两端连着电池(未标在图上)。开关断开时导线上没有电流。在图(b)中,开关合上,电流流经导线,方向离镜面远去。马赫看到电流产生的磁场使磁针偏转而感到不高兴。他相信自然对左和右无所偏爱,认为磁针应该拒绝偏转,而偏转就意味着**自然**对一个方向有所偏爱。为了强调难题的症结所在,考虑在镜中世界所发生的事。见图(d)和图(e)。磁针通常是涂有颜色的,以区分指北端和指南端。为确定起见,艺术家把南端涂上白色。如果在我们世界中电流方向离镜面远去,在镜中世界电流就是流向镜面。面向镜子站立,电流是流向你的,你发现磁针南端摆向你的左方,见图(b)。但你在映像中却像看到电流流向他,磁针的南端摆向他的右方,见图(e)。

令人惊讶的宇称破坏只是一个幻像。如果我们从微观的观点看图(b)的磁针,如图(c)中艺术家用放大镜所示,就会看到磁针的磁性是由于大量的电子在同样的方向自旋造成的,从上方看去是顺时针方向,艺术家用三个箭头表示。哪一端是北、哪一端是南,由电子自旋方向决定。考察图(e)的镜中世界的磁针就能解决佯谬。由于镜面反射,从上面看去时磁针中的电子自旋是反时针方向,如艺术家在图(f)中所示。所以,在镜中世界涂白的那一端应该是北端。我们被黑与白的涂色所愚弄,把北端当成南端了。换句话说,在上一段的最后一句话中,"南"字应该换成"北"字。镜中的物理学家看到磁针的北端摆向他的右方。

对现在观察到的弱相互作用中宇称破坏的一个更深刻的理解有可能显示它也是个幻像吗?

外尔以及以后的杨振宁都抓住了马赫理解的错误来作为一个类比,他们认为,凭借更深刻的理解,我们会认识到**自然**是尊重宇称的。我相信他们是对的。实际上,几位理论家已经提出了看来可行的方案,在其中**自然**在更深的层次对于左右是一视同仁的。我们将在此后的一章里讨论几个这样的方案。

当我们看一张东方挂毯时,其左右对称是一目了然的。我们现在要来观察**自然**为我们织就的这幅有更微妙对称性的挂毯。和艺术鉴赏一样,对称越微妙,我们就越能够得到更大的愉快。

02

爱因斯坦的遗产

Fearful
Symmetry
The search for Beauty in Modern Physics

我想要知道上帝是如何创造这个世界的。
我对这个或那个现象，这个或那个元素的能谱
不感兴趣。

我要知道的是他的思想。其他都是细节。

——爱因斯坦

4 时间与空间联姻

理智的基础面对惊人的推论

近 300 年来,物理学家只把反射和转动不变性作为对称性的例子。因为这两种对称性很容易认知,物理学家通常并不把对称性作为基本概念来搞得沸沸扬扬。实际上,在 20 世纪以前物理学中很少提起对称性的概念。

1905 年爱因斯坦提出狭义相对论,使我们对空间和时间的了解发生了革命性的变化。我愿意把爱因斯坦的理论看成第一个事例,在此,物理学第一次把**自然**设法隐藏起来的对称性揭露出来了。在这一章中我们将看到,要认识在**自然**设计中的相对论对称性需要很高的鉴赏力。

长期以来,对物理学感兴趣的非专业人士对爱因斯坦所得到的令人吃惊的、几乎是科幻般的结论所折服。但在本书中我要明确地区别物理的推论和物理理论的智慧基础。

爱因斯坦理论的智慧基础包含了对于对称性的威力的深刻理解,并在这个基础上推导出来理论的物理推论。

说实在的,爱因斯坦深思熟虑的物理推论令人难以置信:质量和能量等价,时间和空间联姻。谁能不吃惊呢? 多数关于爱因斯坦理论的通俗介绍强调这些奇怪的特点,这是自然的。其结果是,这些著作没有能够强调爱因斯坦的真实伟大的理智遗产,即他的对称性观点。就是他将对称性打扮成近代物理的明星。

缓缓的顺流而下

相对性的概念并非从爱因斯坦开始,而是深深地扎根于我们对运动的日常认知,并已纳入牛顿力学之中。

伯克利主教(Bishop Berkeley,1685—1753)怀疑,如果没有人在听,森林深处的树枝落下时会不会发出声响。他担心,如果没有另一个物体存在时怎么能判断一个物体是在运动。任何乘过火车的人可能都有过主教所指的这样的经历。火车停在黑夜的车站上。我坐在火车里正在读一本杂志入了迷,没注意火车是否已经开动。忽然往窗外看去,我看到旁边的一列火车缓缓出站。但究竟是哪一列火车在动,是我的这列还是另外一列?没有机器声音,也没有振动,我完全搞不清楚。无助之中,我只能寻找一个建筑物、一根柱子,或是立在月台上的站长。在其他情况下也会有类似的经历,例如在跑道上滑行的飞机,顺流而下缓慢漂流的船。宋朝诗人陈与义(1090—1138)的一首七绝描写了风中行船的景象:

> 飞花两岸照船红,
> 百里榆堤半日风,
> 卧看满天云不动,
> 不知云与我俱东。

在这种情况下,诗人关于运动的概念和物理学家的相同。对诗人而言,云完全可以准确地被描述为静止的。

伯克利主教的观点是,当我们说一个物体在运动时,是说它相对于另一物体的距离在随时间变化。当火车乘客看到站长向后退去时,他知道自己在运动。

在通货膨胀的经济中,我们感兴趣的是,我们的工资是否比邻居们的增加

图 4.1　一位当代艺术家对 12 世纪关于运动相对性解释的再现

了。如果所有人的工资以同样速率增加，就没有人在经济上得到提高。如果我们处于愉快的境地，收入比邻居们的增加了，他们就觉得收入比我们的减少了。主教认为，如果因为一个物体相对于另一物体的距离变化而判断它在运动，为什么不说另一物体在向相反的方向运动？归根结底两物体间距离的定义并不偏向于哪一个物体。从物理和哲学的观点看，火车乘客完全有权利说，站长、月台和与他们连接在一起的地球是在向相反的方向运动。

　　从一个实际的观点看，说火车在运动更方便些。但必须记住，"常识性"描述更方便，仅仅是因为地球比火车要大得多。在今天，我们可以坐在卧室里看电视上一位宇航员抓住了一颗失效的卫星。在这种情况下宇航员和卫星的质量是差不太多的。当宇航员推卫星一下的时候，我们看到他漂离卫星，但我们同样可以说卫星在漂离宇航员。

　　在日常生活中，我们判断运动时，机器的噪声和振动的提示给予了帮助。设想在遥远的未来，在远离任何星系的宇宙飞船中旅行。工程技术已经达到完美程度，任何机器噪声都没有了。从窗口向外看，只见空间的黑暗。我们怎能知道是在空间巡航还是静坐不动？根据伯克利主教的意见，我们不能，绝对运动是无法定义的。

现在假定我们看到窗外另一个星际飞船正向我们逼近。是我们朝它飞去,还是它朝我们飞来? 不得而知,所以这个问题没有意义。我们只能说我们的飞船正在相对另一个飞船运动。

在一定意义上说,我们现在正在飞船上旅行。我们的星系正以约每秒200千米的速度(比子弹还快)向室女座星系团运动,但我们感觉不到。这里不谈及机器噪声。但是我们在运动,还是室女座星系团朝我们的银河系运动?

但关键的是,相对运动是匀速的。一旦飞船驾驶员"加大油门",我们就知道是在加速了。我们几乎每天感受到这点。每当汽车忽然加速,乘客就被抛向后方。

所有这些,伽利略都很明白。只不过他谈论的不是宇宙飞船,而是旧式帆船。

作为对称的运动相对性

定义绝对运动的不可能性可以看作是称为相对论不变性的对称性的体现。同宇称不变性指出我们不能区分镜中的世界和我们的世界一样,相对论不变性告诉我们,判断我们是静止或是匀速运动是不可能的。为了避免以后的混淆,现在就把这个概念的精确定义给出来。

假设两个观测者平稳地相对运动,速度不随时间改变,我们称这种运动类型为匀速运动。作为例子,设想一列火车相对月台以每秒 30 英尺①的速度平稳运动。设想坐在车厢后部的一位乘客以每秒 10 英尺的速度向车厢前方扔一个球。根据在地面上的站长的测量,球的运动速度该是多少? 我们中的多数人会直观地得出,显然球相对站长以每秒 30+10=40 英尺的速度向前运动。一般来说,两个相对匀速运动的观测者所测量的任何物理量,例如球的速度或一杯咖啡的温度,都有一个公式把两人的测量联系起来。在上面的例子中,令乘客和站长测量的球的速度分别为 v 和 v',火车相对站台的速度为 u,我们的结论是

---

① 1 英尺=0.3048 米。

$v'=v+u$。（前面所给的数值是，u 为每秒 30 英尺，v 为每秒 10 英尺，v' 为每秒 40 英尺。）有关两个观测者测量的速度、能量、动量、温度等的所有公式的集合，被称为伽利略变换。

假定观测者是两位物理学家，他们要确定物理定律。例如，乘客和站长两人都要确定支配球的运动的定律。相对论不变性说，两个作匀速相对运动的观测者必定得到同样的物理定律，尽管他们对物理量的测量值各不相同。在上面的例子中，尽管乘客和站长对球运动的快慢感知不同，但他们都得到牛顿定律。

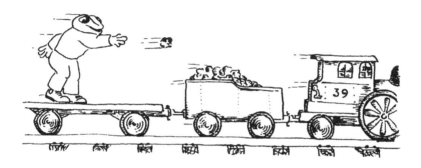

图 4.2　在以每秒 30 英尺平稳前行的火车上，司炉以每秒 10 英尺的速度向前扔出一块煤。我们站在地上看，煤块以每秒 40 英尺的速度向前飞去

相对论不变性用精确语言表述为：在物理上不可能说两个相对运动的观测者中哪一个是运动的。如果两个作匀速相对运动的观测者观察得到的物理定律不同，**自然**就对两个观测者区别对待了。

在前面几章中，我谈到相对把头歪着看的观测者，以及镜外和镜中的观测者。在这一章中，我谈到作相对运动的观测者。在所有这些例子中，对称的基本概念是相同的。对称的原则问题是，不同的观测者是否感知到物理现实同样的结构。

关于运动物体的电动力学

由于过分强调爱因斯坦理论的一些奇怪的方面，有些通俗著作使相对论听起来比实际上更为神秘。实际上，相对论代表了19 世纪对电学和磁学的理解所产生的概念的逻辑的、几乎不可避免的发展。

不了解相对论的电磁学根源，就不可能真正懂得爱因斯坦理论。归根结底，爱因斯坦用今天难得一见的谦逊把他划时代的论文题目称为《关于运动物体的电动力学》。因此，我打算把电磁理论的发展简单地介绍给读者。

青蛙与磁石

很久以前人们就知道电和磁的现象。神奇的琥珀和磁石曾使古人入迷。把琥珀在一块皮毛上摩擦，它就吸引头发和小纸屑。（孩子们知道塑料梳子也有同样的性能。）至于神秘的磁石，我们现在知道它有一块天然磁化的铁心。古代的中国人发现了它的性质，从而发明了指南针。

威廉·吉尔伯特（William Gilbert，1544—1603），伊丽莎白一世女皇的宫廷医生，是第一个认识了电力和磁力的区别的人。他的工作澄清了许多混乱。在吉尔伯特以后，人们就把电和磁的现象分开研究了。

进展是缓慢和零散的。悉斯特内的沙尔·弗朗索瓦（Charles Francois de Cisternay du Fay）是路易十四的一个虚张声势的朝臣，也是当时的主要科学家，他为了取悦于宫廷而让人带电，好从手指引出火花。（在那个时代的物理学家有更多的乐趣！）

在 1785 年查尔斯·奥古斯丁·库仑（Charles Augustin Coulomb，1736—1806）确定了两个带电物体间的电力与它们间的距离成反比。电力的这个定量描述被称为库仑定律。

下一个进步是 1789 年解剖学家路易吉·伽伐尼（Luigi Galvini，1737—1798）在解剖青蛙时的一个偶然的发现。他发现当两块不同的金属和青蛙腿接触时，青蛙会抽搐。我们现在知道是因为有电的脉冲通过青蛙腿：动物能产生电流。实际上我们的神经和肌肉都是被电脉冲所控制的。

生物学家亚历桑德罗·伏打伯爵（Count Alessandro Volta，1745—1827）采取了将问题的生物方面和物理方面分开的决定性一步。伏打演示，产生的电并不依赖于青蛙，它可以用任意化学液体所替代。将两片金属插入化学液体中就能产生电流。电池便诞生了。用电池提供可控制的电流,物理学家就能系统地进行电学和磁学的实验。在 1819 年,汉斯·克里斯提安·奥斯特(Hans Christian Oersted,1777—1851)可能在偶然中发现,当电流通过导线时,附近的罗盘指针会摆动。见图 3.9。如我们所知,奥斯特现象在表观上破坏宇称曾使年轻的马赫深感困惑。电流能产生磁场!电和磁的现象是相互关联的。物理学不久便有了一个新名词:电磁学。

奥斯特的令人吃惊的发现开辟了一个激动人心的新时期,科学和技术携手以炫目的速度推进。设想一下,在伽伐尼的青蛙献身后不到一百年,人们能在大西洋两岸间打电报。而在大约从 1825 年到 1875 年的五十年期间,像电报学、电动机、发电机这些提供近代世界的基础的东西都已经被发明出来了。

让我们回到物理学。两种神秘的现象是相互关联的,这又提出许多新问题。

在奥斯特的实验中,电流使磁针摆动。反过来对不对呢?将磁针固定,能让载电流的导线运动吗?答案是肯定的。考察这个现象,可以制造电动机。

如奥斯特所演示的,电能产生磁力,那么磁能生电吗?如果让磁体围绕导线运动,能得到电流吗?答案再一次是肯定的。运动的磁体产生电流。

就这样不断地取得进展。我们可以想像维多利亚时代的物理学家们,他们的实验室中有导线、磁体、伏打电池(原始的电池),他们以火一般的激情在尝试各种可能的安排,好让**自然**一个又一个地显露出**她**的秘密。

愿力场与你同在

在这一时期的许多杰出的实验物理学家中,迈克尔·法拉第(Michael Faraday,1791—1867)常被认为是最伟大的。他的天才不仅表现在实验室中,他还对理论物理学引入了一个重要的和成果丰厚的概念"力的场",或简称"场"。

不同于此前的多数物理学家,法拉第并非来自一个生活舒适的家庭。法拉第生在一个几乎是狄更斯式的贫穷家庭中,从一个书商的听差开始,后来被提升为学徒。在重新装订一套《大英百科全书》时，他被一篇偶然看到的关于电的文章迷住了。在维多利亚时代的伦敦，经常对公众开放的教育讲座，典型的入场费用是每讲一先令，而这对年轻人来说是太贵了。幸而著名的汉弗莱·戴维爵士(Sir Humphrey Davy)在新成立的皇家研究院作免费演讲。演讲是极受欢迎的。受过教育的公众对科学很感兴趣，而电学确实也给公众充了电。(在许多国家免费讲座的良好传统一直延续到今天。我所知道的物理学中心都能够夸耀，有一两个极为投入的人经常出现在他们的讨论会和研讨会上。)

图 4.3　迈克尔·法拉第（根据原始肖像画绘制）

力场方向的箭头代表一个带电粒子放置于箭头所在处的运动方向

　　法拉第以宗教的虔诚去听讲，最终自己去找了戴维。幸运的是，戴维此时正需要一个实验室助理。此外，几个月后他还要到欧洲科学中心巡回访问，并答应带法拉第一起去。终于法拉第获得了令人羡慕的受教育的机会。狄更斯式的剧本是完整的：戴维夫人是个讨人厌的势利眼,她坚持法拉第和仆人一起吃饭,把生活搞得不痛快。法拉第还常干仆人干的活。但不论在科学或其他方面,这次旅行是令人激动的;拿破仑战争还在进行,作为"敌方科学家",他们要凭"安全通行证"穿过战线。

戴维的年轻助理很快便以一个又一个的发现建立了自己的事业,名声盖过了自己的导师。嫉妒是人的强有力的一种情感,不久两人之间不愉快的事就发生了。戴维爵士企图阻止法拉第当选皇家学会会员,他失败了。在事业的巅峰上,荣誉如雪片般向法拉第飞来。谦虚的学徒谢绝了爵士的封号以及皇家研究院院长和皇家学会会长的职务。甚至戴维也承认,在他自己所有的发现中,最好的就是发现法拉第。

但是法拉第发现的以及现今每个看过《星球大战》电影的孩子都知道的力场是什么呢?

在日常生活中,我们认为当两个物体互相接触时才能施力,就如同我们推门时一样。牛顿的引力定律已经引入了力能够超越距离而作用的概念。但"超距作用"的概念使许多思想家深感困惑。在任何时间,地球应该"知道"太阳的瞬间位置,以便去"感受"适当的力。电磁现象使这个表观的超距作用显示更大的戏剧性。两块在空间上分开的磁体彼此作用是最吸引孩子的,它同样地吸引物理学家们。

和自己的许多前辈以及当代人一样,法拉第抓住了这个哲学问题,思考出以下的图像。

他假定电荷在它的周围空间产生电的力场。当另一个电荷被引入这个空间时,场作用于这个电荷,对它施以由库仑定律所规定的力。

重点在于,电场是被当作一个独立的实体:由电荷所产生的电场总是存在的,不论是否有另一个电荷被引入以感受它的效应。磁体或电流产生的磁场也是如此。这样,法拉第引入了一个媒介。两个电荷并不"直接"作用于彼此,它们都产生自己的电场,而电场作用于另一个电荷。

一个实用主义的物理学家很容易把所有这些当成空谈,说它并未使我们的知识前进一步。法拉第的概念并没有在任何意义上解释库仑定律,而只是用另一个方法描述它。法拉第假设电荷产生的电场强度随距离的远去而减小，正好重现了库仑定律。

但这个看法没有抓住问题所在。法拉第图像的真实内容是，如我们将要看到的，电磁场不仅是被看作一个独立的实体，它就是独立的实体。物理学家会看到，谈论电磁场的能量密度是完全有物理意义的。我们将要看到，在苏格兰人詹姆士·克拉克·麦克斯韦（James Clerk Maxwell，1831—1879）手中，场的概念结出了丰硕的果实。

电信、法国哲学家和鸽子①

由于非科班出身的背景，法拉第有一个自己承认的盲点——数学，他不能把自己的直观概念转化为精确的数学描述。与之相反，显贵家族的后裔——麦克斯韦得以接受他的时代所能提供的最好的教育，因此能达到电磁学和数学的辉煌的结合。但在开始研究之前，麦克斯韦作了一个决定："在首先通读法拉第的《电学的实验研究》以前，不读有关电学的任何数学。"

某些当代的青年理论物理学家是如此地迷恋数学，他们应该很好地注意麦克斯韦的意见。实际上麦克斯韦把法拉第的不足看成优点。他写道：

> 法拉第以他的具穿透力的智慧，对科学的献身精神以及他进行实验的机会，得以避免重复法国哲学家取得成就的思维过程，他必须用一种自己能懂的符号方法把现象对自己说明白，而不是采用迄今为止的学者惟一通用的语言。

麦克斯韦说到的"符号方法"就是指法拉第的场的概念，后者称之为"力线"。早些时候，麦克斯韦说："法国哲学家泊松（Poisson）和安培（Ampere）关于电学的教科书写得如此技术性强，学生想要从中得益必须在此前受过系统的数学训练，而对成年人再开始这一套训练是否有益是很值得怀疑的。"确实，在

---

① 这段标题要在读完下一节时才会明白。——译注

近年来高深数学被引入理论物理的速率如此之快,许多成年的物理学家对麦克斯韦的见解应该由衷地怀有同感。

美国的理论物理学派在传统上强调物理直觉,而忽视通常称为"玄而又玄的数学"。我不想来探索这个论点的历史和社会学的起源,它同时导致了这种哲学的优点与缺点。一般来说,欧洲物理学家比他们的美国同行在近代数学上有严格得多的训练。法国哲学家们,现在叫法国物理学家,仍被许多美国人看作不可思议地数学化。当然,一代人认为是玄妙的东西,下一代人经常会认为是基础的。泊松等人用的数学知识,现在看起来像小儿游戏,是每个物理本科生所熟悉的。

光到底是什么?

在 18 世纪中叶,麦克斯韦掌握了当时电磁学的全部知识。一个世纪的艰巨的实验研究的最后结果已被提炼和总结到以相应科学家名字命名的定律中。麦克斯韦把所有这一切放到四个数学表达式中,从那时起就被称为麦克斯韦方程。这些方程规定电磁场如何在空间和时间中变化。例如,一个方程给出在随时间变化的磁场中,电场如何在空间变化。它以简明的数学语言表达了法拉第的电磁感应定律:把磁体围绕导线运动,就产生电场,它推动电荷沿导线前进,产生了电流。另一个方程规定一个电荷的电场如何随离电荷的距离增加而减小,即重新表述了库仑定律。

假想一个侦探面对着一件复杂的罪案。他花费了几星期搜集证词。最后他坐下来核对这些证词是否自洽。啊,管家的话不能全信。但是,等一下,如果管家说的午夜 12 点改成了正午 12 点,一切都对了。麦克斯韦也一样,坐下来考察他的四个方程是否自洽。好,这一个不可能对,因为它和其他三个有矛盾。了不起的是,麦克斯韦注意到,只要把有问题的方程稍微修改一下,四个方程就可以做到完全的和谐。

用正确的方程武装起来,麦克斯韦可以向前进了。在灵感的闪光下,他作出在物理学中的一个惊人的发现:电磁波存在。粗略来说,如果在一个空间区域中电场随时间变化,在邻近空间内就产生磁场。磁场的产生本身就意味着它也是随时间变化的,因此它会产生一个电场。因此,就像落下的石子在水塘中产生向外传播的水波一样,电磁场以波的形式传开去,在电和磁的能量间振荡。

麦克斯韦能从他的方程中计算出电磁波的速率。到他的时代,光的速率已经由地面的测量和天文观测量得很准。理论计算的电磁波速率和测量的光速密切符合。麦克斯韦宣称光的神秘现象是电磁波的一种形式。一下子物理学的一个领域——光学——就被归入电磁学的研究范围了。

从牛顿和惠更斯(Huygens)开始,物理学家们从**自然**探索出的光学定律完全可以由麦克斯韦方程导出。此前,人们的视角局限于电磁谱的一个窄窗口;此后,我们可以探索电磁波的各种形式。电信就从此诞生了。

物理学家经常用电信诞生来说明给基础研究拨款的重要性。他们很容易想像,皇家海军负责改进通信的军官会认为支持那些在阴暗的实验室中摆弄导线和青蛙腿的怪人是愚蠢的。显然,他们会认为把钱用在繁殖飞得更快的信鸽是更合理的。

麦克斯韦的发现令人信服地演示了场的物理现实性和它独立存在的理由。实际上,在我们周围的空间中充满了穿梭来往的电磁场的波包。场的概念从法拉第眼中的闪光成长为无所不包了。在最近的几十年中,物理学家采用了所有的物理现实都要用场来描述的观点,我们以后要阐述这个概念。想一下,这个概念产生于物理学家对超距作用感到的哲学上的不安,是很有意思的。

一个大问题

现在让我们回到爱因斯坦和相对论不变性。那是在19世纪末,物理学家有理由为他们对电磁学理解的成功而骄傲。为爱因斯坦和其他人来回答高额悬赏问题的舞台已经铺设好了。我们曾经看到,牛顿的力学定律进行伽利略变换是不变的,简称为伽利略不变性。麦克斯韦的电磁学理论是否也是伽利略不变的呢?

为了回答这个问题,我们还是回到以每秒30英尺速度平稳运行的火车上。

假定那位旅客不是向前抛球,而是向前射出一束光。用 c 来代表火车上物理学家测量的光速。伽利略变换告诉我们,地面上物理学家所测量的光速应该是每秒 $c+30$ 英尺。

等一下！记住麦克斯韦曾用他的方程计算出光的速度。

这些方程包含了奥斯特等人的测量结果。例如,一个方程测量以某种速率随时间变化的电场产生的磁场该有多强。但是在火车上进行奥斯特实验的物理学家和在地面上进行实验的物理学家所得的结果应该相同,否则这两位物理学家就感知物理现实的不同结构了。这两位实验家现在可以求助于他们的理论家同事,进行麦克斯韦对光速所作的计算。如果两位理论家都称职的话,他们应该得到相同的结果。因此,如果麦克斯韦方程是正确的,在火车上的和地面上的观测者所测得的光速应该完全相同！光的这种奇怪性质表明物理不可能是伽利略不变的。

麦克斯韦的推理迫使我们接受一个与我们日常的直观极为矛盾的结论:测得的光速是和观测者的运动毫无关系的。假定我们看到一个光子飞过,决定去追赶它。我们跳进飞船,开足马力,直到速度表指示为光速的 90%。我们向窗外望去,让我们吃惊的是,光子仍以光速飞行！光子简直是不可战胜的赛车明星。

关键的问题是,光速是**自然**的内禀性质,是从随时间变化的电场产生磁场以及它的逆过程推演出来的。与之不同的是,抛出的球的速度取决于抛球者肌肉的力量和抛球的角度。

爱因斯坦与时间

物理不是伽利略不变的。它是怎样的呢？

记住对称性是由两个逻辑上不同的成分组成的:不变性和变换。说物理定律是不变的,我们必须指明使定律不变的变换。对旋转对称,涉及的变换是转动。对反射对称,涉及的变换是反射。在讨论反射和旋转对称时,相应的变换是不言而喻的。所以我们就不再强调这两个成分了。严格来说,在 1956 年以前的物理学被认为是在反射变换下不变的。

在有关相对论不变性的讨论中，前提条件是有关的变换是伽利略变换。在面对电磁学不是伽利略不变的结论时，一个差劲点儿的物理学家也许会尝试丢掉相对论不变性。但这是不足取的，因为光速是不变的。面对这个困扰和矛盾的情况，爱因斯坦勇敢地坚持物理必须是相对论不变的，这个立场迫使他放弃伽利略变换。应该丢掉的是特定的变换，而不是相对论不变的概念。

如果我们记起伽利略速度变换是基于我们对时间本性的基本的了解，爱因斯坦采取他的立场的勇气就很显然了。说火车以每秒 30 英尺的速度运行，我们是指当站长的时间过去一秒时，火车向前运动了 30 英尺。说球以每秒 10 英尺的速度抛向前方，我们是指当旅客的时间过去一秒时，球相对于坐在车厢中的抛球者向前运动了 10 英尺。牛顿和所有的其他人一样，作出了一个没有明说的但又看来非常合理的假定，即当旅客的时间流逝了一秒时，站长的时间也精确地流逝了一秒。如此理解的时间被称为牛顿绝对时间。给定牛顿绝对时间，站长就会做出结论，时间过去一秒，抛出的球向前飞了 30＋10＝40 英尺。

因此，爱因斯坦被迫抛弃他一直所钟爱的绝对时间概念。作相对匀速运动的不同的观测者感受的时间流逝是不同的。

因为火车速度比光速小得多，旅客们很少会注意到绝对时间的失败。在粒子加速器中，亚核粒子的运动速度接近光速，爱因斯坦的革命性时间概念每天都在被验证着。得出了相对论不变性的数学描述之后，爱因斯坦得以预言，实验物理学家测到的高速运动的亚核粒子比那些在实验室中静止的粒子要活得长些。当我们说粒子以高速运动时，我们也可以说实验家以高速相对于粒子运动。一个粒子在衰变前能活多长，是那个粒子品种的内禀性质，但在实验家的钟表里它能活多长，取决于实验家对粒子运动有多快：相对运动的速度越快，测得的寿命就越长。

不幸的是，或者幸运的是，爱因斯坦的理论并不提供一条长寿之路。用车站的表来量，火车乘客的寿命是长一些，但乘客的寿命，用火车内的表来量，仍是原样的。实际上，相对论的根本概念坚持旅客和站长都没有比另一人更特殊的位置，就旅客看来，站长的寿命更长些。每个人都认为另一个人活得更长些！

从时间的这个奇怪性质看来，定义"固有时间"的概念是方便而自然的。设想宇宙间的每个粒子都带有自己的表。给定物体的固有时间就定义为这个物体携带的表所记录的时间。很清楚，固有时间是时间流逝的惟一有内禀意义的量度。例如，当物理学家在教科书中给出某种亚核粒子的寿命时，他们是指粒子本身的表读出的寿命，而不是实验家的表量得的。要得到由实验家量得的粒子寿命，就要给定粒子和实验家间的相对速度，这不是粒子内禀的物理量，因此在每一次实验中是不同的。

如在前面说过的，对一个给定的间隔，固有时间永远比另一个观测者测量的时间短。物理学家说时间被运动延迟了。对我们每一个人，我们自己对时间的感知永远比任何别人短。在所举的例子中，火车乘客感知自己的寿命比站长所感知的要短。观测者和被观测者间的相对速度越大，观测时间与固有时间的比值也越大。对于以最大极限速度飞行的光子，永恒在一瞬间流逝。这正是赛车迷的梦想。实际上光子所带的表永远是停的。光子的固有时间永远不变。

光的这种怪异行为让公众惊讶和着迷。或许关于时间相对性最有名的诗是布勒（A. H. R. Buller）在滑稽讽刺杂志《笨拙（Punch）》上写的五行打油诗：

> 有一位年轻的女士叫光明，
> 她的速度比光还要快，
> 一天她出了门，
> 用相对的方法旅行，
> 在出行的前一夜回到了家门。

诗人过于沉溺于滥用许可证了：爱因斯坦的方程明确不允许在出发之前回到起点！如果你是一个光子，你能做到的最好的是，在与出发的固有时间相同的瞬间归来。

16 世纪的时间和运动

光明小姐的奇异旅行使我想起了另一次有名的旅行，那是麦哲伦（Magellan）的一次时间错乱的旅行。在用去三年环球旅行之后，麦哲伦的探险

队在 1513 年 7 月 9 日，星期三（根据船上的航海日志），到达了一个葡萄牙岛
屿。令登岸的人既狼狈又困惑的是，岛上的人坚持那天是星期四。这个现象对
感受过时差的飞机旅客而言是太熟悉了，但在当时却使知识分子深为困惑。这
当然是人类记录时间的一个约定问题，和相对论毫无关系。麦哲伦和葡萄牙岛
屿上的人所经历的固有时间在人类时间尺度上相差的是感觉不出来的小。（实
际上麦哲伦在菲律宾被刺身亡，我们仍按照学术传统给他以荣誉，尽管在他发
起的探险过程中间他去世了。）

一个新的空间和时间的变换

物理学家喜欢说爱因斯坦把空间和时间融合为"时空"。要想了解这一点，
我们需要学习物理学家是怎样描述时间的奇异行为的。

就像历史学家记录事件一样，物理学家将物理世界中的事件用它的时间和
空间的位置来记录，即指定和事件相应的四个数 t, x, y, z。时间 t 从共同约定
的某个事件量起，就像西方历史学家用耶稣基督诞生作为时间的参考点。另外
三个数 x, y, z 标明事件在三维空间中的位置，从某个共同约定的参考点量起。

在我们的例子中，一个事件被旅客记录为 (t, x, y, z) 而被站长记录为 $(t',$
$x', y', z')$。要标明空间和时间的变换定律，就要提供将 (t, x, y, z) 和 $(t', x', y',$
$z')$ 联系在一起的数学公式。伽利略变换宣称 $t = t'$，即时间是绝对的。我们曾
看到，爱因斯坦被迫弃去伽利略变换，这样只有在他能找到另一个变换规律，而
物理对于这个变换保持不变，他所坚持的相对论不变性才有意义。

在这里，找到变换是一个直接的数学练习。只要能做到 (t, x, y, z) 和 $(t',$
$x', y', z')$ 间的关系使两个作匀速相对运动的观测者测得的光速相同，就满足要
求了。妙的是，这个练习只需高中代数。决定空间和时间如何变换原来是物理
学历史上最简单的计算！为了表示对荷兰物理学家亨德里克·安东·洛伦兹
（Hendrick Antoon Lorentz, 1853—1928）的尊敬，物理学家把这个变换称为洛
伦兹变换。

在洛伦兹变换中，t 不再像伽利略变换中那样简单地等于 t'，而是一个涉及

t, x, y, z 的数学表达式（当然还有观测者间的相对速度 u）。当 u 比光速 c 小很多时，我们预期 t 和 t' 近似相等。但在一般情况下，变换后的 t' 依赖于 t 和空间坐标 x, y, z。变换后的时间和空间有关。在同样意义下，变换后的空间依赖于时间。因此时间就和空间联姻。此后物理学家把时间和空间当成整体，称为时空。

经过修正的力学

发现洛伦兹变换的动机是电磁理论的一个方面：光传播的特殊方式。

麦克斯韦的整个电磁理论在洛伦兹变换下是不变的，简称为洛伦兹不变，或许并不奇怪。最重要的问题是：因为力学描述粒子在时空中的运动，我们新的时空的概念显然要求对力学进行修改，使得它也成为洛伦兹不变的。电磁学这个新的学科迫使物理学家去改动原先被认为绝对保险的物理学旧领域。这有点像侦探故事，在开始看来没有什么关系的新线索，最终导致把过去认为确定的案情假设修改了。

爱因斯坦就这样着手修改牛顿力学，得到了一个令人惊讶的关于能量本性的结论。现在大家都知道 $E = mc^2$，但爱因斯坦是怎样得到这个结果的呢？基本上，爱因斯坦发现要想使力学定律对洛伦兹变换不变，他必须修改能量和动量的定义及其相互关系。

在牛顿力学中，能量和动量的平方成正比：物体运动得越快，它就有更大的能量。换句话说，当物体静止不动时，它的动量为零，它的能量也为零。爱因斯坦改变了这个关系，使得当物体静止不动时，它的能量等于其质量乘以光速平方：$E = mc^2$。因为 c 比通常能达到的速度要大许多，所以这个所谓的静止能量比牛顿能量要大得多。

爱因斯坦推论的细节并不是最关键的。需要理解的重点在于：人类智慧得以用逻辑的、一步接一步的过程揭示**自然**的一个最深刻的秘密。

要注意，爱因斯坦的公式并没有说如何才能把蕴藏在质量中的能量释放出来。在 1938 年，两位德国科学家奥托·哈恩（Otto Hahn）和弗利兹·斯特拉斯曼（Fritz Strassmann）用原子核分裂神奇地证实了这是可能的。人类学到了如何把蕴藏在物质中的巨大静止能量释放出来。我们的前景立刻变得既令人宽慰又令人害怕。我们是利用爱因斯坦公式来抵达其他星球，还是用它来毁灭地球呢？全球的政治领袖们有勇气消灭或减少我们的核武器库吗？我们能够利用静止能量把至今仍处于贫穷的国家的人民从忍受繁重的体力劳动中解放出来吗？

图 4.4　爱因斯坦如何推出他的著名公式［西德尼·哈利斯（Sidney Harris）提供］

通俗媒体经常把爱因斯坦公式和核能混为一谈，这使人误解。归根到底，爱因斯坦在研究物体如何运动过程中得到了这个公式。它的推理从未涉及核物理。爱因斯坦的观点是以时空的性质为基础的，因此对任何过程都是普适的。实际上当我们焚烧一段木头时，如果我们仔细测量木头、灰烬、木炭和燃烧的热气体的质量,我们会发现一小部分质量不见了——它们变成了能量。爱因斯坦公式不仅与核能有关,它对我们日常生活同样适用。我们可以说人类从来就知道如何把质量中蕴藏的能量释放出来,但在 1938 年以前只能释放极小量的能量。

爱因斯坦的发现对探索亚核世界是关键的。在前一章中,我们看到泡利是如何用爱因斯坦公式推出中微子质量的。在粒子碰撞时质量和能量的相互转换是经常发生的。例如,两个能量很高的质子碰撞时可以产生除原有的质子外的 17 个称为介子的粒子。质量不是守恒的;碰撞质子的部分能量转化为介子的质量。牛顿力学是根本无法讨论能量转化为质量这类现象的。在日常生活的牛顿世界中,两个台球碰撞时一个台球可能碰碎了,但如果我们看到除了散射的台球碎片外又出现了 17 块粉笔头,就会大吃一惊。

把质量转化为能量的可能性还揭开了一个长期存在的秘密。在 19 世纪,物理学家不明白为什么星体能含有如此多的燃料使它们得以持续不断地燃烧。现在我们知道了,星体的火光是由它们的巨大质量作为燃料所供应的。

内在联系:对称性的威力

尽管爱因斯坦公式很重要,但从理智的观点看来它还不如对称性的威力那么有趣。对我而言,爱因斯坦公式是相对论的歌词的一部分,而根本的对称性,即相对论不变性的概念,则是音乐本身。

力学的改造并非根据爱因斯坦的意愿决定的,它是洛伦兹不变性所要求的。在前面的章节中,我谈到过物理理论的内在生命,它们的秘密的内在联系的迷宫有待发现。现在的故事能很好地演示这幅图画。在我开始学物理的时候,看到表观上完全无关的不同的现象却在一个深的层次上有联系时,印象极为深刻。其他科学和我们对世界的直接感知更为接近,因此更有吸引力且更易理解。在世界上的一些山区登山时,我被看到的地质结构迷住了,对地质力作用结果的理解使我愉快。知道了古代的河流凿出面前如此雄伟和壮丽的峡谷,虽然丰富了我的理解,但并不特别令我吃惊。而物理学能让我吃惊!星体的长寿命、光的幻术、罗盘针指向北和青蛙腿的抽搐，所有这些都是被一个对称原则所关联并控制的——这才着实令人惊异！

狄拉克在1929年预言反物质提供了另一个使人目瞪口呆的例子，对称性是如何引导物理学家探索**自然**的内在秘密的。在20世纪20年代末，物理学家已经发现薛定谔方程支配原子中电子的行为。薛定谔方程不是洛伦兹不变的。但因为原子中的电子以远小于光速的速度运动，用它来描述原子的已知性质是完全合适的。狄拉克和早于他的爱因斯坦一样，也坚持所有的物理应是洛伦兹不变的。于是他着手将薛定谔方程改造为洛伦兹不变的。他惊讶地发现，现在称为狄拉克方程的这个经改造过的方程比薛定谔方程的解多一倍。经过许多困惑之后，狄拉克理解到多余的解描述一种和电子具有相反性质的粒子。反电子，现在称为正电子，在三年以后被卡尔·安德森(Carl Anderson)发现。

发现一个对称比发现一个特定的现象意义大得多。如旋转不变性或洛伦兹不变性这样的时空对称性统治着整个物理学。我们已经看到，从电磁学诞生的洛伦兹不变性进而使力学革命化。一旦粒子运动方程经过修正，我们关于引力的观念也要改变，因为引力要使粒子运动。在下一章中，我们将看到爱因斯坦如何尝试将引力变为洛伦兹不变的，从而得到更令人吃惊的结论。

走向统一

物理学家梦想一个**自然**的统一描述。对称性是和统一的理念密切相关的，因为它有将表面看来不相关联的物理学的各方面联系起来的威力。电磁学的故事表明了走向统一的意思：电学和磁学被认为是电磁学的不同侧面，然后光学也成为电磁学的一部分。

在高中时，我读过一本老的物理书，它说物理包含六个部分：力学、热学、光学、电学、磁学和引力。实际上，到19世纪末，物理学就剩下两个分支了，即电磁和引力。在那个时候走向统一的趋势如图4.5所示。走向统一可以说从牛顿开始，他坚持统治天上和地下物体的定律是相同的。地上的力学和天体力学统一了。以后，声被理解为空气中的波动，而它可以用牛顿力学的概念来研究。

在 19 世纪,热的秘密最后被理解为分子的无规则的运动。物体间的机械相互作用,例如摩擦力,也被追踪到构成物体的原子和分子间的电磁相互作用。如果我们把力学理解为粒子运动的描述,就可以说力学已经被归属于其他相互作用了。

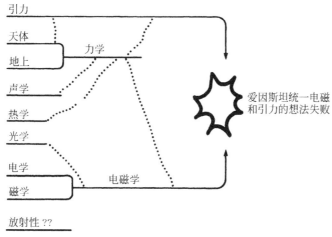

19世纪末的走向统一趋势

图 4.5 到 19 世纪末,物理被统一到两种相互作用,即电磁和引力。刚被发现的放射性不能与此相符。很自然,爱因斯坦企图把电磁和引力统一起来。他的努力注定要失败,因为这个图画并不完全,强和弱相互作用还未发现

我在第 2 章中提到,当物理学家在不断加深的水平上探索**自然**时,**自然**显得越来越简单。关于相对论不变性的故事给出这个非凡现象的一个例证。一旦掌握了爱因斯坦力学,它在本质上比牛顿力学要更简单,这样说也许会让读者吃惊。在应用洛伦兹不变方程之后,我发现牛顿力学中的方程看起来形式很丑,不像样子。空间和时间不是在相同基础上对待的,能量和动量也是如此。这些方程看起来并不赏心悦目。这是可以理解的,因为牛顿的方程只是爱因斯坦方程的近似。为什么**自然**要来关心一个近似的结果看起来是否美丽呢?类似地,在认识到电磁学的相对论不变性之后,基础物理学家现在把麦克斯韦方程压缩写成一个方程。当我还是一个学生的时候,每次考试以前我都要背诵麦克斯韦方程。看一下,随时间变化的磁场产生随空间变化的电场——嗯,是不

是随时间变化的？有了相对论不变性，只用一个方程就可以描述在时空中变化的电磁场。我发现这个完全对称的方程就和记住圆的面积一样容易。

从本质上说，高等物理学比初等物理学更简单——这是不为外行人所知的一个秘密。许多人被高中物理或者大学物理难住了，因为它们是用一些不成样子的唯象方程所描述的。它们和**自然**的内禀本性以及**她**的美丽、**她**的对称性或**她**的基本的单纯性毫无关系。

5   一个快乐的思想

现实的不变结构

在 1905 年,爱因斯坦用洛伦兹不变的力学体系震惊了物理学界,但他的任务还没有完成。在物理学中还有一个很成熟的领域——引力——必须修改为洛伦兹不变的。

爱因斯坦关于电磁学和相对论力学的工作,称为狭义相对论,它的进展就像用一把热刀子切黄油,至少在回顾中它的确显得是那样。与此相对比,把牛顿的引力理论变得洛伦兹不变却给爱因斯坦出了难题。只是在十年不间断的奋斗之后,爱因斯坦终于得到他的引力理论,有时也称为广义相对论。

爱因斯坦工作的两个部分有着同一个理性根源,即把洛伦兹不变性加在物理之上。严格来说,相对论自己并不是一个理论,而是物理理论应该满足的要求。

因为这个和其他原因,许多物理学家认为"狭义"和"广义"相对论这个名称简直是糟糕透了的错误命名。此后,爱因斯坦自己也希望他曾用的"不变理论"这个名称。一些作家抓住了"相对论"这个名字并把它和人类其他方面的活动联系起来,这特别触怒了爱因斯坦。例如,小说家劳伦斯·杜雷尔(Lawrence Durrell)宣称他的主要著作《亚历山大城四重奏》的"四层形式"就是源于时间和空间的相对论结构。在他的著作《巴尔萨查(Balthazar)》中,他宣称相对论"要为抽象画、无调性音乐和没有形式的文学负直接责任"。为什么杜雷尔和其他人不让他们自己的艺术成就来为自己辩护,令我和其他理论物理学家不解。我们也会遇到在一些一知半解的著作中的荒谬提法,例如硬说爱因斯坦证明了真理是相对的。实际上,如我们所看到的,爱因斯坦工作的基本点是,不同的观测者应该感知物理现实的同样的结构,即一个不变的真理能够被提取出来。

快乐的思想和下沉的感觉

到 1905 年时,导致法拉第和麦克斯韦想出电磁场概念的对超距作用的反感,也同样引导物理学家用场来描述引力。他们设想这样一幅图画:一个有质量的物体,例如地球,在它附近产生引力场,就像电磁学中的电荷一样。另一个有质量物体,一个球或者月亮,感受到了场,并作相应的反应。

除去用场的概念重新表述外,牛顿的引力理论已经完整无缺地存活了200 多年,说实在的,它顽固地抵抗爱因斯坦将它改为洛伦兹不变的努力。一个关键的概念在 1907 年到来了。那时,爱因斯坦在伯尔尼当专利职员。他正坐在专利办公室做着白日梦,忽然在脑中出现了以后他称之为"我一生中最快乐的思想"。

在解释为什么爱因斯坦如此快乐之前,我要告诉读者关于引力的一件已知事实。当伽利略从比萨斜塔扔下两个质量不同的铁球(假定如此),并观察到铁球同时落地时,他正在试图验证不同质量的物体下落的速率相同。一根羽毛和一个铁球在没有空气阻力时以同样速率落下的想法好像使伽利略和牛顿的同代人感到困扰,但却是驳不倒的真实。

从伽利略开始,许多物理学家,其中最著名的是 19 世纪末匈牙利瓦萨若斯纳米尼(Vásárosnamény)的厄釜 (Eötvös)男爵罗兰·洛朗(Roland Lorand)、近年来的美国人罗伯特·迪克(Robert Dicke)和俄罗斯人弗拉基米尔·布拉津斯基(Vladimir Braginsky),以与时俱增的精确度验证了这个关于引力的事实。牛顿用假定作用于物体的引力和它的质量成正比的办法把这个事实纳入了他的理论。在牛顿力学中,受力 F 作用的质量为 m 的粒子的加速度由著名公式 $F=ma$ 给出,符号 a 代表加速度。因此在决定下落粒子的加速度时,质量就消掉了。换句话说,牛顿把为什么物体以相同速率落下的问题约化为为什么引力和质量成正比。在爱因斯坦着手构造相对论性的引力理论时,他坚持理论必须对这个重要事实给出说明,即所有物体以同样速率落下。

像许多理论物理中的高深的概念一样,爱因斯坦的快乐思想是奇迹般简单的。它是基于我们在乘快电梯时大家胃中共同的感觉的。当电梯向上加速时,电梯的地板把我们的身体向上推,我们的胃因为和身体骨架的联系并不太紧密,因此它跟不上,我们就感觉胃瞬间往下"沉"。我们也可以说,胃并没有朝电梯地板下沉,而是电梯地板朝我们的胃"上浮"。在一个快速加速的汽车中的乘客和在当今这个空间旅行时代的宇航员有类似的经验。

爱因斯坦假想一个远离任何引力场的空间中漂浮着像电梯一样的盒子。在盒中的各种物体,例如铁球,都在空间的静寂中漂浮。铁球继续漂浮,快乐地不去理会盒子的地板正以与时俱增的速度向它们冲来。但对坐在地板上的观测者而言,好像铁球正朝着地板下落。还有,所有铁球都将在同一瞬间掉到地板上,和伽利略的观察一样。

因此爱因斯坦就得以宣告等价原理:在空间的一个足够小的区域,一个观察者感知的引力场的物理效应和另一个在没有引力场的地方以匀加速运动的观察者所感知的物理效应相同。换句话说,加速度可以"骗"你,让你觉得是在引力场中。当然所需的加速度速率是和它要"冒充"的引力场强度有关。

要注意,爱因斯坦并不是说苹果下落是因为地球向上加速。如果这样说,在地球对面的苹果就该向上"漂浮"。爱因斯坦只是说,苹果的落下可以用设想苹果树向上加速来等价地描述。这就是前一段强调"在足够小的区域内"的原因。等价原理只在一个引力的大小和方向都是均匀的足够小的区域内适用。在我们的例子中,苹果树周围的区域显然不能大到让地球的曲率起作用。在第 12 章中我们将看到,等价原理的这个定域性质对当代理论思想有深远的影响。

爱因斯坦的远见使得物理学家非常高兴。等价原理提供了推进我们对**自**

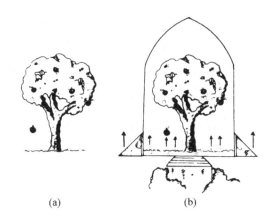

图　5.1

(a) 一个苹果从树上掉下来；(b) 一位发疯的物理学家在火箭中种了一棵苹果树，
把火箭驶往远离任何引力场的地方，然后加油给火箭使之匀加速运动。在火箭外
面漂浮的观测者可以说火箭内的地面冲向苹果，但火箭内的观测者却看到苹果落
下。爱因斯坦宣称没有任何物理测量能区别在图(a)和图(b)中苹果的运动

然理解的一个极为强有力而又省时间的方法。假定我们要研究光子在黑洞周
围的行为，就要知道在引力场中的电磁定律。看起来就要从仔细地进行关于引
力对电磁影响的测量开始，重复整个 19 世纪的经历。幸亏有等价原理前来搭
救。我们只需得出对匀加速运动的观测者适用的麦克斯韦方程就行了。

　　一般来说，一旦我们掌握了没有引力场时的物理定律，不管它是支配水流
的唯象定律，还是支配中微子行为的更基础的定律，借等价原理的帮助，我们可
以立刻得到有引力场存在时的定律。

广义协变性

　　爱因斯坦关于等价原理的原始概念是受常引力场的情况启发而得到的，例
如影响我们日常生活的重力场。但大多数引力场并不是常数场。地球引力场
随距地心的距离增加而减小；作为很好的近似，在日常生活中我们感觉处于一
个常数场中，只是因为我们离地心的距离变化不大。我们追随爱因斯坦，找出
能用于随时空变化的引力场的等价原理。

爱因斯坦的策略是极为简单的：把时空分为小的区域，小到在每个区域中引力场可以当作常数。这情况和地理学家要把地球的弯曲表面作投影时面对的问题相同。地理学家把地面分为许多小的区域，使得每个区域的地面根据地图使用者要求的精确度看来都是近似平坦的。因此军用地图分的区域必定是很小的。（地理学家当然还有其他的妙招，例如用等高线标出地貌特征，但这些和我们无关。）

要看到这个策略如何在实际中运用，假想我们在远离任何引力场的深度空间漂浮。如果我们要研究常引力场，这好办：我们雇用一个研究助理，把他放进一个火箭，并把火箭均匀加速。他将把他的观察向我们报告。设想我们要研究变化引力场的物理，例如两个围绕对方旋转的黑洞周围的引力场。参见图 5.2（a）。

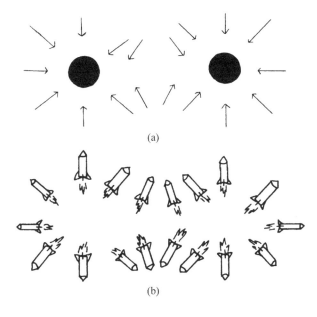

(a)

(b)

图 5.2

（a）两个黑洞周围的引力场：每个箭头标出一个物体放置在箭头处将要落下的方向；（b）根据等价原理，我们可以这样研究黑洞周围的引力场：找一个远离任何引力场的深度空间区域，在那里加速许多火箭，每个火箭中有一个研究助理

感谢爱因斯坦的快乐思想，我们无须旅行到宇宙中去探索一对相互环绕的黑洞。爱因斯坦教导我们，只要想像把这对黑洞周围的时空分为小的区域，在

每个区域中引力场是近似常数和均匀的。现在让我们的想像自由驰骋。在每个区域中放上一个假想的火箭。然后雇用很多的研究助理，每个火箭中放上一个，再按照各区域的引力场强度加速火箭。（把时间分为许多小的间隔的概念是一种巧妙的说法，相当于要求我们必须很快地进行实验，使引力场在实验期间变化不大。）我们现在只需阅读研究助理们的报告就能知道在相互环绕的一对黑洞周围引力场的物理。

我们刚才进行的是所谓的想像中的实验。我们不需离开家；我们需要做的，只是得出已知的物理对一个均匀加速运动的观测者该是怎样的就行了。这是个简洁的妙招，对吗？真实的计算是涉及坐标变换的一个很直来直去的练习。

回想一下，在前几章中我们考虑过两个作等速相对运动的观测者。令(t', x', y', z')和(t, x, y, z)代表两个观测者赋予一个给定事件的时空坐标。我们知道，有一组称为洛伦兹变换的公式能告诉我们t', x', y', z'如何用t, x, y, z表示。我们在这里考虑的是两个匀加速相对运动的观测者。应该有，实际上也确实有一组公式把一个观测者所用的坐标(t, x, y, z)和另一个观测者所用的坐标(t', x', y', z')联系起来。显然这组公式应和加速度大小有关。妙的是，我们并不需要知道公式的细节，就能把讨论继续下去。

在我们特定的例子中，令(t, x, y, z)代表研究助理们所用的时空坐标，(t', x', y', z')代表我们用的坐标。因为这是想像中的实验，不用花一分钱。我们把时空分区做得极为细微，并雇用极大数量的研究助理。当我们改变(t, x, y, z)时，或者说我们从一个区域到另一个区域，我们正是从一个研究助理处到另一个研究助理处，因此(t', x', y', z')正像(t, x, y, z)一样地变化，变化的方式与相互环绕的黑洞对附近的引力场的精确性质有关。

一个引力理论必须能处理各种可能的引力场，因此我们必须考虑时空坐标(t', x', y', z')对(t, x, y, z)的各种依赖关系。从(t, x, y, z)到(t', x', y', z')的时空坐标变换，其中(t', x', y', z')以任意的和普遍的关系依赖于(t, x, y, z)，换句话说，是以我们喜欢的任意方式，被称为广义坐标变换。与此对比，洛伦兹变换的两组时空坐标是以特定的方式相联系的。

我们从这些得到些什么呢？假定我们要研究在某一任意的引力场中的物理。根据以上的讨论，我们可以研究没有引力场情况下的物理，然后简单地进行一个广义坐标变换。

因此爱因斯坦要求物理定律在广义坐标变换下保留其结构的形式。这个基本要求被称为广义协变原理。

读者可以想象广义协变原理如何限制世界的可能理论。让我们来看它在实际中是怎样运行的。假定经过多年的思考和实验，我们得到了一个物理定律，一般地，用一个方程表示各种物理量如何随坐标(t, x, y, z)变化。但是另一位物理学家来访，说他不喜欢我们用于表示时空的坐标。他要用他自选的坐标(t', x', y', z')，以他所喜欢的任意方式和我们的(t, x, y, z)相联系。但是当我们将方程用(t', x', y', z')重新表达时，方程还要和原方程有同样的结构形式。它必须有同样的结构。多数方程通不过这样严格的检验！它们必然遭到拒绝。因此，如果我们接受广义协变性，我们只需考虑有限类的理论。

一个微妙的差别

作为对称性，洛伦兹不变性和广义协变性有着微妙的差别。洛伦兹不变性主张作相对匀速运动的两个观测者感知相同的物理现实；这是和旋转不变性一样的对称性。广义协变性不作像"一个加速的观测者也看到同样物理现实"这样的显然荒谬的陈述；它说这个观测者能用引力场存在来诠释他看到的物理现实与非加速的观测者所看到的物理现实的区别。广义协变性是关于引力本性的陈述。杰出的美国物理学家斯梯夫·温伯格曾经建议把广义协变性归为动力学对称性，以强调这个区别。在本书中，我仍追随物理学家的习惯用法，把广义协变性只简单地称为对称性。

在坐标变换下我们的感知不同

选择坐标来描写时空与选择坐标在地图的一页平面上描写球形的地球之间的类比，在某些情况下是合适的，但在另一些情况下会引起极大的误解。在地球的标准莫卡特（Mercator）地图上，接近两极的地方被拉大了；确实我们是在北大西洋中有一块叫格陵兰的很大的洲的印象中长大的。地图学中的坐标不变性概念叙述了显然的事，格陵兰的真实面积不可能取决于它在地图上看来有多大。类似地，物理学家坚持，物理现实不可能取决于所用的坐标。

在一个引人注意的近期著作中，德国历史学家阿尔诺·彼得斯（Arno Peters）强调了"以欧洲为中心"的莫卡特投影是如何歪曲了我们对地缘政治的感知。分析了把世界分为"富裕的北方"和"贫穷的南方"的地缘政治划分。彼得斯指出，多数"贫穷的南方"是在赤道附近，（一位经济历史学家会补充说，这个事实本身造成了南方的"贫穷"，）因此在莫卡特地图上，和"富裕的北方"相比，"贫穷的南方"看起来比它们实际情况要小得多。彼得斯出版了新的世界地图，各国以它们真实的相对大小来代表。在所谓的彼得斯地图中，世界看起来完全不一样了。有趣但并不令人惊讶的是，彼得斯写道，他的地图的发表在欧洲挑起了一场"在地图学历史上前所未有的激烈的公开讨论"。

引力理论

广义协变性是一个严格的要求。说实在的，正是因为它是如此严格，爱因斯坦才能找到正确的引力理论。多亏他在 1907 年的快乐思想，爱因斯坦发现了如何在引力存在的情况下描述物理，但仅当在无引力情况下的物理是已知的。但支配引力场本身动力学行为的物理又是怎样的呢？

这个问题困扰了爱因斯坦好几年。没有任何实验能够指引他。因为引力是不可置信地弱，不可能进行实验来直接测验引力场，这和在给定引力场中的物质的动力学不同。

爱因斯坦怎么能前进呢？

爱因斯坦自己的智慧产儿——广义协变原理奔来相救。在历史上，爱因斯坦用了使他烦恼的长时间来理解广义协变，但一旦他理解了，他几乎立刻就写下了支配引力场的物理。

这里有一个粗略的比喻。要求一位建筑师说出一个大厅的几何形状。只有得到某些"实验输入"后她才能开始,例如表现大厅的某些部分的几张照片。假定告诉建筑师,厅的形状特点是对其中心旋转 60°的任何倍数形状保持不变。这是一个潜在的信息。建筑师立即把可能性缩小到包括六边形、十二边形、十八边形等的范围。最简单的答案是六边形。在物理中,加上对称要求立刻就能把可能性减小许多。在物理学家之间有一个不言自明的规则,在其他条件相同的时候,选择最简单的可能性,这个规则一直很奏效。

弯曲的时间和空间

也许在爱因斯坦工作中的所有方面,没有比关于弯曲时空的神秘说法更能吸引公众的想像了。实际上弯曲时空的概念直接源于等价原理。

考虑以下有名的谜语。一个猎人向南走了 1 英里①,然后转向东再走 1 英里,最后他转向北又走了 1 英里,发现他回到起始的地方,猎杀了一只熊。这只熊是什么颜色的?

谜语中的距离和角度立即告诉我们地球是弯曲的。一般来说,如果我们知道任意两点间的最短距离,我们就能得出表面是如何弯曲的。当然,我说的是真实的或内禀的距离,它与我们选用什么地图无关。廷布克图和加德满都间的真实距离就是飞机上的乘客飞行的最短距离。

类似地,物理学中时空的任意两点间的内禀距离只能是一个旅行者从一点到另一点经历的固有时间。根据等价原理,引力场中一个观测者看到的物理和无引力场的加速观测者看到的完全相同。我们已经知道,火车乘客经历的固有时间和站长经历的可以完全不同。把这一点推广,一个加速的旅客会经历另一个不同的固有时间。因此引力场的存在必须改变时空中不同点的相对位置。

假定我们拿到一个飞行时刻表,某个人把上面的所有飞行时间都改变了。注意到加德满都到廷布克图的飞行时间比加德满都到新德里的飞行时间要

---

① 1 英里=1609.344 米。

短①，我们可以作出结论，某个人把地球表面弄弯曲了，它不再是球面了。同样，爱因斯坦不得不作出结论，引力场弯曲了时空。

光线的折弯

时空的弯曲有戏剧性的推论。在欧氏几何学中，两点间的最短距离是直线。但对于任意的弯曲空间，直线是无法定义的。不过最短路径仍是有意义的。正像船舶的领航员要在弯曲的大洋表面上寻找最短路径时，不得不在空间画出曲线一样，从遥远星球朝我们飞过来的光子在通过太阳附近的引力场时不得不走一条弯曲的路径。

在1911年，爱因斯坦预言，在日全食的时候掠过太阳的星光会看起来是被折弯的。（为了得到最大的效应，希望光子通过时离太阳越近越好，为了能看见星体，需要日食挡住太阳耀光。）但由于引力太弱，预言的弯曲只有两千分之一度。（作为理论物理学家，我对20世纪初的观测天文学家并不认为这样的小量测不出来这一点印象十分深刻。）

尽管光的粒子，即光子，没有质量，但等价原理决定了引力一定影响光的传播，说明这一点是很有启发性的。让我们将一位研究助理麻醉使其失去知觉，把他放到飞船中，把飞船送到深度空间。给飞船以适当的匀加速度，当研究助理醒来之后，他会误以为自己仍在地面上。（记住在这个想像中的实验里，我们一分钱都不用花，飞船内部装修的和助理家中的客厅完全一样！）我们现在告诉这个可怜的家伙向墙上照一束光。在光子到达墙上的这段时间里，墙已经向上运动了（称飞船运动的方向为"上"），因为飞船是在加速，见图5.3。因此，光束将到达一点，它比飞船没有加速时光束将到达的那一点要低。但研究助理认为自己是在地球的引力场中，就作出引力把光束拉向下方的结论！

这就是等价原理如何工作的：你可以骗某个人，让他以为自己是在引力场中。他所看到的物理就可以被（爱因斯坦）宣布为引力场中的物理。记住这一点，在明年愚人节时用！

---

① 加德满都到廷布克图（在非洲马里）的距离比到新德里的距离要远得多。——译注

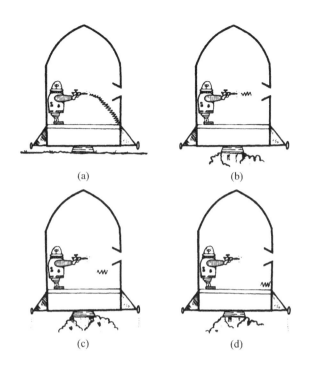

图　5.3

(a) 一个飞船停泊在密度极高的行星上,飞船中的机器人将激光枪瞄准窗口扣动扳机,为清晰起见,艺术家夸大了将光束拉向下方的引力场的强度;
(b) 飞船现在位于远离任何引力场的深度空间,并以匀加速度前进。他把枪瞄准窗口,扣动扳机;(c) 闪光飞过飞船,不管飞船的地板正向上以与时俱增的速率运动;
(d) 闪光没有飞出窗子,而是打到对面墙根处。对机器人而言,光的轨道和在图(a)中一样,验证了等价原理。机器人不能判断究竟它是坐在引力场中还是只在加速

封圣

人们说,需要三代人才能学会切割钻石,需要一生时间才能学会造表,在世界上只有三个人完全懂得爱因斯坦的广义相对论。但是橄榄球教练确信,所有这些都不能和在全国橄榄球联盟的比赛中打四分卫的复杂性相比。我的意思是,表不会对你搞防卫,钻石不会发动闪电战,爱因斯坦可以整天投球,$E= mc^2$ 不会改变它的覆盖范围。

——莫瑞(J. Murray),运动专栏作家,洛杉矶报业辛迪加,1984 年 11 月 4 日

虽然爱因斯坦还在当专利职员时，他的思考已经让物理学界洗耳恭听，但是在 1911 年时他的名字还不是家喻户晓。当天文学家准备将爱因斯坦关于光的折弯的大胆预言付诸试验的时候，历史的意外事件也使得实验验证过程充满戏剧性的曲折，爱因斯坦在公众中声名远扬也不是一帆风顺的。首先，1912 年暴雨把阿根廷的日食考察冲垮了。一个有充足经费的德国考察队到克里米亚对 1914 年 8 月 21 日的日食观测进行准备，但第一次世界大战在 8 月打响了。被激怒的爱因斯坦写信给一位朋友，"只是可悲的人们的阴谋"妨碍了他的想法得到检验。

实际上爱因斯坦还是幸运的。在 1915 年晚些时候，他自己发现，他犯了一个错误。爱因斯坦忽略了弯曲空间的影响。他所预言的折弯只是正确值的一半。

在 1919 年战争停止了，两个英国考察队到了巴西和西班牙属几内亚。他们的观测神奇地验证了爱因斯坦的理论。如果历史不是这样，爱因斯坦倒是会有些难堪。理论的难以理解的神秘和实验的神奇的可理解程度征服了被战争折磨的世界。新闻集中到了一个与饥荒、共产主义和战争赔款无关的问题。伦敦《时代报》用大标题"科学的革命/宇宙的新理论/牛顿的概念被推翻/重大的宣告/空间被弯曲"来报道这个消息。《纽约时报》报道，数了一下，世界上只有十二个聪明人懂得爱因斯坦理论。顷刻之间爱因斯坦成了名人，受到全世界政治家的礼遇。

弯曲的时间

虽然在 1919 年已经确立了时空的弯曲，但在通俗报道中讲起来仍带有科幻色彩。引力弯曲时间，由哈佛大学的庞德（R. V. Pound）和瑞布卡（G. A. Rebka）于 1960 年，在地面上所做的试验中证实。他们得以证明，在引力场的不同地方，例如在塔顶和塔底，时间以不同的速率流逝。

庞德和瑞布卡不必到远处去找合适的塔。正如比萨有塔一样，哈佛大学物理系也有塔。简单的计算表明，放在哈佛物理楼旁的塔顶和塔底的两块表在一亿年期间相差一秒。为了探测这样小得荒唐的差别,庞德和瑞布卡必须把他们的机智延展到极限。

实验家用光子当表。我们都知道电磁波以确定的频率振荡,这使我们可以调出我们喜欢的广播或电视节目。因此每秒确定振荡多少周的光子可以当表使用。庞德和瑞布卡从哈佛塔顶向下照射光子,在塔顶和塔底细致测量它的频率,光子在从塔顶到塔底穿行时,它的频率应该改变一点点。结果果然如此。实验神奇地验证了爱因斯坦的理论。若干年后庞德开玩笑说,当他把沉重的仪器在塔中搬上搬下时他懂得了引力的真正含义。

黑洞

完全可能,宇宙中一些极大的物体是看不见的。

——比埃尔·西蒙·拉普拉斯侯爵

巧妙的实验家们继续检验并证实爱因斯坦的引力观点。不幸的是,地面上和太阳系中的实验在探测牛顿理论和爱因斯坦理论的细小差别上受到限制。这两个理论只在强引力场中,例如在黑洞附近,才有很大的差别。

黑洞抓住了公众的想像。实际上,黑洞的概念既不新也不特别深刻。早在1795年,在法国测量局以及法国国家研究所工作的拉普拉斯侯爵已经指出,即使光也可能速度不够快,不能逃脱一个极为致密的天体,高密度的天体会把光拉回去[①]。

光不能逃脱一个足够致密的天体是大家都一致认可的;真实的问题是,如何能形成这样的物体。标准的场景规定一个大质量的星体燃尽核燃料后塌缩。在 1939 年,罗伯特·奥本海默(J. Robert Oppenheimer)、沃尔科夫(G. Volkoff)和斯奈德(H. Snyder)指出,一个质量足够大的星体抵抗不住塌缩,最终会达到拉普拉斯想像的临界密度。在这里,牛顿和爱因斯坦有根本的不同。在牛顿物理学中,你可以任意假定星体的物质能变得足够硬,来抵抗塌缩。但

---

① 在当时光被认为是有质量的微粒。——译注

大量的能量必须伴随硬度而存在。（想一下加到被压缩待释放的弹簧中的能量。）根据爱因斯坦，和质量等价的能量会产生附加的引力场，它转过来又促进塌缩。在爱因斯坦的理论中，甚至在原理上，没有人能阻止将到来的黑洞形成。

不听意见的人[①]

在几英里范围之内，平地和圆地球理论的差别小到可以忽略。但当你走的距离越来越远，两个理论的区别越来越显著，直到最后，当你环球航海一周后，你将看到两个理论完全不同。类似地，当我们考虑整个宇宙时，牛顿的理论和爱因斯坦的理论会是完全不同的。具体地说，在爱因斯坦理论中空间是弯曲的，正像地球表面一样，我们可以环绕宇宙航行一周，就像环绕地球一周一样。跳进飞船，一直向前进（沿最短路径），经过如亘古的长时间，你也许能回到出发点。在这种情况下，宇宙是有限的，被称为"封闭的"，弯曲得就像球体的表面。也有可能宇宙弯曲得像鞍的表面。（设想鞍面延展到无穷远。）在这种情况下，宇宙是无穷大的，一个空间旅客可以永远一直飞向前方，不会见到曾经到过的地方。在这种情况下，宇宙被称为是"开放的"。

很明显，天文学家不能靠直接观测来确定宇宙是开放的或是封闭的。像古希腊人尝试确定大地是平的还是圆的那样，物理学家和天文学家必须把直接观测和间接物理推理相结合，以作出最好的判断。可以告诉读者，目前得到的证据暗示宇宙是开放的。

1917 年 2 月，在提出引力理论后不到两年，爱因斯坦开辟了物理学的一个激动人心的领域：近代宇宙论。在几百万年的进化以后，人类的智慧最终准备超越星体去理解宇宙本身了。爱因斯坦理解到，因为天体的运动受引力支配，一个完全的引力理论应该告诉我们整个宇宙的动力学。

今天，天文学家告诉我们，宇宙充满了均匀分布的星系。在 1922 年，俄罗斯人亚历山大·弗里德曼（Aleksandr Friedmann）解出充满均匀物质的宇宙的

[①] 指爱因斯坦不听自己的理论，见下文。

爱因斯坦方程,并证明了这样的宇宙必定或是在膨胀,或是在收缩。

我们很容易想像到,这样的见解如何使人们震惊。宇宙从来就被认为是不变和永恒的。实际上,爱因斯坦本人也是如此深信宇宙是静态的,以至于他认为自己的引力方程是不完全的。在他1917年的论文中,实际上改动了自己的方程,使之容许静态解。他以后把自己的这个行动称为他一生中"最糟糕的错误之一"。

在陪审团最后认定爱因斯坦因不听自己的理论而有罪之前,我必须立刻出来为他辩护,我提醒陪审团,在1917年时,天文学家的知识是很有限的。在当时,他们甚至尚未确立在银河系之外还有其他的星系的说法。此后才有了很快的进展。

在1929年,放弃了法律事业改学天文的美国天文学家爱德温·哈勃(Edwin Hubble)确立了各星系都在彼此远离的说法。到1935年,膨胀的宇宙已经成了观测到的事实。在1946年,伽莫夫提出了宇宙生成的大爆炸图景。

这个概念是很简单的。把我们膨胀的宇宙影片倒放。影片放映的是星系彼此趋近。最后宇宙中所有的粒子都聚集在一点了。在此时影片断了。再把影片正过来放,我们看到宇宙的所有粒子爆炸性地从一点冲了出来。大爆炸图景成功地说明了宇宙的一些观察到的特性。

对爱因斯坦的错误有一个奇妙的注解。在1917年,爱因斯坦用在他的理论中加上一项"宇宙学常数"的办法"停止"了宇宙的膨胀。因为宇宙是在膨胀,所以宇宙学常数不应该在理论中存在。但迄今为止,没有人能够提出一个理论性的论据证明这一项不该存在。这个困难称为"宇宙学常数问题",是当今物理学最深刻的未解决的问题之一。

秘密的迷宫

爱因斯坦的错误再一次表明,一个伟大的物理理论在它的内在结构中包含了连它的创造者都梦想不到的秘密。理论应该引导理论家,而不是相反。爱因斯坦理论引导着我们,从乘电梯的人的胃下沉感觉到膨胀的宇宙。这和唯象理论形成鲜明的对比，唯象理论是为了"解释"给定的现象而创造的。理论家们制造这些理论来拟合数据，他们得到的和放进去的一样多。他们在引导他们的唯象理论，而不是相反。这些理论有很大的实际重要性，但通常，即使它们还能告诉我们关于其他现象的一些东西，那也很少，我认为它们没有什么涉及基本原则的地方。

必须如此

爱因斯坦的引力理论是理论物理学最令人敬畏的典型例子。理论的出发点基于日常经验，但它的推论却极为远离人们的直觉。已知物体以同样速率落下，人类的智慧就能够建立一个理论，作为自然和逻辑的推论，根据这个理论可以揭开迄今为止只有上帝才知道的最深的秘密，例如时间被引力扭曲，以及宇宙的演化。

爱因斯坦的引力理论带有不可避免的色彩。一个理论是惟一可能的这种概念在物理学中还是新的。例如，牛顿宣称引力与两个物体距离平方成反比，从逻辑的观点看，这就像是完全任意的。为什么引力不随距离的负一次方或负三次方减小？

牛顿会认为这类问题无法回答；他给出他的定律，只是作为和实际世界相符的一个陈述。完全不同的是，自从爱因斯坦宣布了广义协变，引力理论就确定了。

图 5.4　两位理解艺术必要性的同胞

　　写爱因斯坦传记的作家亚伯拉罕·派斯（Abraham Pais）恰当地指出，如果爱因斯坦的狭义相对论的完美令人想到莫扎特的作品，则他的广义相对论有着贝多芬作品的全部力量。贝多芬的作品135号的最后乐章带有的名言是："Musz es sein? Es musz sein?"（必须如此吗？必须如此。）最完美的艺术必须是必然的。

　　完美的艺术必须是不可替代的。有人敢，或更准确地说，打算重写贝多芬的第九交响乐吗？在理论物理中，结构是更紧密的。物理学家不像音乐理论家那样崇敬权威。后代的物理学家就和爱因斯坦的引力理论打交道，想要改进它。但不放弃广义协变性就没办法实质性地修改理论。在对称性的审美规则下，你可以修饰爱因斯坦理论，但不能改变他的结论。

6 对称性指挥设计

有一次，一位聪明、年长的同事告诉我，他每十年读一次托尔斯泰的《战争与和平》，每次都发现这是一本不同的书。最伟大的文学巨著都在不同的水平上显示其意义；它们告诉读者的东西依赖读者自己的经验和情感。在我童年的幼稚思维中，以为《死在威尼斯》是一本关于谋杀奇案的书，并对它感到失望。以后我惊奇地发现书中有丰富的符号主义。

在读高中时，我喜欢关于犯罪奇案的书。有一天我偶然见到一本关于爱因斯坦理论的科普书。像一个典型的外行人，我被爱因斯坦博士的宇宙中的稀奇古怪的现象所吸引。以后在大学中，当我掌握了足够的物理和数学知识可以理解爱因斯坦著作后，我惊叹理论中数学的精妙，并理解到爱因斯坦的古怪结论是他的理论的完全逻辑的结果。但当我学到更多物理并开始作研究以后，我终于理解了爱因斯坦传给我们这一代物理学家的智慧遗产：它正是研究物理的一种新方法。

基础物理学的发展框架

为了欣赏爱因斯坦的远见，我们来回顾一下19世纪理论的精华——电磁学的发展框架。

用青蛙腿和导线等进行试验后，物理学家看到**自然**表现为某种样式，**她**的行为可以用一组方程来描述。一旦写下了这组方程，它们就唱出一首歌，耐心地等待有耳朵的人来听。最后一个聪明的年轻人走了过来，听到方程说它们是洛伦兹不变的。这个年轻人意识到了对称性要求校正整个的物理学。（电磁学和狭义相对论的发展框架示于图 6.1。）

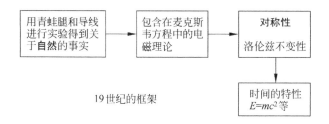

19世纪的框架

图 6.1　大量实验事实的集合被总结到方程之中，这些方程又显示了自然设计的
　　　　对称性。　对称性一经发现就导致进一步可以验证的事实，诸如质量可以
　　　　转化为能量。　这些事实与电磁学的事实之间的联系远非显然

在爱因斯坦创立狭义相对论之后，他和他的同代人赫尔曼·闵可夫斯基（Hermann Minkowski）明白了框架图的箭头可以逆转。假想在黑暗的夜里我们知道了一个秘密：世界是洛伦兹不变的。知道了这一点，我们能够推出麦克斯韦理论，并从此得出电磁学的知识，而根本不用进入实验室吗？

在很大程度上，我们能！要求洛伦兹不变是对**自然**的很强的限制。麦克斯韦方程是如此巧妙地和这个不变性交织在一起，给定其中一个方程就能推出其他方程。

下面请读者品尝一下所涉及的论证的味道。

给定一个把空间和时间、电和磁联系在一起的对称。假定我们知道一个麦克斯韦方程，例如相当于库仑定律的那一个。你也许还记得库仑定律描述电荷产生的电场随距离的增加而减小。换句话说，我们有了一个描述电场在空间变化的方程。在洛伦兹变换之下，这个方程变为一个描述电场如何随时间变化、磁场随空间变化的方程，正相当于另一个麦克斯韦方程。

这个对称性论证的本质可以简明地表述出来。因为对称性把空间和时间联合为时空，把电场和磁场联合为电磁场，我们不可能有一个只描述电场在空间变化的方程。实际上如我在第4章中说的，这个方程只能是一个统一描述电磁场在时空中变化的方程的一部分。在建筑学的比拟中，如果告诉建筑师，一个房间有精确的六边形对称特点，并把一面墙的照片拿给她看，显然她就能推出整个房间的设计。在物理学中，所涉及的数学更错综复杂，但指导原则是相同的。

在菲利普·儒斯（Philip Roth）的《鬼作家》书中的一个角色，一位知名作家，告诉另一个角色说，他在午餐前只写一个句子，在午餐后他把句子倒了过来，他的一生就是在脑中把句子倒过来倒过去这样度过。因此，爱因斯坦和闵可夫斯基理解到，可以把图6.1中的箭头倒过来，并从对称性开始。

一次俯冲获猎

爱因斯坦掌握了对称性的威力，把它用来发展他的引力理论。他没有费力地从庞杂的实验事实的集合中去提炼理论，然后提取出对称性，而是制定了一个强有力的对称性，足以决定理论。他沿着图6.2所示的框图进行。

20世纪的框架

图6.2　爱因斯坦发现他的引力理论时所遵循的逻辑过程。　将这个框架
和发展电磁理论和狭义相对论的框架作对比

对称性使爱因斯坦得到如一次俯冲获猎那样的力量写出他的引力理论。让我们来想像一下如果物理学家遵循19世纪的框架来研究引力，会发生什么，正像某些人尝试的那样。在多年仔细研究行星轨道之后，天文学家可能会发现轨道和牛顿的预言有极为微细的偏差。为了说明这个偏差，物理学家会对牛顿引力定律加一个微小的修正。更加仔细的研究发现这仍不合适，物理学家就被迫用更微小的量来修正牛顿定律。实际上，这个程序会很快走到末路。即使我们假设物理学家能做到要多少修正项都可以，也需要数学天才的努力才能发

现,把这许多修正项加起来会得到一个完全不同的理论。在修正的中间过程所得到的理论简直就是一团乱麻。这就像一位建筑师设计了一个方形建筑,但客户要的是圆形的。每一次建筑师把图拿给他看,他总要求建筑师作小的修改,但不肯告诉建筑师他最后要求的是什么。建筑师不停地修改方形设计。最终当设计看起来越来越圆时,她才认识到客户要的原来是圆形设计。

夜间的声音

我认为爱因斯坦关于对称性如何指挥设计的认识是物理学历史上真正深刻的远见。基础物理学现在主要是按照爱因斯坦的框架的指挥,而不是按照 19 世纪物理学的框架。寻找基础设计的物理学家从对称开始,然后看它的推论是否和观测一致。

但读者会问,一个物理学家怎样就能找到需要的对称呢?显然没有人会在夜的黑暗中走来偷偷告诉我们,**自然**把什么对称织入**她**的挂毯。如果一个建筑师的客户想要对称的设计,但却不愿意把他想着的告诉建筑师,那么建筑师又怎么能够找出来呢?

显然我们可以从已知的实验事实中抽出对称性。这正是爱因斯坦所做的。困难的部分是确定能导致对称性表述的至关重要的事实。从有关引力的许多事实中,爱因斯坦选定了所有物体以同样速率下落,而不论它们质量大小的这个事实。比如说,他就没有用两个物体间的引力随距离平方的增加而减小。这个事实以及其他事实都会作为加在引力上的对称性的推论出现。

物理学家在他们的学科进步的过程中,用得越来越大胆的另一个方法,就是听一听和审美有关的另一半大脑的意见。想读出**他**的思想,物理学家在自己的头脑中寻找构成对称和美的东西。在黑夜的静寂中,他们听着告诉他们关于还没有梦见的对称性的声音。

回到我们前面用过的例子,我们能想像一位建筑师努力在探索和客户想要的对称有关的任何提示,把客户说过的话都分析一遍。这个方法大致相当于企图从观察结果中抽出对称性的物理学家。但这位建筑师也可以采用一个更大胆的办法，她可以勇往直前，作出她所能想到的最和谐的设计。这位建筑师只能希望客户和她有同样的审美观点。

在第四部分"了解**他**的思想"中，我将解释物理学家采用的这两种方法所得到奇妙的效果。

在黑夜的森林中

在相对论的工作中，爱因斯坦和两种相互作用打交道——电磁和引力，它们在日常经验的宏观世界中呈现，对此我们已经积累了大量的直观理解。但在爱因斯坦工作时，物理世界的旧秩序正在动摇。人们发现原子和核的微观世界随着一个不同的曲调跳舞。经典物理学的庄严华尔兹被量子物理的吉特巴舞所取代。新的相互作用统治着这个奇异的微观世界，物理学家对这些相互作用

图 6.3　在黑夜的森林中燃烧的猛虎

没有任何直观的感觉。世界要比 19 世纪末怀有沾沾自喜的决定论满足感的物理学家所想像的要复杂得多。物理学家进入了夜的森林，在那里常识就像是一曲海妖的歌，会把他们带到无法摆脱的悖论之中。在黑暗之中，有着可畏的对称性的**燃烧的猛虎**作为希望的灯塔出现了。基础物理学家要越来越多地依靠这只**猛虎**。今天，对称性考虑包括我在内的许多基础物理学家的工作中起着核心的作用。

03

来到聚光灯下

Fearful
Symmetry
The search for Beauty in Modern Physics

我想要知道上帝是如何创造这个世界的。我对这个或那个现象，这个或那个元素的能谱不感兴趣。

我要知道的是他的思想。其他都是细节。

——爱因斯坦

7   作用量无处不在

在科学研究中，人们尝试说出过去其他人从未说过的话。在写诗的时候，人们尝试写出过去人人都说过的话，但要比他们说得好。这在本质上就说明了，好诗和好科学同样稀少。

看起来科学和诗极端地不同。但某些理论物理学家就和诗人一样，把他们的创造力献给去说别人已经说过的话，但却用另一种方式。他们的工作常被更实际的物理学家所否定，就像某些诗作被否定一样。某些物理规律被重新表述了，但新的表述并未推进我们的知识，哪怕是一点点。在多数情况下，在诗和理论物理中，这种粗暴的否定是有理由的。新的形式往往更绕弯子、更臃肿。但偶然会有结构更紧致、韵律更优美的诗作比过去的作品能更流畅地表现主题。在物理中也是一样，时常会出现和**自然**的内在逻辑更为合拍的表述方式。或许最好的例子是，在 18 世纪发展起来的作为牛顿力学的微分表述方式的替代的作用量表述。

在牛顿的表述中，注意力集中在每一时刻的粒子上。力作用在粒子上，使粒子的速度按照牛顿定律 $F=ma$ 变化。因此就知道粒子在下一时刻的速度，再推出粒子的位置。重复这个过程，就能确定粒子在未来的位置和速度。简单地说，这就是每一个开始学物理的学生都应该掌握的标准表述。这种表述称为微分表述,因为注意力集中在物理量在某一时刻到下一时刻的差别上。描述这种变化的方程称为"运动方程"。

与此不同,在作用量表述中,在总体上考虑粒子所走的路径,要找出一条判据,使粒子用它来选择某一条路径而不是其他。

长期以来,作用量表述仅被当作一个漂亮的替代方式。同时物理学仍继续用微分方程在表述着。但是我这一代的理论物理学家最后拥抱了作用量表述,而把微分表述甩了。我们变了心,因为作用量表述使得寻找基本设计的对称性要容易得多。

光在匆忙中

游泳的人站在泳池中,他的腿看起来短了。将一把勺浸到一杯水中也能观察到同样现象。这个现象很容易用光在通过两个透明介质——在此处是水和空气——的界面时的折射来解释。在图 7.1 中,光线从游泳人的脚趾传到水面上的 A 点折弯,再传到观测者的眼 E。观测者的头脑从光来的方向判断,它是从点 T' 射来的。因此游泳人的腿看起来比正常的短。

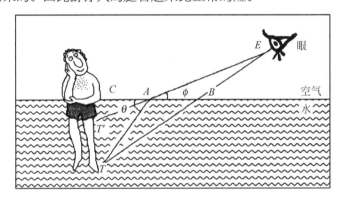

图 7.1　匆忙的光: 在从游泳者的足趾 T 到观察者的眼睛 E 的过程中,光
"选择"能使它到达目的地需时间最少的路径。 因为光在空气中
比在水中走得快,它选择了路径 TAE 而不选直线路径 TBE。 在观察
者看来,足距在 T' 处出现

为了更深刻地了解为什么光从水进到空气要折弯，法国数学家费马（Fermat，1601—1665）在他在世的最后一年，提出了一个奇怪的原理。费马原理称光选择的路径使它能在最短时间内到达目的地。

在图 7.1 中，直线距离 *TBE* 实际上比实际路径 *TAE* 要短。但若假定光在水中比在空气中走得要慢，则光子走 *TAE* 路径快些，因为光子在水中走的路程 *TA* 较短。节省的时间补偿了在空气中的较长路程 *AE*。走 *TCE* 路径如何？在水中的路径 *TC* 甚至更短，但在空气中的路径 *CE* 却更长。显然，存在一个最优路径。

和费马原理中的光子一样，摩托车手也需要做出同样的决定。在高速公路的年代里，需时最少的路径往往不是最短路径。从巴黎到威尼斯有几个不同的路径。一个摩托车手可能决定穿过瑞士，通过苏黎世。或者更好的办法是经过法国的南部，这和气候条件有关。

（说到摩托车手，我想说另一个常见的光学幻像，也可用光对匆忙的爱好解释。在一个热天开车，我们在路中常看到远处车的"反射"影子。我们很容易受骗的头脑做出结论，前面的路是湿的。这个现象之所以发生，是因为接近路面的那一层空气比周围的空气热，而光在空气中的速度与温度有关。）

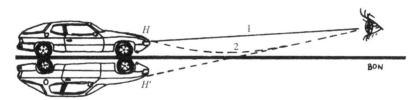

图 7.2　夏天的幻影：光线离开车前罩 *H* 射向下方，遇到接近路面的一层热空气并折向上方。最后沿路径 2 到达观测者的眼睛。观测者的头脑从光来的方向作出判断，它是来自 *H'*。另一束光线直接从 *H* 沿路径 1 到达眼睛。从车上每一点发出的光都重复这个过程，形成了车的倒影。作为一个神奇的器官，大脑判断路面一定是湿的

费马原理给了他的同代人很深的印象，人们急切地寻找在力学中类似的原理。在光学中，最小时间原理使得我们不必去记忆关于图 7.1 中游泳人的角度 θ 和 ϕ 的枯燥公式。类似地，人们希望得到一个简约的原理替代牛顿的运动

方程。

正确的原理称为最小作用量原理或者作用量原理,不久就被彼埃尔·路易·莫劳·德·毛佩图伊(Pierre Louis Moreau de Maupertuis, 1698—1759)和约瑟夫·路易·拉格朗日伯爵(Joseph Louis,1736—1813)发现。

作用量无处不在

通过考虑原型过程,粒子在时间 t_A 从 A 出发,在时间 t_B 到达 B,作用量原理的含义变得清晰。在作用量表述中,我们不仅要考虑从 A 到 B 的各种路径,还要考虑粒子经历这些路径的方式。对于一个特定的路径,粒子可以开始走得慢,加速一段时间,然后再变得很慢,以后再加速。物理学家称每一个在给定时间内走完路径的特殊方式为一个"历史"。在作用量表述中,所有的可能的历史都要考虑。(和光子不同,光子在给定的介质内的速度是固定的,而有质量的粒子可以根据环境改变速度。因此作用量原理在这一方面和费马原理不同,而且更为普遍。实际上物理学家在后来认识到,费马原理是作用量原理的特殊情况。)

让我们继续作用量原理的叙述。

对每一个可能的历史指定一个数,称为"作用量"。这样,一个历史可以标记为 95.6,另一个历史标记为 123.45。按作用量原理,粒子实际经历的路径是作用量最小的那个。一旦我们标明了作用量,原理就为我们决定粒子的真实路径,正像费马原理决定光的路径一样。

物理学可以用作用量原理来表述。如果我们能找到一个让我们得以决定任何历史的作用量时,我们就能掌握大量的物理。例如,牛顿粒子所追随的给定历史的作用量可以计算如下:从粒子的动能中减去势能,然后把这个差对时间间隔 t_A 到 t_B 求和。(在牛顿力学中,动能是与粒子的运动有关的能量,势能是一种"存储"起来的能量,它能够转变为动能。例如,在地球表面附近的物体因为地球的重力吸引而有势能。物体的位置距地面越高,它拥有的势能越大。当物体下落时,它的势能转换为动能。当我们上山滑雪时,我们付钱给开索道的人,他提供给我们大量的势能,以便在下滑时转变为动能。)作用量的计算和一个会计确定某一个生产方案的商业利润类似。他每个星期计算毛收入,然后减去生产成本,再把这个数对每个财政年度的 52 个星期求和。商人自然要试图用追随一个最有利的历史来得到最大的利润。

伟大的下落

我来演示一下,对一个下落的粒子如何应用作用量原理。如图 7.3 所示,亨普提·登普提 (以下简称矮胖子)要在给定的时间内从 A 点到达 B 点,并使作用量最小。显然不沿直线下落是没有好处的。沿曲线要走更大的距离,矮胖子必须走得快一些,这就增加了动能,因此增加了作用量。一旦矮胖子决定直线下落,他仍然有无限多的可能历史可以选择。矮胖子从分析两种完全相反的战略选择开始:他可以先慢走,然后加速;或者先快走,然后慢下来。记住作用量等于把动能减势能这个量对历史求和。因为势能随距地面的距离增大而增加,所以在高处度过更多时间是合算的,这样可以减去一个更大的势能。因此矮胖子开始慢走,然后加速。用初等数学可以证明矮胖子的最佳战略是匀加速

图 7.3　矮胖子先生要决定在从 A 到 B 的行程中哪一个历史能使作用量最
　　　　小。 路径 2 不能使作用量最小

运动。

读者会感觉到，在这种情况下作用量表述比微分表述要复杂，确实如此。在微分表述中，矮胖子的加速度直接从牛顿定律得出。但当物理知识进展得超过牛顿力学时，作用量表述的优越性就变得越来越明显。

神的指引

我要强调，作用量原理所能表述的比牛顿运动定律不多也不少。虽然作用量原理更简约也更符合审美要求，但在物理上和牛顿表述是完全等价的。

但两种表述的远景是完全不同的。在作用量表述中，人们采用结构的观点来比较粒子从一处到另一处的不同途径。

对 17 世纪和 18 世纪思潮，最短时间和最小作用量原理提供了令人感到安慰的**神**的指引的证据。有一个声音告诉宇宙中所有的粒子去追随最有利的路径和历史。最小作用量原理启发了相当大数量的半哲学、半神学的著作，尽管它们能迷惑人，最终被证明是虚妄的。今天，物理学家采取保守的和实用的观点，认为最小作用量原理是表述物理的更简约的方法，它所引起的半神学的诠释既是不可接受的，又是和物理完全无关的。

在鸡尾酒餐巾上的宇宙

其实，作用量原理在物理学中是普遍适用的。从牛顿以来所建立的所有物理理论都可以用作用量来表述。作用量表述也是简明而漂亮的。例如麦克斯韦的 8 个电磁方程被一个作用量取代——用一个公式可以计算描述电磁场如何变化的每一个可能的历史所具有的简单数字（作用量）。（在爱因斯坦得到他的方程后不久，他和德国数学家戴维·希尔伯特（David Hilbert）分别独立地找到了正确的作用量。）关键在于，运动方程可能是复杂的，数目也许会较多，但作用量只是一个简单的公式。

读者必须了解,整个的物理世界是被一个单独的作用量所描述的。当物理学家们掌握了物理的一个新领域,例如电磁学时,他们把描述这个新领域作用量的一个附加项加到整个世界的作用量公式上。因此,在物理学发展的任何阶段,作用量是若干不同项的累计和。这个是描述电磁的,那个是描述引力的,等等。基础物理学的雄心是把这些项统一到一个有机的整体中。机械师修补他的机器,建筑师修改她的设计,基础物理学家修改世界的作用量。他把这一项作个调换,把另一项作个改动。

我们对物理理解的追寻归结为确定一个公式。当物理学家梦想把物理宇宙的全部理论写在一张鸡尾酒餐巾上时,他们是指写下宇宙的作用量。要写下所有的运动方程就需要大得多的空间。

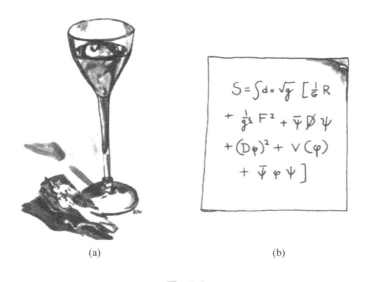

(a)   (b)

图 7.4

(a) 基础物理学家梦想把宇宙的设计写在一张餐巾纸上。作用量形式允许非常简约的描述;(b) 在当前,多数物理学家相信,作用量就大致像写在纸上的那样。要想理解每个符号所代表的意义,你就要在一个有威望的研究院学上几年。但你可以容易地理解加号的意义:作用量是若干项加在一起的。例如,第一项 R/G 代表引力,第二项 F^2/g^2 代表其他三种相互作用。这表明物理学家还没有达到对**自然**的完全统一的描述。在第 16 章中,将要说明物理学家正在为找到更简约的作用量表达式而奋斗,现在的六项将会被联合在一起

不变的作用量

简约是智慧的灵魂,但还有一个更重要的使人倾向于作用量形式的原因。我再回到对称性的中心议题。在讨论对称性的概念时,我很小心地说,物理现实可以对不同的观测者表现不同,但物理现实的结构必须相同。作用量原理让我们得以把"物理现实的结构"一词精确表述。

为了说明这个观点,回想一下第 6 章中讨论的,在洛伦兹变换下库仑定律是如何变化的。库仑定律的数学表达方程如下:(电场)=(电荷的函数)。在洛伦兹变换下,等号两边的量都变了,但在变化中保持相等。站长看到的电场,对旅客而言就被感知为电场和磁场的组合。库仑定律变为奥斯特定律。

在物理学家的术语中,这个方程是协变的。方程的两边不是不变的,而是同样变化的。其结果就是:当涉及的物理量变化时,它们之间的结构关系不变。作为粗略的比喻,你可以想像婚姻中的双方随时间"长大"。在极为稀少的情况下,丈夫和妻子在同样的方向以同样的速率长大,他们间的关系保持不变,虽然两个人都变了。不幸的是,心理学家告诉我们,大多数的人与人的关系对时间不是协变的(更不要说不是不变的了)。

和运动方程对比,作用量对洛伦兹变换是不变的。它保持不改变。实际上说物理具有某一个对称性,就是指作用量对于和这个对称性相联系的变换是不变的。其结果就是,一个历史在不同观测者看来用同一个数字(作用量)表示,例如 95.6,所以不同的观测者也不会为作用量原理偏爱哪个历史而发生争论。简短说来,作用量包含了物理现实的结构。

要探测宇宙基础设计中的对称性,在微分形式中你就要验证每一个运动方程的协变性。而在作用量形式中,你的任务就要轻得多了,只需验证作用量的不变性。

用作用量进行思考

随着量子力学的发现，又涌现出一个倾向作用量形式的基本理由。我将在第 9 章中解释，作用量形式很自然地适合于描述量子物理。

因为这样或那样的原因，在基础物理学中，作用量公式已经把运动方程排挤到一边去了。在我自己的工作中极少用到运动方程及其相关的概念，如力和加速度。

某些物理学家情愿相信，**最终的设计者**就是用作用量来进行思考的。

8　女　士　和　虎

自然不发表她的设计

　　和建筑师不同,**自然**不会到处宣扬**她**的奇妙设计。理论物理学家们必须把它们推导出来。某些对称性,诸如宇称和旋转不变性,在直观上是显然的。我们预期**自然**应该拥有这些对称性,否则我们将会感到惊异。另一些对称性,例如洛伦兹不变性和广义协变性,则更为精巧些,并非基于我们的日常感知。但不管是哪种情况,要确定**自然**是否使用某种对称性,我们必须把对称的推论和观测相比较。

　　得出对称性的可观测推论所涉及的困难之间会有很大差别,这与特定的对称有关。由于实验家所能观测的现象范围有限,使得任务更加复杂,因此某些假定的对称性的推论甚至根本不能直接验证。

　　在前一章中我们学到,一个理论可以被总结在一个称为作用量的物理量中,而理论的对称性就显现在作用量对各种不同的变换的不变性中。

　　爱因斯坦宣称,对称性决定作用量的形式。但是物理学家经常面对的是不知道其中涉及的所有对称性的情况,而他们所知的那一部分又不足以确定作用量。当他们得以把作用量的范围限制在一个小的范围之内时,仍面对许多可能的选择。告诉一个建筑师,要求左右对称,她仍然能够构造出不计其数的建筑的种类来。

面对这种情况,物理学家们就要一个又一个考察每一个"候选者",并确定它的物理推论,这可是个烦琐的过程。在极端情况下,你手腕一转写出一个作用量,要想提取出它的所有推论需要几年,甚至几十年的时间。

如果有一个人走来并宣称,给定一个对称性,不论它的细节如何,你立即就能说出它的某些推论,这将使物理学家们喜出望外。

精神痴迷中的爱因斯坦

在 20 世纪初,真有这样一个人走来了:艾米·诺特(Emmy Noether)。在物理学家拥有的关于不变作用量的陈述中,她的深刻观察是最具普遍性的。在《纽约时报》上爱因斯坦为纪念她的逝世而写道:

> 纯数学是逻辑概念的诗篇。人们寻求操作的普遍概念,它能以一个简单的、逻辑的、统一的形式把尽可能多的形式关系汇集到一起。在寻求逻辑美的这个努力中,人们发现了更深刻理解自然定律所需的精神处方。

谁是艾米·诺特? 她的"精神"发现又是什么? 在回答这些问题之前,我要解释物理学中的守恒定律。

没有免费的午餐

物理学中的守恒定律说,你取出的和你放进去的一样多,不能再多了。**自然**说,没有免费的午餐。能量是守恒的,永动机是不可能的。

直到 20 世纪初,永动机还是很风行的,会在博览会上展出。想当发明家的人,着迷于建造一个不用燃料而能永远运行的机器。因为现实的机器总是不能摆脱摩擦,必须供应能量才能使机器运行。那些看来能永远工作的机器最后都被证明是掺假的,有藏起来的助理人员、导线等。

如同在簿记一样，在物理学中守恒的概念是重要的。会计在初始余额上加上收入、减去支出，核对结果是否与最后的余额相同。**自然**以闪电的速度做**她**自己的簿记，从世界开始到现在已经做了数不清次了。实验物理学家们就像许多独立的审计员一样，对自然的账目作现代工艺所允许的最精细的核查，他们从来没有发现一笔错误。能量守恒定律从来没有过失误。观察两个台球的碰撞。测量台球在碰撞前后的速度。计算对应这些速度的运动能量（即动能）。虽然个别球的能量在碰撞中可能完全改变了，但总能量在碰撞前后是相同的。

在实验家改进自己测量速度的准确度时，他最后发现了小的偏差。小量的动能不见了！难道**自然**也和钻进现代银行的计算机黑客一样，为了自己的私利，从每个账户上偷走一个便士？不，**自然**仅仅是把这个小能量转移到另一个账户上了。用越来越精密的仪器，不知疲倦的"审计员"测量了碰撞产生的声波的能量。他也检测出台球变得更热一些了，甚至桌子也热一些了。当所有的能量形式都包括在内，账目就完全平衡了。

能量守恒的概念在物理学家作计算时有很大的帮助。看一个例子，观察摆的振动。已知在每一时刻作用在摆球上的引力，用牛顿定律就能算出摆球的速率是如何变化的。从一个时刻到下一个时刻，我们确定摆球的路程。但容易得多的办法是认识到，摆球在摆来摆去的时候，能量也在动能和势能间变来变去。回想一下，在第7章中提到球离地面越高势能就越大。在最高点，球在瞬时是静止的，其动能为零，而势能是极大值。在最低点，动能是极大值，而势能是极小值。如果我们忽略像空气阻力这样的小效应，总能量就是守恒的。在摆的路程的任何一点，我们可以从总能量中减去在该点的势能来得到动能，从而确定速度。这和牛顿的微分方法不同，在此方法中你尝试跟随摆的运动，从一个时刻到下一个时刻。守恒定律方法不仅更简单，而且在理论上更令人满意。

任何在高中学过物理的人都知道还有其他几个守恒定律。例如，动量也是守恒的。近年来，报道美国总统选举的政治作家们也谈起好像服从某种守恒定律的动量来，在初步竞选之后，说某个候选人有了"大动量"，意思就是另一个候选人好像是输了。

能量和动量守恒对近代物理有着实际的重要性。物理学家在巨型加速器上把诸如电子和质子等粒子加速到极高能量,并让它们彼此碰撞来探索**自然**的秘密。这些碰撞将飞出的各种粒子送到不同方向。用这种方法物理学家发现了许多迄今未知的亚核粒子,其中的某些种粒子仅存活很短的时间。它们的寿命可以如此之短,即使以近光速运动,它们在衰变为更稳定的、人们更熟悉的粒子之前都留不下可探测的痕迹。

例如,一个实验家探测到一个电子和一个正电子以高速飞走。他进一步假设,它们来自同一个衰变的母粒子,并在此工作假设基础上进行分析。测量了电子和正电子的能量和动量以后,用守恒定律,实验家就能确定看不到的未知粒子的能量与动量。知道了能量、动量与质量的标准关系(首先由牛顿提出,以后经爱因斯坦推广),实验家最终能够找出看不见的、衰变粒子的质量。

在这一章前面我们用的簿记的比拟是很不完全的。一本账应该平衡,但很明显这常常是极难达到的。正确算账只是验证我们的计算能力。在所有物理过程中,能量和动量守恒是更为深刻的,它告诉我们**自然**的内在设计的某些东西。

但能量是什么?说得更准确些,给定一组控制系统随时间演化的方程,我们要确定一个守恒量。先验地,我们不知道一个自由运动粒子的动能究竟是和速度成正比,还是和速度的二次方或是三次方等成正比。更普遍地说,给定作用量,我们如何来确定哪些量是守恒的?

在诺特到来之前,物理学家只能采用“试探和误差法”,把给定的方程弄过来变过去,直到找到一个不随时间变化的组合。举一个最简单的例子,两个牛顿粒子相互作用的力与它们的距离有关。例如这两个粒子可以是地球和太阳。作为关于能量的第一个猜测,一位物理学家可以尝试以下的组合:对每一个粒子,取其质量乘以速度平方,再将所得的两个量相加。

根据牛顿的观点,一个粒子速度的变化率由作用于粒子上的力被质量除所得的商决定。知道了这一点,物理学家就能计算他所选定的量是否随时间改变。但是如果物理学家足够聪明,他就会发现,在原有的组合上再加上和粒子间距离有关的一个量,这个总和是不随时间改变的。他找到了一个守恒量,并决定称它为能量。我们的物理学家真是够幸运的,第一猜就猜中了。如果他用了速度的立方，或者没有乘上质量，不论他怎样摆弄方程都得不到守恒量。有的读者会记起，高中物理教科书简单地说什么是能量，事后再验证它果然是守恒量。但物理学不是这样发展过来的。

如果物理学家必须采用试探与误差法，那可真要烦死人，特别是面对当前考虑的更抽象的作用量的时候。加之你不能先验地知道这个作用量有多少守恒量。

艾米·诺特的生活与时代

艾米·诺特赶来救援。阿玛丽·艾米·诺特（1882—1935）是一位伟大的数学家，她曾为争取实现自己事业的愿望而奋斗。虽然 1861 年在法国、1878 年在英国、1885 年在意大利，妇女可以进入大学，但在 20 世纪初的德国，妇女想要接受高等教育还有巨大阻力。典型地，当时有地位的学术界人士会大发雷霆，说大学接受妇女就相当于一个"道德上软弱的可羞展示"。诺特经过坚持终于获得博士学位。但她就不能再去获得任何学术职位了。

和爱因斯坦同时发现爱因斯坦引力理论作用量的著名的数学家戴维·希尔伯特，在 1915 年认识到诺特的能力，邀请她到当时德国的学术中心哥廷根和自己一起工作。希尔伯特尝试为她取得无报酬讲课的权利，但失败了。你可以想像听到这样的喊声："首先她们要学习，现在甚至又要讲课了！"请求被正式驳回了，理由是"法律要求未能满足"。在通过 1908 年的法规之前，讲课只是男人的权利。在教授会上，语言学家和历史学家不肯让步，愤怒的希尔伯特发火了，喊道："我们这里是大学，不是澡堂子！"

第一次世界大战没给德国带来什么好处，但给德国社会带来了改变。在 1918 年，妇女的法律地位有了改进。在通过教授会的口试之后，诺特取得了讲课的权利。老卫道士们唠叨不满，保卫祖国的士兵们和饱受战乱之苦的人现在居然要听女人讲课。

对称和守恒

就是在证明自己对无报酬讲课是称职的那次教授会考试时,诺特报告了她的著名结果。她一直在研究对称变换下不变的作用量。显然这些作用量有对称性质,但是哪一些呢?

区别连续对称(例如转动)和分立对称(例如宇称)是有益的。从名称可以看到,我们可以连续变化相应于连续对称的变换。对于转动的情况,我们可以连续变化转动的角度。对于宇称,或者有反射,或者没有。

诺特在一闪灵机中认识到,在作用量的每一个连续对称中会产生一个守恒量。对称和守恒这两个物理学家喜爱的概念原来是互相联系的!

这个联系不仅是深刻的,而且如我所强调的,是非常有用的。一个守恒量被实验观测到,这告诉我们,**自然**把一个对称性包括进了**她**的设计中。从 18 世纪末期,电荷是守恒的就已经众所周知了。在诺特的发现之后,物理学家忙于重新考察电磁学理论,想找出对电荷守恒负责的对称性。这样就得出了对于已存在一个世纪的理论的更深刻的理解。对称性被及时找到了,并被称为"规范对称性"。在以后几章中,我们将看到规范对称的概念就是使物理学家得以打开宇宙秘密的钥匙。

诺特的远见在多方面帮助了物理学家。当物理学家开始考察核世界以及亚核世界时,他们对作用量是什么样一无所知,但他们会注意到某些量是守恒的。诺特的结果告诉他们,作用量应该有一个对应的对称性。现在物理学家至少就能够对作用量应该怎样作出第一个猜测了。以后我们会看到这个战略运用成功。如果说在过去物理学家就好像是试图领悟**自然**挂毯对称性的半盲的艺术评论家,那么是艾米·诺特给了他们视觉。

反过来看,如果我们知道哪些对称变换使得作用量不变,我们立刻就知道应该有多少守恒定律。回想物理学家用尝试和误差法寻找守恒量是多么艰难。现在用不着尝试和误差法了。艾米·诺特找到决定守恒量的方法了。

诺特结果的美在于它和作用量的细节无关。几个不同的作用量在一个共同的对称变换下不变,它们必定有相同的守恒定律。物理学家不必要再逐个研究每一个作用量去找守恒定律了。

变化之外的永存

在此以前,能量和动量守恒为人所知已经几个世纪了,但物理学家没有把它们和对称性明显地联系起来。在艾米·诺特远见的指引下,提出什么对称性应对能量和动量守恒负责的问题,是很有启发性的。因为能量和动量是基础概念,相应的对称性必定有绝对普适的特性。它们会是什么呢?

用诺特定理,人们发现,如果物理定律不随时间而改变,能量就是守恒的。用更技术性的语言,这个条件就是作用量在时间的移动(正确的术语是"平移")下不变。但这正是我们要求于物理定律的。我们要求物理昨天、今天、明天都一样!

考虑一个能量看起来好像不守恒的简单例子,我们就能理解能量守恒的条件。想像游戏场上的秋千。家长给在秋千中的孩子用力的一推。人们可以说孩子感受的物理定律随时间改变。孩子感觉到作用于秋千的力是在改变。当然能量看起来好像是不守恒,但这只是因为我们把注意力集中在秋千的运动上。当我们考虑大的体系,包括秋千、大人和地球时,能量当然是守恒的。

诺特定理对动量守恒又说些什么呢?原来如果作用量对空间平移不变,动量就是守恒的。用普通的语言说,如果物理在这里、那里、任何地方都是一样,动量就是守恒的。再来看一个简单的例子。我把一个小球向山坡上滚去。当球向坡上滚去时,它损失动量。动量看起来不守恒。再一次,这是因为我们只把注意力局限在小球上。小球经历的物理定律确实会因小球是否在斜坡上而在空间上发生改变。实际上当我把小球向山坡滚去时,由于我因重力和摩擦与地球连在一起,我也使地球向另一个方向运动。当小球因爬上山坡而速度变慢时,地球在另一方向的运动也变慢。整个体系的动量是守恒的。

另一个基本的守恒定律说角动量是守恒的,它在奥林匹克滑冰运动员的艺术表演中有最漂亮的体现。当溜冰者缩回她的手臂时,角动量守恒需要她转得更快。诺特定理揭示出角动量守恒源于转动不变性。不论滑冰者面向何方，物理定律总是一样的。

　　能量、动量和角动量守恒是在物理学习中最先学到的定律。它们支配物理宇宙中一切物体的运动，从星系的碰撞到原子中电子的旋转。曾有很多年，我没有去问这些守恒定律从何而来；它们好像是如此基础，不需要什么解释了。后来我听到诺特的定理，印象非常深刻。这些基础的守恒定律原来是基于物理在昨天、今天、明天，这里、那里、任何地方，东、西、南、北是完全一样的假设，就像爱因斯坦所说，这个启示对我而言完全是属于精神范畴的。

　　在我成为物理学家的这些年中，这一个启示属于最难忘怀的。我一直为人类理智理解宇宙的能力所触动，但遇到像诺特这样真实的远见也不是经常的。这样的远见使我快乐、敬畏而又感动，因为作为绝对真理，它们既深刻而又简单。但另一方面，作为物理学家，我并不认为原子核和晶体在这样或那样条件下的性质本身多么有趣。在对宇宙的唯象性的感知中，这一代人认为有趣的，下一代人兴趣就小了。这一代基础物理学家已经认为，二十年前粒子物理的奇妙发现是，用爱因斯坦的话说，"这样或那样的现象"。但对称性和守恒定律之间的联系却是永存的。

9 学习去读这本伟大的书

如果一个人不懂得**宇宙**的语言，即数学的语言，他就不能够阅读**宇宙**这本伟大的书。

——伽利略

对称的数学

寻求基础对称性归结为研究不改变基础物理作用量的变换，诸如反射、转动、洛伦兹变换，等等。

为了描写变换的结构性质，数学家和物理学家发明了一种称为"群论"的语言。在这里我要介绍群论的某些基本概念，以备下面使用。出于必要，下面两节是更数学化的。实际上这是本书中最数学化的两节。幸而你不需掌握数学的细节就能了解本书的其余部分。重要的是，你对我在以后用的名词有一些了解。在这个讨论的结尾处将进行要点总结。

实际上，当你克服了开始的害怕心理和熟悉了术语后，你会发现群论很自然、很直观。假设你要研究一堆变换，你想要知道些什么呢？基本上是两类信息。首先，你想知道，如果你相继进行两个变换，净效果是什么？这会告诉你不同的变换是如何相联系的。其次,你想知道,变换如何把对象混合在一起。我将沿着这两个自然的思路组织讨论。

将变换组合起来

给定两个变换 T_1 和 T_2,自然就提出问题,如果我们先进行 T_1,然后进行 T_2,会发生什么? 物理学家称此为组合的变换 $T_1 \times T_2$。在早先讨论过的海狸上课中,刘易斯·卡洛尔考虑过两种变换——煮沸和胶结。如果 T_1 是煮沸,T_2 是胶结,则 $T_1 \times T_2$ 就是煮沸继以胶结。在一个更严肃的话题中,我们考虑转动。例如,T_1 是绕某个轴转 $17°$,T_2 是绕另一个轴转 $21°$,则 $T_1 \times T_2$ 就是先作转动 T_1,再作转动 T_2 所得到的转动。

我们可以把两个变换组合起来得到的操作当作乘法。说实在的,普通数的乘法可以看作是这种组合过程的特例。例如,一个投资者在一年中把他的钱增到原来的 3 倍,我们可以说他把自己的每 1 元钱"变换"为 3 元钱。假想在第二年他把自己的钱增到 5 倍。我们可以称组合的变换为 3×5,把每 1 元钱变为 15 元钱。

在普通乘法中,数 1 起着特别的作用;每个数被 1 乘仍是这个数本身。在我们组合变换时,一个不改变任何东西的操作起着相应的作用。这个变换称为"全同变换",用 I 表示。例如,在转动中,全同变换就是转动 $0°$,就是根本不转动。

变换的乘法遵守和普通乘法同样的规则,但有一个关键的差别:虽然 $3 \times 5 = 5 \times 3$,但是 $T_1 \times T_2$ 不一定等于 $T_2 \times T_1$。次序是重要的。这并不特别让人吃惊。我们的日常生活中充满了必须按照一定次序进行的操作。我想在卡洛尔的例子中,先煮沸和先胶结的结果是不同的。让我们恢复讨论的全部学术严肃性,并用转动的实例说明这一点。

为确定起见,考虑在海军新兵营中一名海军士兵面向北方站立。当操练上士喊道"绕垂直轴向东转 $90°$"(我假设在军中操练用更为技术性的语言),我们的新兵转为面向东。假定上士再喊"绕南-北轴向西转 $90°$"。我们的新兵就仰

面朝天,头朝向西方,脚指向东方。如果上士把他的两个命令颠倒过来会有什
么结果呢?你可以验证一下,新兵现在则是左侧卧,头朝向北方。可见,次序是
重要的。因此一代又一代的学生把学习转动当作是对傻瓜的戏弄。

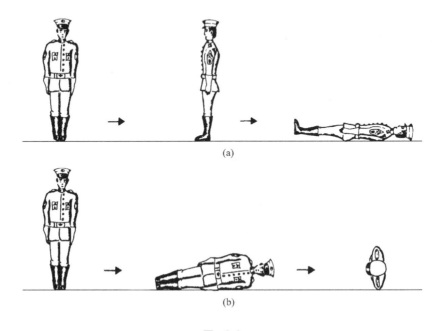

图　9.1

(a) 一个海军新兵在训练营里服从训练上士喊出的两个命令;(b) 如果上士把他的两个命令
颠倒过来会发生什么?

对物理学家而言,幸而数学家在 19 世纪就研究了变换的乘法,称为"群
论"。你刚才知道了群论涉及一种高等乘法,在其中次序是重要的。

物理学家忙于对付具体的对象,例如真实的物体或像作用量那样的物理
量,与物理学家不同,数学家喜欢在群论中想抽象的东西。在童年我们都经过
类似的抽象过程。我们首先学到,如果有 3 个篮子,每个篮子中有 5 个苹果,那
么一共有 15 个苹果。后来我们学到,就乘法而言,篮子里究竟是 5 个苹果、5 个
橘子,还是 5 只小猫都没有关系。据我的观察,孩子们很容易学会抽象,学会不
去想具体的物件而去做乘法。类似地,数学家不去想物理的物体或情况而抽象
地研究群论。

用抽象的方法说明以上的讨论,我可以用在第 3 章中讨论过的两个对称

性,即宇称和电荷共轭。宇称是把我们的世界反射为镜中的世界;电荷共轭是把粒子变为反粒子。对数学家而言,这两个对称的乘法是一样的:两个镜面反射把我们带回原来的世界,两个电荷共轭把粒子带回粒子自己。数学家说,在每一个案例中都有一个变换 T,满足 $T \times T = I$。换句话说,在每个情况下,如果我们变换两次,就回到变换以前的出发点。她集中注意在这个关系上,根本不去管物理学家是在考虑宇称还是电荷共轭,或是把阴和阳对换,就像我们大多数人会做乘法而不去想篮子中的苹果一样。

讲了这些,我终于可以来定义群了。一个群就是一组可以相乘的变换。如果一个人要向我们描述一个群,他就要告诉我们群中有哪些变换,并指出如何把这些变换乘起来。同普通乘法可以用孩子们都要背下来的乘法表来完全规定一样,一个群就由它的变换和乘法表所确定。例如,最简单的群由两个变换 I 和 T 组成。乘法表有四条: $I \times I = I, I \times T = T, T \times I = T, T \times T = I$。

实际上,前三条正是 I 作为单位元的定义。不可能更简单了。这个群称为 $Z(2)$,它对物理学家研究宇称和电荷共轭是重要的。

作为另一个例子,称为 $SO(3)$ 的群的元素包含三维空间的所有可能的转动。乘法规则就由依次作两个转动所形成的转动决定。

我想起一个客人到访笑话大会的故事。一位喜剧家只要喊出"C-46!",其他喜剧家就会意地笑了起来。另外一位站起来喊道"S-5!",每个人都笑了。莫名其妙的客人问,这是在干什么,他的朋友解释说:"所有可能的笑话都已经分了类、编了号,当然不算只有微小区别的那些,我们每个人心里都知道这些笑话。"类似地,所有的群都已经被数学家分了类和编了号。当一位物理学家到我的办公室,她只要说出 $SO(3)$ 或 $E(6)$,我就会意地点头。这位物理学家是在告诉我,她猜想**自然**在**她**的设计中用的是哪个群。

顺便说来,我必须告诉你们这个故事的高潮。最后一个喜剧家站起来喊道"G-6!",全场哄堂大笑。客人问为什么这个笑话如此逗人,朋友回答说,"啊,那是乔·士莫,他笨到连没有一个叫 G-6 的笑话都不知道!"同样,如果我在一个讨论会上提到 $G(6)$,我的同事们会皱起眉毛表示不解!这是因为,所有的群都已经分类和命名了,没有这一个群。

好的。但这和物理有什么关系？如早先说过的，物理学家感兴趣的是使作用量不变的变换。这类变换被称作对称变换。如果 T_1 是一个对称变换，T_2 是一个对称变换，那么 $T_1 \times T_2$ 也是一个对称变换。根据定义，这个陈述是正确的。如果 T_1 和 T_2 都不改变作用量，那么先作用 T_1 再作用 T_2，显然也不会改变作用量。换句话说，对称变换组形成群。因此研究对称性的物理学家自然被引导去看群论的书。群 $Z(2)$ 当然是太简单了，不需要去学一门高等数学的课去搞清它的结构。但当物理学家遇到更复杂的群时，他们会感谢数学家早已把群的结构弄清楚了。

我们的例子是，数学家抽象地研究 $Z(2)$ 群，而不管它是宇称或电荷共轭，例子虽然很平凡，但它强调了一个重点，和物理理论过去、现在有关的，以及物理学家还没有梦想过的不同可能的群结构，都已经被数学家研究过了。数学没有必要等待物理。

表示

在本章的引言中说过，我们下一步要研究一个群的变换如何把对象混合在一起。被混合的这些对象提供了群的一个表示。

粗略来说，群的一个表示就是群的模型，更像是建筑物的建筑模型。我们寻找能代表真实建筑的结构安排的模型。重点是结构。例如，模型中两翼的相对大小必须和真实建筑的完全一样，但纸板的颜色可以和真实用的石头颜色十分不同。

要发展群表示的概念，为确定起见，我们具体讨论三维空间的转动群 $SO(3)$。

用三个给定长度的箭头代表空间的三个方向，一个指向东，一个指向北，第三个指向上方。见图 9.2。为了说起来方便，将这三个箭头标记为 x, y, z。任意一个方向可以表示为 $ax + by + cz$，这里 a, b, c 代表三个数。这三个数可以想像为给机器人的指令：它要向东走 a 单位，再向北走 b 单位，再升高 c 单位。机器人运动的方向就是由 $ax + by + cz$ 所代表的方向。这样，箭头 $x - y$ 指向东南；箭头 $x - y + 2z$ 指向东南，并和水平方向向上约成 $55°$ 角。箭头的 $ax + by + cz$ 形

式被称作三个箭头 x,y,z 的线性组合。

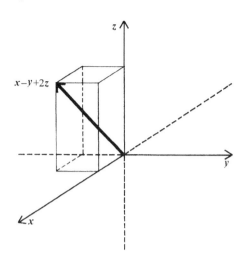

图 9.2　加减箭头：三个箭头 **x,y,z** 定出三个方向东、北、上。　为了决定

$x-y+2z$ 的方向，向东走 1 单位，再向北走－1 单位（即向南

走 1 单位），再向上走 2 单位。　你所走的方向就是所要求的

我们已经学会如何标定方向，现在就可以讨论转动了。我们可以用规定三个基础箭头 x,y,z 分别转到的新箭头指向来描述一个转动。换句话说，每一个基础箭头 x,y,z 在转动中都变换为一个 x,y,z 的线性组合。

这里所说的没有深奥和复杂的东西；相反，我只是以一种确切的方式给出转动混合空间三个方向的概念。

在这个例子中，一个转动是由它对三个箭头的效应来代表的。三个箭头补充了 $SO(3)$ 的表示。因为这个表示实际上因 $SO(3)$ 的定义而存在，它被称为"定义表示"，有时也被称为"基础表示"。

你可能觉得我绕了半天弯子实际上就是用另一句话说了一遍显然的东西：一个转动是由它对三个箭头的效应所定义的。但这正是学习表示的重点。利用定义表示，我们可以构造更大的表示。

要做到这点，我们就要像在幼年时期一样，把篮子、苹果、橘子、小猫和箭头都丢开。我们要把定义表示看作是由三个抽象的"客体"所提供。在变换之后，每一个客体变换成为它们三个客体的线性组合。为了跟踪每一个客体，我们要给它们起名字，叫张三、李四、王五，或者叫红、黄、蓝。在书面上我们把它们写作Ⓡ、Ⓨ、Ⓑ。（读者可以把这三种客体想做是红色、黄色、蓝色的，如果这有帮助的话。）假设另有三种客体，也按定义表示变换。为了和前面三种客体区别，把它们写作🆁、🆈、🅱。为了说起来方便，我们分别称这两种类型客体为"圆的"和"方的"。

现在我们已经准备好把这两个定义表示"粘"在一起，以构造一个更大的表示。我们把一个圆客体和一个方客体粘在一起。这样我们就可以形成 9 个客体，即，Ⓡ🆁、Ⓡ🆈、Ⓡ🅱、Ⓨ🆁、Ⓨ🆈、Ⓨ🅱、Ⓑ🆁、Ⓑ🆈、Ⓑ🅱。注意我们区别Ⓡ🆈和Ⓨ🆁，前者是一个红圆客体和黄方客体粘在一起，后者是黄圆客体和红方客体粘在一起。在一个转动之后，9 个客体的每一个显然都变换为它们的线性变换。

看来好像我们构造了一个包含 9 个客体的表示。但是等一等！这里我们有 9 个客体，在转动之下它们彼此混合。但是，在逻辑上，这并不必然意味着任意给定的客体可以转换为其他 8 种客体的每一个。

让我给出一个有些古怪的比喻。一个外星人在漫不经心地读了一本神话后，得到一个印象，就是青蛙、王子、南瓜和马车能彼此变换。但仔细阅读之后，发现这 4 种客体可以分为两对。青蛙和王子可以彼此变换，但不能变成南瓜和马车。在我们这里，形成适当的组合后，我们可以把 9 个客体分为 3 个部族：一个部族有 5 个客体，另一个有 3 个客体，第三个有 1 个客体。9 个客体是在以下意义上分类的。在任意转动下，一个部族的 5 个客体只在它们之间变换。换句话说，这 5 个客体变换为彼此的线性组合。它们提供 5 个客体组成的一个表示。类似地，3 个客体的部族提供由 3 个客体组成的线性表示，单个的客体提供由 1 个客体组成的表示。

这种情况让我想起苏格兰的乡村集市。如果我们请求所有有亲戚关系的人站在一起，人们就分成部族了。我承认这个比喻不完全，因为这里没有变换的概念。

为什么 9 个客体会分成几个部族，这是很容易理解的。当然，从逻辑的观点人们可以问为什么不。没有理由期待经过粘结的 9 个客体中的每一个都变换为其他客体中的一个。有兴趣的读者可以在本章的附录中找到解释。

数学家不说"有 5 个客体的表示"而说"五维表示"。用"维"这个词有可能引起误解。我们现在讨论三维空间转动群 $SO(3)$ 的表示。这个 $SO(3)$ 群有一个一维表示、一个三维表示、一个五维表示，就此而言，还有一个十七维表示。这样，数学家用"维"既指空间，也指表示。三维空间转动群能使 5 个和 17 个客体彼此混合是一个数学家才能想出来的事实，而不是你和我。

将上一节的内容总结一下，我们说，把两个三维表示粘起来得到的九维表示分裂为一个三维表示、一个五维表示和一个一维表示。方程 $3 \otimes 3 = 1 \oplus 3 \oplus 5$ 表示了这个事实。一个表示就用它的维数来代表。粘到一起用符号 $\otimes$ 代表。（注意到因为客体的数目不会消失，从方程 $3 \otimes 3 = 1 \oplus 3 \oplus 5$ 中把圆圈符号省去后得到的"记账方程" $3 \times 3 = 1 + 3 + 5$ 也必然是对的。）

把两个定义表示粘结起来，我们遇到了另一个表示——五维表示。在这个表示中，转动用它们把客体混合到一起的效应代表。重复地把表示粘结在一起，数学家就产生了一个群的所有表示。学会了如何作 $3 \otimes 3$，我们就能学着作 $3 \otimes 5, 5 \otimes 5$，等等。因此可得，$3 \otimes 5 = 3 \oplus 5 \oplus 7, 5 \otimes 5 = 1 \oplus 3 \oplus 5 \oplus 7 \oplus 9$，等等。（在这里我们遇到了一个七维表示和一个九维表示。）

有些人费很大力气去学粘结表示的规则。对我们来讲，真要学到的不是细节的规则，而是群本身决定哪一些表示是允许的。例如，$SO(3)$ 有三维和五维表示，但没有四维表示。不能由物理学家一时兴起就能构造出 $SO(3)$ 的四维表示来。

我们对 $SO(3)$ 的讨论可以扩展到一般的群。当我们以后讨论大统一时，将会看到某些物理学家认为世界的最终设计是基于十维空间的转动群 $SO(10)$ 的。我们可以从两个定义表示开始，把它们粘结起来。在这个情况下，就得到 $10 \otimes 10 = 1 \oplus 45 \oplus 54$。

群论简要总结

让我们把上两节的要点总结一下。

1. 对称变换的乘法不是物理学家的即兴发明，而是对称操作本身所建议的。

2. 群的乘法结构可以用一定数目客体的变换所代表。涉及的客体数目称为表示的"维数"。

3. 可能表示的数目是固定的,由群的结构刻石铭记。例如,群 $SO(10)$ 有一个四十五维表示,但没有四十四维或四十六维表示。

4. 我们可以把两个表示粘结起来以得到其他的表示。

我们读了一本什么数学书?

当物理学家越来越深刻地探索**自然**时,不同的整数开始出现。例如在以后的一章中,我们将看到质子有 7 个"堂兄弟"。原来,质子和它的堂兄弟提供了一个对称群的八维表示。更传统的数学,例如微积分,完全不能解释特殊整数的出现。在我们现在的数学框架里,只有群论可以解释为什么一个整数出现了,而不是其他整数。

不同的整数的出现给了物理学家第一个暗示,**自然**在构造**她**的设计时用群论,也就是对称性考虑。物理学的最后目标之一就是确定**自然**选择了哪一个群。

外行人通常认为,理论物理学家使用极为复杂的数学。卡通画经常把科学家表现为站在充满长公式的黑板前。这样的图画可能是准确地描述了在研究非常复杂现象领域中工作的物理学家,但任何一个偷听两个正在讨论中的基础物理学家的人,更可能听到关于 $10 \otimes 10 = 1 \oplus 45 \oplus 54$ 这样简单智慧的激烈辩论。

接近 19 世纪末的时候,许多物理学家感到物理学的数学描述越来越复杂了。真实情况是,涉及的数学越来越抽象了,而不是越来越复杂。**上帝**的思想看来是抽象的,但不是复杂的。看来**他**喜欢群论。

10　对称性的凯旋之歌

一颗星诞生了

在 19 世纪和 20 世纪之交,物理学家发现了恼人的证据——在原子的微观世界中经典物理失效了。他们最终理解了,牢牢扎根在我们日常直观中的经典物理只是更深刻的量子物理的一个近似。当物理戏剧从经典一幕移到量子一幕时,已经被爱因斯坦推为明星的对称性比过去任何时候都更要在聚光灯下闪耀。首先我要向读者介绍量子的神秘,然后解释量子如何把对称性塑造成为主角。

世界的稳定性

让我们跟随量子物理历史发展许多股线索中的一条。

到 1911 年已经确立,原子可以被描画为一个袖珍的太阳系,有一定数目的电子围绕原子核旋转。但电子是带电的,根据麦克斯韦的电磁学理论,当电荷的运动变化时它要辐射电磁波。例如,沿灯泡的灯丝运行并发生碰撞的电子就以光的形式发射电磁波。麦克斯韦理论让我们得以计算运动电荷辐射电磁波的发射率。

在原子中环行的电子时时在改变它们的运动方向,因此根据麦克斯韦理论,它们应该很快由于发射电磁辐射而失去运动能量,沿螺旋轨迹落向原子核。这样根据经典物理,原子在非常短的时间里就应该坍塌。但实际上原子是很稳定的,说真的,世界本身的存在就靠了这一点。

原子的发现所带来的危机最后被丹麦物理学家尼尔斯·玻尔解决。在1917年,玻尔完全脱离经典物理而勇敢地假设电子在原子中只能占据某些轨道,而不能占据其他轨道。在经典物理中,电子占据的轨道对其能量的依赖是连续的。让电子的能量减少一点点,它就沿一个小一点点的轨道运行。但据玻尔的观点,电子只能具有和被允许占据的轨道相应的能量。原子中电子的能量被称为是"量子化"的。

遵从玻尔的法规,电子不再能连续损失能量。它只能通过一个"量子跳跃"运动到一个能量较低的轨道上去。在玻尔的图画里,世界的坍塌可以避免了,因为电子到了最低能量的轨道后没办法往其他轨道上跳了。

玻尔的同代人要接受这个图画是极端困难的,但他们在这个已经存在很长时间的压倒一切的实验事实面前别无选择。但仍然有一些令人困惑的问题。例如,如果电子只能占据某些轨道,那么在从一个轨道到另一个轨道上的量子跳跃中它在哪里? 最后,物理学家们认识到这些问题涉及连续运动的经典的直观概念,就同意不再问了。

当电子从一个轨道跳到另一个轨道时,它发出电磁辐射脉冲,其能量等于两个轨道的能量差,这是能量守恒所需要的。因此发出辐射的光子只能有一些确定的能量。这和经典图画形成惊人的对比,在经典图画中发射的辐射具有连续能谱。事实上,实验验证了发出的辐射只能有一些确定的能量。

法国的新波

怎么能理解令人困惑的能量量子化呢?

在1913年,法国的路易·德布罗意王子(Prince Louis de Broglie)提出了一个聪明的建议。我们先来讨论音乐以说明王子的概念。如图 10.1 所示,当你演奏小提琴时,它的弦振动,就产生音乐。波峰之间的距离称为波长。很清楚,振动的可能波长是由弦长 D 决定的。从图中可以看出,波长可以是 2D、D、2D/3、D/2,等等。波长只能为适当值,这个事实就是乐器产生确定音调的原因。我们可以说波长是量子化的。

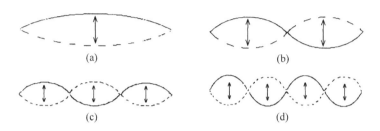

图 10.1　小提琴振动弦的波长是"量子化"的,这仅是因为弦的两端是固
　　　　　定在两点上的。 如果 D 是小提琴桥和码间的距离,波长只能是
　　　　　(a) 2D; (b) D; (c) 2D/3; (d) D/2等。 它不可能是 1.76D

　　德布罗意想到波长量子化这一个纯经典现象可能和原子的能量量子化有关。他想像电子是绕原子核传播的波。我们从图 10.2 可以看到,如果电子波转一圈正好头尾相接的话,它的波长只能为适当的值。这个简单的概念使量子物理得以诞生。在当时,马克斯·普朗克、阿尔伯特·爱因斯坦和其他物理学家已经确立了光子的能量和动量取决于相应电磁波的波长。把这个结果用于电子,德布罗意证明了他的概念正好给出玻尔的能量量子化规则。

　　但物理学家却被王子的波的性质所困扰。德布罗意提出的他称为"导向波"的东西,这是一种指引电子运动的守护天使。写出描述德布罗意波运动方程的奥地利物理学家厄尔文·薛定谔设想,电子被拉成有限大小而振动成波,就像一滴水那样,如果它足够大就能充满圆形水管振动成波。但给出和实验最符合的诠释的是德国物理学家马克斯·波恩。他建议波标明电子位于特定地点的几率。电子最可能位于波的振幅最大的地方,即波峰和波谷。同时电子仍然是点状物体,而不是像薛定谔想像的延展的流体。

　　这个革命性的建议给出了物理学中决定论终结的信号。几率现在已在最根本的水平上控制了物理学,让爱因斯坦这样有权威的物理学家也呻吟起

图 10.2　法国王子看着电子波绕原子核传播：因为电子波转一圈应该头尾相
接，所以波长应是量子化的。［本图取自《小王子（The Little
Prince）》，安东尼·圣-艾克苏佩瑞（Antonie de Saint-Exupery）著，
哈尔库特·布雷斯·约万诺维奇公司（Harcourt Brace Jovanovich, Inc.）
出版，1943，1971］

来："上帝不掷骰子。"尽管他自己是量子物理的主要创始人之一，爱因斯坦不
顾实验证据，顽固拒绝相信量子物理。

图 10.3　艺术家对上帝掷骰子的想像［根据威廉·布雷克（William Blake）］

从这里到那里

为了强调说明量子世界的几率性质，我们回到从巴黎到威尼斯的摩托车手。假设他到了威尼斯并且宣布他是沿着能用最短时间到达的路来到的。假定我们对于路的情况和他的车速一清二楚，我们就能确定他采取了哪一条路。这种情况代表了经典物理：最小作用量原理精确地告诉我们一个粒子从 A 点到 B 点应遵循的路径。

现在假定摩托车手遵从量子定律。情况完全改变了。当他到达威尼斯的时候，他不能再宣称他是沿最快的路程到达的。他只能告诉我们他通过慕尼黑的几率是若干，通过马赛的几率是若干。类似地，如果矮胖子先生遵循量子动力学，忠实于和地面约会的矮胖子就不一定沿最小作用量的路径落下。他有一定的几率沿一条和我们日常直观大相径庭的路径落下，例如，先落得很快，在接近地面时慢了下来。他甚至可以不沿直线，而沿一条曲线落下。和经典物理不同，量子物理只告诉我们一个物体沿给定的路径运动的几率。当然对宏观物体，量子物理给出的几率（沿经典物理预言的路径运动）就是 1。

物理学家相信量子物理的几率诠释，因为巨大数量的实验验证了它。在真实的实验中，电子从电子枪中射出。（这是电子从热金属丝上射出的装置，你可以在任何电视机的后部找到它。读者可能知道，电视机中的电子打在荧光屏上，屏上落下电子的地方就发出光来。）实验家在一定距离处设下一排电子探测器，在被电子击中时就产生信号。他在电子枪和探测器之间放上有两个孔的屏幕。我们引入这个装置是为了简化讨论。我们现在可以集中在电子通过哪个孔的问题上。

如图 10.4 所示，5 号探测器刚刚发出被击中的信号。如果电子像经典物体一样，例如子弹，我们很容易就能确定它通过了哪个孔。说实话，这就是警察弹道专家谋生之路。但是如果电子遵循量子定律（它确实如此），那么甚至在原则上都不能决定它从哪个孔穿过。量子物理学只能决定电子通过这个或那个孔的几率是多少。

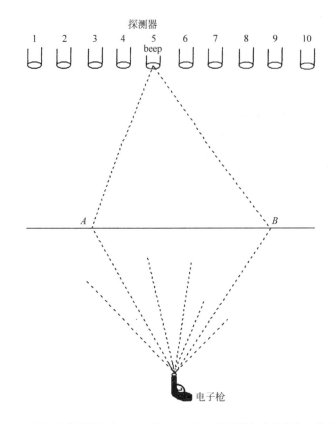

图 10.4　电子的弹道学实验：有两个小孔 A 和 B 的屏幕把电子枪和一排电子探
测器分开。5 号探测器刚发出了被击中的信号。在经典世界中，人
们能决定电子通过了哪个孔；在量子世界中，人们不能确切知道

　　我要进一步论述这个重要之点。用我们日常的一般的直观，我们能容易地
找出摩托车手取的是哪一条路径，只要沿所有可能的路径派上一些间谍就可以
了。那么，我们为什么不能在两个孔边各放一个装置，在电子从旁通过时装置
会吧嗒一声。答案是，在量子领域，侦察电子的行动会干扰电子如此之甚，以至
在上面讨论的例子中它不再到达 5 号探测器，而到了完全另外的地方。

关于不确定性的确定性

　　对电子巨大的和不可避免的干扰是说明不确定性原理的例子，有时它被解
释为，当我们观察一个体系时，我们必定要干扰它。从字面来看这是一个简单

的陈述,连一个小孩把玩具拆散时都能懂得。这好像说在经典物理中也有不确定性原理,但实际并非如此。不确定性原理实际上要微妙得多。

在经典物理中,没有任何东西阻止我们把对体系的干扰变得任意的小。为了用夸大来说明这一点,还是回到摩托车手的例子。当确定摩托车手采取路径的间谍被派出时,他们可以干脆在所有的公路上埋下地雷,然后确定哪一个地雷炸了就可以。但没有任何东西阻止他们用更微妙的办法,即利用光子从摩托车手的身上反弹到他们的眼中来确定。

当我们研究微观领域,光子对电子的冲击是可观的。原因是每个粒子都被描述为几率波。读者会想到,为了解释能量量子化,德布罗意必须假设电子几率波的波长和它的动量有关,即和它的能量有关。波长越短,电子的动量越大。这就是不确定性原理的要点。

要知道电子在哪里,我们就要看到它。换句话说,我们要安排另一个粒子,例如光子,从电子上反弹到某种探测器中。我们决定电子位置的精确度受限于光子几率波的波长。要使对电子位置的确定越精确,就要用越小的光子波长。根据德布罗意的观点,光子的动量就必定越大。因此,电子位置的精确测量意味着,在测量之后我们对它的动量就了解得很差。不确定性原理并不是说我们不能把电子的位置或动量测量得如我们要求的准,它只是说我们不能把两者都测准。我们把粒子的位置测得越准,它的动量就测得越不准;反之亦如此。量子物理的卓越之处是它能够对其内禀的不确定性给出精确的数学表述。

和任何骰子不同的骰子

欢迎到奇异的量子世界来,在此处你不能确定一个粒子如何从这里到了那里。物理学家变成了公布各种可能性发生几率的赌注登记者。

动力学不再是决定论的,而是几率的,这绝不是量子世界的惟一奇怪的东西。实在地,作为物理学家,我觉得关于量子世界的通俗讨论就到此为止,这是很奇怪的。**上帝**不仅掷骰子,而且掷很奇怪的骰子。我来解释。

当你掷一只骰子,得到 1 的几率是 1/6,得到 2 的几率当然也是 1/6。现在考虑以下问题：掷一次骰子，得到 1 或 2 的几率是多少？对赌徒和非赌徒，答案是一样的：几率是 1/6＋1/6＝1/3。在日常生活中，要得到 A 或 B 发生的几率，把 A 发生的几率加 B 发生的几率就行了。

量子骰子是令人吃惊的不同。假定人家告诉我们，掷量子骰子得到 1 的几率是 1/6，得到 2 的几率也是 1/6。和我们对普通骰子的经验相对比，我们实际上不能做出结论，掷一次得到 1 或 2 的几率是 1/3！原来掷出 1 或 2 的几率可以是从 1/3 到 0 区间的任何数！

说一个事件发生的几率是 0 就是说这个事件不会发生。我们的直观发怒了。掷出 1 的几率是 1/6，掷出 2 的几率也是 1/6，但掷出 1 或 2 的几率却可能是 0。这是怎么回事？这不合道理！它确实不合理，如果我们把道理理解为我们在宏观世界生活所得到的常识，量子世界确实是奇怪。

在量子世界中，要得到 A 或 B 发生的几率，我们不把 A 发生的几率和 B 发生的几率加起来。规则要比这更为复杂。读者肯定不需要掌握量子规则，我只把规则叙述一下，好让你尝到一点其中的味道。量子定律实际上确定一个被称为事件发生的"几率幅"。要得到事件发生的几率，把几率幅平方就行了。规则是，要得到 A 或 B 发生的几率幅，我们把 A 发生的几率幅和 B 发生的几率幅相加就行了。我们加几率幅，而不是加几率。

作用量再次出场

量子物理的基础定律标定每一个可能的事件链的几率幅。让我们再一次考虑描述一个粒子从一点(称之为"此处")出发，在给定的时间间隔内到达一点 x 的基本问题。(在物理学中一旦掌握了这个基本问题，你就能进一步表述涉及多粒子和场的运动这样更普遍的问题。)

回想一下，在经典物理中粒子遵循最小作用量的路径。在量子物理中我们只能标出遵循某个路径的几率幅。奇妙的是，在量子物理中"作用量"这个理论概念继续具有核心重要性。量子物理的基本定律称，遵循路径的几率幅由路径相应的作用量决定。

要找到几率幅,并由此找到粒子沿任意路径到达 x 的几率,我们就应该按照上面的讨论把所有可能路径的几率幅加起来。因此,如果我们知道粒子是在"此处",我们就能决定以后粒子到达 x 的几率幅。

尽管我们不再能如同在经典物理那样预言粒子一定到达哪里,但我们能预言它到达任何地方的几率。所以说量子物理是非决定论的这个提法并不严格地成立。应该说绝对的决定论被一种赌徒的决定论所取代。一个赌徒不能预言骰子下一次会掷出几,但他能说在大量的投掷之后,骰子得出 1 的次数应占 1/6。类似地,量子物理学家能精确地预言大量测量的平均值。

你很容易能想象到,为什么像爱因斯坦这样的经典物理学家深深地感到困扰。要预言一个粒子的运动,我们必须"读出"粒子的所有历史,然后把它们"加"起来。真理比我们最疯狂的想象还要奇怪。

对历史求和

以上刚讨论过的量子物理的表述称为"对历史求和"或"路径积分"表述。(多数教科书和多数通俗著作,用 1925—1926 年发明的厄尔文·薛定谔的波动力学表述或韦尔纳·海森堡的矩阵力学表述。)路径积分表述是由保罗·狄拉克开始并由理查·范因曼在 20 世纪 40 年代发展起来的。它的好处之一是直接涉及作用量,因此使经典物理和量子物理间的联系很明显。

路径积分表述理想地适宜于讨论对称性。我们在第 7 章中讨论过,如果经典物理具有一种对称性,则作用量对于某些变换是不变的。因为同样的作用量也支配量子物理,量子物理也具有和经典物理同样的对称性。为了这个和其他的原因,在最近十年到十五年间,路径积分表述在基础物理的讨论中已经取代了老的波动力学和矩阵表述。

在路径积分表述中,量子物理的本质可以总结为两条规则:(1)经典作用量决定给定的事件链发生的几率幅;(2)一个事件链或另一个事件链发生的几率由它们的几率幅决定。

找到这些规则代表了量子物理奠基人的令人目瞪口呆的成就。涉及的思维过程只能用天才的量子跳跃来描写。

量子定律本身并不成为一个理论,而是在量子领域内得到一个理论的处方。把这个处方用于牛顿力学理论,就得到量子力学;用于麦克斯韦的电磁学理论,就得到量子电动力学;用于爱因斯坦的引力理论,就得到量子引力。量子电动力学的作用量依然是麦克斯韦的作用量,连同它的全部对称性。

有的时候说,量子理论就是一个得到能和实验观察相比较的预言的处方。这个叙述没有说到点子上。实际上你能够正确地辩解,物理本身就是得到和实验一致的预言的处方集合。上面总结了,量子定律就是一个处方,牛顿定律在同样意义上也是一个处方。说牛顿定律更好"理解",是因为它们和我们的日常生活的直观一致,这是循环论证。真实情况是,牛顿定律在一定条件下可以被认为是量子定律的近似。也许有一天我们会发现量子定律也是一组更为基本的定律的近似。物理学家所希望的是,我们今天的处方会有一天能从一个更为漂亮、更为简约、应用更为广泛的处方中导出。最终在我们和**自然**的对话中,没有"为什么",只有"如何"。理论物理学家试图知道**她的**思想,但就我所知,他们永不会知道为什么**她**要如此思想。

同时在这里又在那里

经典物理和量子物理的深刻区别着重体现在如何描写在某一时刻的体系的"状态"。体系状态的概念是自然产生的。例如美国总统每一年必须发表题为"合众国的状态(State of the Union)"的国情咨文。为了简单起见,我们考虑单个粒子——电子。

在经典物理学中,电子的状态由它在某一时刻的位置标定。若电子在巴黎,我们说电子的状态是|巴黎〉。如它在罗马,则状态是|罗马〉。(习惯上物理学家用符号|名称〉代表状态,括号中名称标明所处的状态。)

当我们过渡到量子物理时,我们不再能够标明电子的位置了。取而代之的是,电子的状态是由在空间某点找到电子的几率幅所标定的。例如,电子可以处于状态|"巴黎"〉,这个状态标明,粒子在巴黎的几率幅是 1/2,在罗马的几率

幅是 1/10,等等。因为电子在巴黎的几率较大,我们仍称状态为巴黎,但加上引号提醒自己,我们只能给出电子位置的几率。另一个状态称为|"罗马"⟩,这个状态标明,电子在罗马的几率幅是 1/2,在巴黎的几率幅是 1/10,等等。量子物理学家的工作就是把所有可能的状态分类,并决定在时间流逝过程中电子是如何从一个状态跳到另一个状态的。

我们感兴趣的是另外一点。在量子的神奇领域中,我们可以把状态加起来! 例如,我们可以考虑|"巴黎"⟩+|"罗马"⟩这个状态,在这个状态里电子在巴黎的几率幅是 1/2+1/10,在罗马的几率幅是 1/10+1/2,等等。实际上我们可以按照需要的比例把状态加起来。我们选定两个数 a 和 b,在状态 a|"巴黎"⟩+b|"罗马"⟩中,电子位于巴黎的几率幅是 $a×1/2+ b×1/10$,它位于罗马的几率幅是 $a×1/10+b×1/2$,等等。

状态可以加在一起,这是量子世界的另一个真正奇怪的面貌。在经典物理中,把两个状态加在一起是毫无意义的。状态|巴黎⟩+|罗马⟩代表什么呢?在经典的意义上,电子不能同时在巴黎和罗马。

担当起主角

最后,在量子世界中解释对称性如何找到明星地位的舞台已经搭好了。状态相加的可能性使得对称性在量子物理中比在经典物理中更为强有力。为了更加具体,我们来讨论转动对称。

考虑行星围绕星体转动。转动对称告诉我们什么呢? 不是如同前面提到的,轨道必须是个圆,而是如果我们把轨道转一个我们任意指定的角度,得到的轨道仍是一个可能的轨道。参见图 2.2。这个结论是很显然的,也并不特别有趣。

与此对比,考虑电子绕原子核运动。我们预期用 $SO(3)$ 描述的转动不变性成立。现在处于量子领域内,我们被禁止谈论精确轨道。取而代之的,我们只能谈论电子的状态。让一位量子理论家工作,请她把绕原子核运动的电子的所有可能状态分类。假定电子处于状态|1⟩。

把原子转动一个选定的角度,并把它的新状态表示为$|R1\rangle$。根据定义,转动对称性告诉我们$|R1\rangle$也是可能的状态,而且它和$|1\rangle$有相同的能量。要理解最后这一点,我们不去转动原子,而转动观测者。更好些的是按照第2章描述的,比较两个观测者的感知,他们的观点是以转动相联系的。一个观测者看到$|1\rangle$,另一个看到$|R1\rangle$。说物理是转动不变的,就是说物理不偏向两个观测者中的任何一个。所以状态$|R1\rangle$和$|1\rangle$有相同的能量。

在这里,有两个逻辑的可能性呈现在我们有分辨力的思维面前:或者状态$|R1\rangle$就是状态$|1\rangle$,或者不是。

假设$|R1\rangle$等于$|1\rangle$。这意味着当我们转动原子时,电子停留在同一状态上。找到电子的几率不因转动而变;换句话说,电子在状态$|1\rangle$的几率分布是球对称的。

第二种情况时更有趣。$|R1\rangle$不等于$|1\rangle$。一般来说,$|R1\rangle$可以是$|1\rangle$和其他状态的和。为了确定起见,我们假定包括有四个状态标记为$|2\rangle$,$|3\rangle$,$|4\rangle$,$|5\rangle$的参数。换句话说,$|R1\rangle$等于线性组合$a|1\rangle+b|2\rangle+c|3\rangle+d|4\rangle+e|5\rangle$。($a,b,c,d,e$的取值当然和我们做的转动有关。)

现在假定我们来转动$|2\rangle$。用上述的推理,我们预期转动的状态$|R2\rangle$等于线性组合$f|1\rangle+g|2\rangle+h|3\rangle+i|4\rangle+j|5\rangle$,$f,g,h,i,j$的取值和所做的转动有关。我们可以继续来转动$|3\rangle$,$|4\rangle$,$|5\rangle$,每个转动的状态将等于五个状态$|1\rangle$,$|2\rangle$,$|3\rangle$,$|4\rangle$,$|5\rangle$的线性组合。

钟声响了

我们脑中响起了钟声。上面的讨论好像是很熟悉。说真的,这里的情况和我们在讨论群表示时的完全一样。这里,在转动之下,量子态$|1\rangle$,$|2\rangle$,$|3\rangle$,$|4\rangle$,$|5\rangle$变换为它们自己的线性组合。它们提供了转动群$SO(3)$的一个五维表示。

在前一章中,我们谈到抽象的客体、箭头或什么别的东西,它们变换为彼此的线性组合。值得注意的是,在19世纪的抽象数学讨论,却在20世纪由量子态的变换在物理上被实现了。内禀的数学结构并不依赖于究竟我们谈的是抽象"客体"还是量子态、苹果或小猫。

为了我们讨论的确定性,我假定|1⟩属于五维表示。一般来说,|1⟩可以属于群所允许的任何维表示。例如,它可以和其他八个态一起属于一个九维表示。一个态属于哪一个表示取决于具体的物理。

量子物理中的群论

量子物理中的对称性和群论的讨论对于实验观察有什么用处?

我们知道原子中电子的量子态属于转动群的表示。转动对称性告诉我们,属于同一个表示的态有相同的能量。如我已指出的,这是因为这些态彼此间可以通过转动联系起来。在我们的例子中,我们可以选择一个转动将|1⟩转到|2⟩,换句话说,|R1⟩等于|2⟩。实验家已经观察到不同的量子态有完全相同的能量。

回想一下,群论确定了允许表示的维数。例如,转动群没有四维表示。因此如果实验家观测到一个原子的四个同样能量的状态,他们从群论知道,一定还能找到同样能量的其他状态。

在实验上,原子中电子的能量状态是从电子跳到更低能量状态时发出的辐射能量推得的。假定电子从一个属于五维表示的状态跳到一个属于七维表示的状态上,一共有 $5 \times 7 = 35$(普通乘法!)个不同的跳跃是可能的。没有群论,原子物理就会是极为麻烦的学科,这 35 个可能的跳跃要一个又一个的研究。但转动对称和群论立刻可以告诉我们这 35 个可能的跳跃的相对几率是多少,而不用作麻烦的计算。(在实验上,一个给定的跳跃发出辐射的强度是和跳跃的几率成正比的。)如在第 2 章中强调的,转动对称就是简单地要求两个把头相对转了一下的观测者感知同样的物理现实的结构。这个看来不显眼的要求却强大到足够把 35 个可能的跳跃的相对几率固定下来。

顺便来说,某些跳跃的几率可能被群论定为零。换句话说,转动对称禁止电子作这个跳跃。物理学家把这称为选择定则。一般地说,一定数量的量子跃迁先验地看来是可能的。但基本对称性只允许某些跃迁得以发生，而禁止了其他的。

选择定则实际上是对称性和守恒定律之间联系的体现。根据艾米·诺特的观点，对称性的存在意味着一个守恒定律。正像不遵守能量守恒的过程被禁戒一样，某些量子跳跃被禁戒，因为它们破坏了有关的守恒定律。

在历史上，研究原子的物理学家曾面对混乱的实验数据的泥沼。许多状态具有相同能量。从一个能量状态到另一个能量状态间的众多可能跃迁中，某些发生得更为频繁。卓越的匈牙利裔美国物理学家尤金·维格纳理解到，用转动对称性和群论可以从混沌中提炼出秩序来。

在量子领域中对称性的凯旋

让我们暂停一下，估量我们所学到的东西。在经典物理和量子物理中，对称性对基础定律的可能形式给出限制。但在量子物理中对称性要走得更远。在经典物理中，把两个轨道加起来是没有意义的；而由于量子力学的几率诠释，我们可以把量子态加起来。在对称变换下，变换后的状态可以是量子态的线性叠加。把抽象化的过程倒转过来，19世纪的群论家们的思考在量子世界得到实现。（这就像一个文明早就发现了乘法的理论，只是为以后用到涉及篮子和苹果等的情况。）如果对称性名实相符，属于同一个表示的状态就该有同样的能量。对称性还支配量子态间的量子跃迁。因此在量子物理中，对称性不仅告诉我们关于基本定律的情况，而且告诉我们有关实际物理状态的性质。

04

了解他的思想

Fearful
Symmetry
The search for Beauty in Modern Physics

我想要知道上帝是如何创造这个世界的。我对这个或那个现象,这个或那个元素的能谱不感兴趣。

我要知道的是他的思想。其他都是细节。

——爱因斯坦

11　夜间森林中的八重路

亚原子森林里的双胞胎

当爱丽丝碰到推斗当和推斗地这一对双胞胎时,她被迷惑住了。在 1932 年,她的一位同胞詹姆士·柴德威克(James Chadwick)在新开辟的核森林中徘徊时,也碰到了自己的推斗当和推斗地。这一次非凡的相遇使得柴德威克获封爵之荣。

在第 3 章中,我们遇到的柴德威克曾是一个不走运的战俘,他发现了一个迄今未知的粒子——中子,在强相互作用方面它的表现和质子完全一样。从柴德威克的发现算起,物理学家发现亚核粒子群中不仅有全同的双胞胎,而且有全同的三胞胎,甚至有全同的八胞胎。和爱丽丝一样,物理学家也感到困扰和迷惑。**自然**要告诉我们什么呢?

1930 年左右,物理学家开始研究原子核。因为**自然**异常的仁慈,这种探索才成为可能:**她**提供了正好需要的工具,天然放射性物质。放射性是法国物理学家安东尼·亨利·贝克莱尔(Antonie Henri Becquerel)在 1896 年偶然发现的。

很快就了解到,放射性物质含有不稳定的原子核,他们企图重新安排自己,并在此过程中射出不同种类的粒子。曾经提到过,看见物体的过程是用光子射击物体并用我们长在头上的奇妙的光学探测器抓住散射的光子。粒子加速器就是为了扩展看到物体过程而建造起来的庞大装置。要想看到物质的内部结构,我们必须用具有足够高能量的粒子来轰击物质,这样他们才能穿透物质的外层。在物理学家还没有想到建造加速器以前,放射性物质提供了天然的高能量粒子源。利用这些天然的"加速器",物理学家开始把各种物质暴露在已知的放射源前。

在 1930 年,德国物理学家波特(W. Bothe)和贝克尔(H. Becker)发现,当某些物质暴露在放射源前时,会发出一种神秘的射线。在当时,物理学家相信世界是由电子、质子、光子和引力子构成的。物质的原子包含围绕原子核转动的电子。原子核被认为可能是由质子和电子构成的。柴德威克被德国的报告所困惑,就进行了一系列实验,终于证明了这种神秘的射线是由一种迄今未知的粒子所组成。这个粒子是电中性的,因此被称为中子。

观察网球和高尔夫球的碰撞,我们用能量和动量守恒就能容易地确定它们的相对质量。柴德威克用同样的原理仔细地观察了中子和不同原子核的碰撞,得以测量出中子的质量。他惊讶地看到,中子有着和质子几乎同样的质量。如果质子是推斗当,中子就扮演着推斗地的角色。

并非是一个无关紧要的随营人员

进一步的实验很快确定,原子核是由一定数量的质子和中子构成的。在波特和贝克尔实验中发生的是放射源的高能量辐射打出了一些中子。原子的化学性质是由原子核外绕行的电子数目决定的。电子的数目等于质子的数目,这样,原子作为整体是电中性的。因此,中子对原子的化学性质是不起作用的。例如,碳原子永远有 6 个质子。它有 6 个质子,而不是 5 个或 7 个,这个事实使得碳原子具有"碳性",这包括它独有的成键倾向,因此在生物学中起重要作用。但碳原子可以有 4 个到 9 个中子。中子在物理学戏剧中扮演什么角色呢?难道中子仅是在强有力的质子旁边扮演无关紧要的随营人员吗?不可能。原来,没有中子原子核就不可能稳定。

一幕平衡剧

原子核的稳定性，延伸下去就是整个世界的稳定性，依赖于**自然**走高空钢丝式的平衡法案。质子是带电的，因此彼此排斥。核中质子间的排斥威胁着要把核撕裂。仅是存在原子核这个事实就推动物理学家作出核中质子和中子被强吸引力结合在一起的结论。物理学家把质子和中子统称为核子。造成核子间吸引力的新的相互作用被称为强相互作用，因为它要比电磁相互作用强约一百倍。

因此，人们会想，电磁作用如此之弱，在核中会被完全压倒。但**自然**放进了一个有趣的曲折。电磁力虽然弱，但有较长的作用范围。回想一下，两个电荷间的电力随它们的距离平方而减小。与此相对比，核子间的强相互作用随距离的减小如此迅速，它们只有挨在一起时才会相互吸引。强相互作用被称为是短程的，而电磁作用是长程的。在一个拥挤的鸡尾酒会上，你只能和站在你旁边的人通过短程的声音相互作用交谈，但你可以和屋中另一端的一位诱人的陌生人通过长程的光相互作用使眼色。

原子核可以看作是核子的口袋。核子强烈地彼此吸引，但每个核子只能牵引旁边的核子。弱得多的电排斥能从一个质子作用到核的另一边的质子。原子核为一个巧妙匹配的拳击赛提供舞台。一个拳击手出拳有力，但手臂短些，他的对手臂长但拳力弱些。在大的核中显然电排斥会赢。例如，铀核有92个质子和140左右个中子，轻易就发生裂变。电排斥力把核撕裂，在此过程中释放出大量能量，人类对它尝试着不同的用法，其中一些用法要比其他的更有意义些。在谱的另一端，两个轻核可以商量好融合在一起。一些人认为，在聚变过程中释放的能量对人类未来是至关重要的。

对我们来说，幸而强力和电力的强度正好使得完全稳定的核有许多种类，在其中没有哪一个力能打倒另一个。中子在维持势均力敌上起着关键作用。在稳定的核中，电中性的中子可以帮助强力而不必增加电排斥。例如氦原子核有两个质子和两个中子。如果没有中子，氦核就会分裂。如在第2章中解释

图 11.1　原子核为平均匹配的拳击赛提供舞台

的,我们得以沐浴在稳定的温暖太阳的光辉之下,正是因为**自然**演出了一幕平衡剧。

物理世界的可见结构依赖于所有相互作用的基本存在,这真是奇妙。如果没有强相互作用,核就不能存在,惟一可能的原子就是一个质子和一个电子组成的氢原子。宇宙就只会是氢的气体,还有自由的中子在各处漂浮。如果没有电磁相互作用,原子就不能存在,宇宙就只是一团团的核子,还有电子在自由漂浮。两团核子相遇时,它们会结成一个更大的团。宇宙中的所有物质最终可能变成一个大团。

弱相互作用

在 20 世纪 30 年代,越来越清楚的是,还有一个未知的相互作用——弱相互作用是某些核的放射性的根源。弱相互作用的发现补充了物理学所知的基本相互作用的行列。在讨论宇称破坏时我们遇到过弱相互作用,在以后的一章中,还要更仔细地讨论弱相互作用。在这里我只提一下,弱相互作用的力程比强相互作用的还要短一千倍。强和弱两种相互作用力程都短,因此在宏观现象中显示不出来,这一点和电磁以及引力作用不同,它们两者都是长程的。

自然显示一种对称

我解释了中子对宇宙的健康运行是非常重要的,从而为它恢复了自尊。这还没有能说明为什么中子的质量和质子的如此接近。在过去的讨论中从来没有质子和中子必须有相同质量的要求。测得的质子和中子质量大约分别为938.2MeV 和 939.5MeV。差别只有约千分之一。(顺便说起,1MeV,即100 万电子伏,是一个电子被100 万伏电压降加速所获得的能量。许多物理学家习惯用能量单位衡量质量,因为爱因斯坦废除了质量和能量的差别。)

进一步的研究显示了另一个惊人的事实:测量得到,两个质子之间、一个质子和一个中子之间以及两个中子之间的强力近似地相同。中子的表现和质子一样,除去一个可以近似忽略的事实之外:它们一个带电、另一个是电中性的。说是可以忽略,因为作用在个别核子上的电磁力弱得多。

这里我们有了推斗当和推斗地:它们言谈举止彼此一样,它们在千分之一准确度内重量相同,但一个留着胡子,另一个没有。

在 1932 年,绝非保守的韦尔纳·海森堡大胆地提议,**自然**大声地透露了消息:中子之谜只能用**自然**设计中的基本对称性才能理解。海森堡从想像如果能把电磁力、弱力和引力作用统统关掉会发生什么开始。在第 2 章中我提到过,研究一种相互作用时,一个有用的窍门就是把较弱的作用统统关掉,也就是忽略掉。海森堡猜想,那时中子和质子的质量就会完全相等。微小的质子-中子质量差的根源是电磁力,这是合理的猜想。因为电磁力比强力小一百倍,可以简单地预期它的效应是百分之一或更小。

在前一章中,我解释了不同的原子状态可以经转动彼此转换。转动对称性保证这些状态有相同的能量。回想一下,推论的理由是,两个观测者的视线只差一个转动时,它们应该推出物理现实的同样结构。毕竟这就是对称性推理的平凡而又深刻的本质。海森堡假设,质子可以"转动"到中子,而强相互作用对这种转动是不变的。

海森堡的逻辑是把我们关于转动对称和原子状态讨论的逻辑倒转过来用的。从牛顿时代开始,我们的直观实际上都需要转动对称。在量子物理中,转动对称意味着不同的原子状态必须有同样的能量。海森堡从另一个方向推理,他始于柴德威克的惊人发现:质子和中子有几乎相同的质量(因此根据爱因斯坦有相同的静止能量),然后推断出自然设计中的一个隐藏的对称性。

在第6章中,我们曾问要玩爱因斯坦游戏的物理学家怎样才能最后达到目的。这里就是一个例子:实验事实唱出了对称之歌,让我们都能听见。

海森堡的对称被称为"同位旋",如此命名有各种历史的原因,但和下文无关,就不提它了。相应的群被数学家称为 $SU(2)$。数字"2"提醒我们,群是由两个客体彼此变换来定义的。

在这里我必须插一段话,为了叙述的流畅,我在引入同位旋概念时牺牲了历史的真实性。和物理学历史中多数情况一样,同位旋概念的发展也充满了错误概念和混乱。许多物理学家对澄清作为对称性的同位旋作出过贡献。为了方便,我把一切归于海森堡了。我放任自己在删改历史,通常物理学教科书也为同样的做法负有责任。在本章的注记中我写出了同位旋历史的简要片段。

内在世界所见

海森堡的同位旋转动并不是在我们生活的真实空间中的转动,因此在前一节中转动加了引号。海森堡看到的是在抽象的内部空间中的转动;"转动"和"空间"两个词都是转借的用法。

同位旋代表了作为物理学主要概念的对称性发展的奇妙的里程碑。在此以前,当物理学家想到对称性时,它们想的是时空中的对称。宇称、转动,甚至洛伦兹不变性和广义协变性所有这些多少程度不同地植根于我们对真实时空的直接感知。现在海森堡大笔一挥为我们开辟了一个抽象的内部空间,在此对称操作也能进行。

卫道士们一定认为海森堡的建议难以接受。时空对称性一直被认为是无可置疑的精确。但海森堡来到了这里,提出了明显不精确的对称。时空对称是普遍的:它们适用于所有相互作用。同位旋只用于强相互作用:质子和中子有不同的电磁性质。

随着时间的流逝,海森堡的内部空间对称性不再显得如此具有革命性了。对后代物理学家而言,内部对称性就和时空对称性同样自然和真实。

我曾强调过,对称原则告诉我们,物理现实虽然表面上对不同观测者显得不同,但实际上在结构的水平上是同一个物理现实。在当前的例子中,一个观测者看到一个质子,但另一个观点经过同位旋转动的观测者却坚持他看到的是一个中子。他们都是正确的,正如,对一个观测者是"向上"的对另一个观测者会是"向下"的。两个质子间的强力和两个中子间的强力相同这一个观测到的事实就从上面的论据直接得出了,因为对一个观测者是两个质子,对另一个观测者是两个中子。

群论的全部力量

一旦观察到的推斗当-推斗地情况表述为对称性时,群论的全部力量就能发挥出来,产生物理结果了。我们可以求出 $SU(2)$ 的表示,也可以查数学书。第 7 章的一般考虑指出,强相互作用的任何粒子,从原子核到各种亚核粒子,都必须属于一个 $SU(2)$ 的表示。属于同一个表示的粒子称为一个多重态的成员:具体来说是二重态、三重态、四重态,等等。一个多重态的所有成员必须有同样的能量或质量。这是确实观察到的。

根据艾米·诺特的观点,一定存在一个守恒量和同位旋对称相对应,它简单地称为同位旋。强相互作用粒子携带同位旋就像电磁作用的粒子携带电荷一样。不保持同位旋守恒的强相互作用过程是被禁戒的。此外各种允许的过程的相对几率由群论决定。这里的情况和我们在前一章中讨论转动对称时遇到的完全相似。必须如此,因为起支配作用的数学是独立于物理而存在的。

强相互作用太强了

一旦同位旋的物理概念明白了,接着来的详细应用对我们关系不大,最好留给职业核物理学家吧。重要之处在于,前面讨论的能用实验验证的预言是同位旋对称单独的严格推论。我从来没有提到过强相互作用理论是什么样子的。这根本没有关系!

如果你要尝试构造一个强相互作用理论,当然同位旋要严格限制理论的可能形式。但即使你有了一个理论,也没有多大用处,因为强作用根据定义是强的。让我来解释。

学物理的学生往往从教科书中得到一个印象,即物理关注的是精确解。为了说明不同的物理原理,教科书的作者自然要选用那些简单和理想化的情况,在这些情况下精确解是可能的。在真实的实践中物理学家只能依靠一种称为微扰论的方法。例如要求得地球围绕太阳的运动,物理学家从忽略其他行星开始,然后近似地计算其他行星对地球轨道的影响。这种办法用起来很成功,因为其他行星的影响很小。

在量子物理中,基础概念是类似的。当我们让两个电子彼此散射时,它们发生相互作用的几率只有大约1/137。实验定出的数字1/137代表电磁作用的强度,它被称为电磁耦合常数。假定两个电子相互作用过。当它们分开时,有一个它们能再次作用的量子几率。两个电子能作用两次的几率是(1/137)×(1/137),大约是万分之一。我们可以忽略两次作用的效应,或者把它当作小的修正。对物理学家,幸运的是,四种基本相互作用中的三种有弱耦合,并可以用微扰论。

自然是仁慈的,但还不够仁慈。在强相互作用中,耦合常数基本是1。因此在我们散射两个核子时,两次作用、三次作用直至无穷,和一次作用同样可能发生! 这里微扰论根本失效了。在《物理学纪录》[1]中充满了从第一原理计算两个核子之间力的失败的尝试。核物理学家最终放弃了,选择了一种准唯象的方

---

① Annals of Physics(N. Y.)是允许发表长文章的物理杂志。——译注

法,把实验确定的两个核子之间的力当作给定的,然后尝试计算核的性质。

杰出的足球运动员往往是有绰号的:例如"太吝啬"哈维·马丁(Harvey "Too Mean" Martin),"太高"爱德·琼斯(Ed"Too Tall" Jones)。对理论物理学家而言,强相互作用是"太强"和"太吝啬"。

被容忍的无知

对称性的力量和光辉允许我们完全绕过强相互作用理论的结构,因为它的应用性是可疑的。我们可以容忍和不理睬我们的无知。

在历史上,这次对无知的容忍是相当重要的。多数粒子参加不止一种相互作用。(例如质子参与所有四种基本相互作用。)在研究弱相互作用时,物理学家遇到许多涉及强相互作用的粒子过程。幸而专注于弱相互作用的物理学家可以用对称性把强相互作用这个妖怪关禁闭。因此,在 20 世纪 70 年代早期弱相互作用的结构就完全确立了,物理学家不必等候完全的强相互作用理论。

强相互作用的情况可以参见图 11.2。

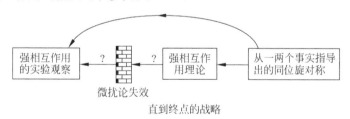

图 11.2 从 20 世纪 30 年代到 70 年代的早期强相互作用研究的框图。 由于强作用 "太强",即使物理学家能构造出强相互作用理论,它们也无法从中抽出实验预言。 对称性的考虑使他们能够绕过因微扰论失效所造成的路障(此处用砖墙表示)

媒人

虽然强相互作用的强度不允许构造有意义的理论,但它不妨碍我们理解相互作用的性质。在 20 世纪 30 年代早期,日本物理学家汤川秀树(Hideki

Yukawa)在思考,为什么强相互作用的力程比其他两种相互作用的要短。

如我们在第4章中注意到的,场的概念取代了超距作用。我们把两个电荷间的力看成是一个电荷和另一个电荷送来的电场"对话"而形成的。在量子物理中场的能量是集中在一包一包之中的,对电磁场这就是光子,对引力场这就是引力子。因此,根据近代物理,当两个电子同时存在时,一个电子会以一定的几率幅发出一个光子,而另一个电子把光子吸收。这个过程极快地重复。两个电子经常地交换光子,产生了观察到的电力。类似地,我们的身体和地球经常交换引力子,让我们停在地上。就像古代的媒人和现代的穿梭外交家一样,光子在双方间不倦地奔波,将彼此的意愿传达给对方。

从物理学的早期开始,力的概念一直处在最基础和最神秘之列。物理学家感到相当满意,他们终于了解到,力的根源是由于一个粒子的量子交换。

有了这样的关于力的本性的理解,汤川在1934年认为对强相互作用也应该有这样的"媒人"。汤川勇敢地假定了一个新粒子,此后被称为 π 介子,或简称 π 子。令人吃惊的是,他竟能预言 π 子的性质,为了这项功绩他被授予诺贝尔奖。

图 11.3 作为古时候媒人的 π 子, 一位胖夫人。 她的体重限制了她旅行的愿望

考虑两个核子大致静止在原子核中。其中一个以一定几率幅发射一个 π 子,而另一个吸收了 π 子。就像媒人一样,π 子来往穿梭在两个核子之间。集中注意一个发射了 π 子的核子。等一等! 好像有什么不对头。假设的发射过程

破坏了能量守恒。根据爱因斯坦理论,一个静止的粒子也有一定的能量,等于它的质量乘 c^2。一个静止坐在原子核中,具有质量乘 c^2 能量的质子,如何能发射一个 π 子,即使 π 子动得极慢,它的能量至少是它的质量乘 c^2,而质子仍然是质子,这怎么可能?

妙的是汤川能把这个表面上的困难转为对自己有利的。他具有灵感地运用了不确定性关系,解释了强相互作用的短力程并预言了 π 子的质量。关键是量子物理学。

贪污犯

我解释过,不确定性原理告诉我们,不能把位置和动量都测得如我们所愿的那样准确。类似地,我们不能把一个过程的能量和它所用的时间两者都测量得如我们所愿的那样准确。(回想爱因斯坦工作中的物理概念的关系:一个粒子在空间的位置和它在时间的位置有关;它的动量和能量有关。所以可以相信,不确定性关系可以把动量和位置作为一对来支配,把能量和时间作为另一对来支配。)汤川理解到,如果我们确定了核子发射 π 子的时间,就不能确定所涉及的能量,也就不能说能量是否守恒。不确定性原理允许能量不守恒,但只在短暂时间。

这个情况让我想起了贪污犯罪。贪污的基本原理是,被窃取的钱越多,贼就越快被发现。π 子就像一个贪污犯,不是偷钱而是偷能量。和真实生活中的贪污犯不同,π 子一定被**自然**捉住,并被要求还回能量。如艾米·诺特描述的,**自然**要求整个的过程(在当前就是两个核子间的相互作用)的能量守恒。因此 π 子必须很快被核子吸收。和贪污相同的是,π 子想带走的能量越大,它就越快被抓住。

自然警惕性如此之高,即使 π 子以近于光速运动,它在被发射和被吸收之间也跑不远。汤川因此解释了核力的短力程。如果两个核子相距太远,它们就感觉不到彼此的存在。用另一个比喻,我可以说 π 子就像一个媒人,一位胖夫人,她愿意旅行的倾向被她的体重限制了。如果双方居住地离得太远,媒人就不愿插手了。

很清楚,核力的力程决定于 π 子的质量。π 子要偷走的最小能量是与它的质量有关的静止能量。这个最小能量确定了 π 子被允许从一个核子到另一个核子的最大时间。知道了核力的力程,汤川就预言 π 子的质量大约是核子的十分之一。

顺便说来,我们也明白了为什么电磁作用是长程的,因为光子没有质量。虽然引力子还没有被探测到,但是可以相信它的质量也是零,因为引力相互作用也是长程的。

一个自负的保守分子

预言一个具有某些性质的基本粒子的存在是理性的最高行动。狄拉克和泡利这样做了,几年之后汤川也这样做了。他们的所作所为是和当时物理界中占统治地位的社会气氛背道而驰的。汤川以后写道,在物质的已知范围之外的思考被认为是"狂妄自负、不畏神灵",而且有一种对"这类思想的一种几乎成为下意识的强烈禁忌"。

对**自然**表现出自负,然后看到**她**服从,这是巨大的满足。对理论物理学家这是非常盼望得到的愉快,然而不幸的是,很少能实现。在当代,汤川所谈到的禁忌已经不再占统治地位了,理论家们以一种任性的随意预言新粒子。实在地说,情况变得很糟,我这一代的某些理论家们善于发明新粒子,没有任何说得过去的理由,只是要看一看如果它们存在会有什么结果。

有趣的是,泡利的中微子假设和汤川的 π 子假设在绝对意义上是很勇敢的,但却代表了一个相对保守的姿态。面对原子核的神秘,某些当时的卓越的物理学家甚至论证量子定律的失效。总之,经典力学在原子的尺度上失效了。看起来量子物理学在比原子尺度小几万倍的核的尺度上失效也是很自然的。推翻经典物理的革命家转过来急于策划推翻自己的革命,这在政治历史上也是绝无仅有的现象。

战后的出生高峰

在迄今的讨论中,我们只考虑了两个在核中静止的核子。由于缺乏能量,π子只能够在它们之间往返穿梭。但如果我们使两个高能量的核子相撞,核子所携带的多余能量可能足够产生一个 π 子,仍能保持能量守恒。π 子就是这样在20 世纪 40 年代后期被发现的。

π 子仅是在战后被发现的一大群粒子中的第一个。在战后的出生高峰中,实验物理学家正在忙于一个又一个地产生粒子。在 1947 年,第一个不受欢迎的"奇异"粒子来到了,叫这个称呼的简单原因是物理学家们从来就没有期待它们来临。(对我这一代物理学家,奇异粒子没有任何奇异之处。)

奇异粒子是在核子高能碰撞时产生的。实验研究证明了这些以前没有期待的粒子总是不单个产生,而是成对产生。例如,一个称为 K^0 的奇异粒子产生了,它总是由 Σ^+ 所伴随。核子碰撞永远不会只产生 K^0 或者两个 K^0,而总是 K^0 和 Σ^+。积累起一些这样的经验规律。

最终搞清楚了,所有这些经验规律可以总结为一个守恒定律。一个被命名为"奇异性"的新的物理量在强相互作用过程中守恒。可以把奇异性看作和电荷类似。它是某些强相互作用粒子所拥有的属性,但另一些却没有,就像电荷由一些粒子所携带,而另一些却没有。质子、中子和 π 子没有奇异性。新发现的粒子被赋予不同的奇异性＋1,－1 ,等等。从此开始,"奇异"一词对物理学家有特定的意义。

现在让我们来看一下奇异性守恒如何能解释真实的实验。赋予 K^0 奇异性＋1。因为核子奇异性为零,它们不能产生单个或两个 K^0。如果 Σ^+ 带有奇异性－1,我们就能解释 K^0 和 Σ^+ 的同时产生。

奇异性守恒是一个简单的概念,但在当时却不清楚这个记账式的体系能否成功。例如,要想它能成功,实验家最好不要看到单个或者一对 Σ^+ 产生。在不同的过程中验证这个办法,结果证明它是成立的。

再一次运用诺特关于对称性和守恒的思想时,物理学家立即做出结论,奇异性守恒意味着在同位旋守恒之外有另一个对称性。我很快会回到这一点。

名字的意义是什么?

> 如果我能记得所有这些粒子的名字,我就成了一位植物学家了。
>
> ——恩里科·费密

物理学家在命名所有的新粒子时找到了兴趣。将粒子分类时,他们把那些强相互作用的粒子称为"强子(hadrons)",这个词的希腊字根"hadro"的意思是结实或肥胖。(因此鸭嘴龙 hadrosaur① 是一种特别巨大的恐龙。)核子、π 子、奇异粒子都是强子。没有强相互作用的粒子,例如,电子和中微子叫做"轻子(leptons)",希腊语根"lepto"的意思是瘦、纤细和小。在希腊语中这个词也代表价值最低的硬币,一个人的脸又瘦又窄就被称为细弱(leptoproscopic)。

强子又进一步分类。π 介子后来被缩称为 π 子,之所以如此命名,因为它的质量介乎核子与电子之间。字根"meso"的意思是中间,次女中音(mezzosoprano)和美索不达米亚(Mesopotamia)两个词是众所周知的。和 π 子性质相似的新粒子称为介子。与此对照,核子和与它性质相似的新粒子被称为"重子(baryons)",希腊语意思是重。在音乐中我们知道男中音(baritone)。新的命名法在某些情况下变得不准确。我们现在知道一些介子的质量要比一些重子的大。尽管如此,介子的名称还是有启发性的,它的意思是中间人或媒介。在一个有趣的多语言的双关意义下,中国物理学家把 π 子称为"介子"。中文"介"的意思是中介,但它看起来又很像希腊字母 π。

由于核子在普通的物质中存在,因此起着更重要的作用,最好把它们和其他重子加以区别。重子分为核子和超子。上面提到过的 Σ^+(音 Sigmaplus,西格马加)就是一个超子。还有一个 Ξ(音 Xi,凯)超子。想来这个名称是根据"西

---

① 英文 hadrosaur,字根也是 hadro。

格马凯的心上人(The Sweetheart of Sigma Chi①)"这首歌起的,只不过把会社的名称搬过来用了。

谈到名称,我还要提起中微子的名称是把意大利语的词尾"-ino",例如婴儿 bambino,加在中子后面导出的。当泡利的中微子假设在意大利的一个讨论会上讨论时,有人把它和柴德威克的粒子(中子)混淆了,费密只得解释说,泡利的粒子是那个"小的"。

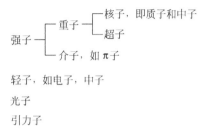

图 11.4　在 1960 年左右已知的粒子

当然读者不必掌握这些词汇也能读下去。为了方便读者,我给出图 11.4。在这里我要提一下,按照历史叙述的顺序,前面讲过的光子和引力子,即光和引力的粒子,是各成一类的。

把凌乱的粒子整理出秩序来

简而言之,到 20 世纪 50 年代末,物理学已经有了一锅用各种字母代表的粒子的汤了。需要用一些组织原则来整顿一下。

同位旋有很大的帮助。如曾经提过的,对称性的威力使我们知道,所有的强子必须属于同位旋的多重态。实验证明这是正确的。例如,发现了三个 π 子——π^+,π^0,π^-。如符号所表示的那样,π^+ 带正电荷,π^0 是电中性的,π^- 带负电荷。因此,这三个粒子只能用它们的电磁性质来彼此区别,至于强相互作用,它们是全同的。正如预料的,它们的质量几乎相同。经测定,π^+ 和 π^- 的质量为 140MeV,π^0 的质量为 135MeV。正像质子和中子组成二重态一样,π 子组成三重态。所有的强子都组成同位旋的多重态。

正如前面提到过的,诺特的远见和奇异性守恒立刻就意味着强相互作用有着比同位旋更大的对称性。

———————————

①　Sigma Chi 是美国大学中的一个会社名称。

双胞胎和三胞胎的大会

想像你去参加一个双胞胎和三胞胎大会。这里你遇到一些双胞胎，那里你遇到一些三胞胎。一下子你发现了一些双胞胎和三胞胎间有属于一个家庭的相似处。原来他们确实来自一个家庭。到20世纪50年代后期，物理学家发现柴德威克把他们引入一个双胞胎和三胞胎大会了。他们理解了亚核粒子不仅出现了双胞胎和三胞胎，而且他们还像一个生物家庭成员一样相互联系着。

以下就是对在1960年左右认识的亚核粒子的一个总结。一共有8个重子被发现。首先是核子双胞胎，我们的老朋友质子和中子。然后是Σ超子和Ξ超子。和π子类似，Σ也有3种，带正电的、中性的和带负电的，分别由Σ$^+$、Σ^{0}和Σ$^-$表示。Σ超子属于同位旋三重态，而Ξ超子属于同位旋二重态。最后还有一个称为Λ的超子，自己单独属于单态。

物理学家用图11.5总结情况。8个重子用画在二维网格上的点代表。水平线的节点所对应的重子属于同一个同位旋多重态。在同一水平上的重子有相同的奇异性。这样，核子奇异性为0，Σ和Λ为-1，Ξ为-2。

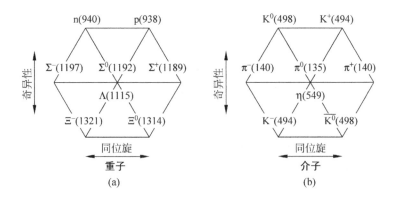

图　11.5

(a) 8个重子，即质子、中子和它们的6个堂兄弟，根据它们的同位旋和奇异性画在
一张图上。一个称为八重态的几何图形形成了；(b) 8个介子也形成八重态

介子的情况十分相似。物理学家发现了8个介子。除3个π子外，还有

4 个称为 K 介子的粒子,简称 K 子,分属两个同位旋二重态,还有一个称为 η 的介子,它自己单独构成一个单态。(实际上在当时只发现了 7 个介子;η 是在以后的 1961 年发现的。)

在图 11.5 中,每个重子和介子的质量,在表示粒子名称后面的括号中用 MeV 为单位的数字标明。如同位旋对称所标明的那样,同一个同位旋多重态的粒子质量几乎都相等。引人注意的是所有 8 个重子的质量在 20%~30% 的范围内大致相同。它们彼此之间有确定的家庭关系相似之处。

介子也有大致相同的质量,聚在几百个 MeV 附近。π 子显得异常地轻。但仍然可以说,在一级近似下 8 个介子是关联在一个家庭中的。

再说一次,读者不需要记忆这个亚核粒子的动物园,就和没有必要记忆脊索动物门下哺乳动物纲中一打左右的目一样。要知道的重要事情是哺乳动物可以系统分类,并且进化的原理把这些门类都联系在一起。在这里,读者只需知道亚核粒子彼此是相联系的。

物理学的心理史

自然通过这些看来很相像的粒子在暗示,**她**的设计具有一个比同位旋还要大的对称性。在 20 世纪 50 年代中期,决定这个对称的竞赛开始了。

对如同位旋这样的内部对称性的物理已有了很好的了解:如果基本作用量在群变换之下是不变的,则量子状态彼此变换,从而代表了群的多重结构。物理学家将这些量子状态视为粒子。如同前面解释过的,如果对称是精确的,这些彼此变换的粒子的质量是相同的。既然观察到的重子(观察到的介子也一样)质量只是近似相同,物理学家知道,如果有一个对称性的话,它应该比同位旋更仅为近似。

事后看来,寻找这个更大的对称不应该太为难。毕竟海森堡已经揭开了内在世界,而数学家早就把变换群做好分类。因为有 8 个中子和 8 个介子,物理学家只要找到具有八维表示的群就行,而有这样表示的群并不多。

人们真希望能够这样容易!老师教学校的孩子们按部就班的科学方法,首先要掌握全部事实。可惜在真实世界中并非所有的事实都已经知道，知道的事实也并非都是真实的。例如，在 20 世纪 50 年代末期，实验（现在知道是错误的）证明在宇称变换下 Λ 表现得和其他 7 个重子不同。看起来好像重子家庭有 7 个成员，而不是 8 个，Λ 是一个单独的家伙。许多物理学家倾向于接受这个结论，因为当时只发现了 7 个介子（前面提到过这点）。实际上，有些最杰出的物理学家强烈主张中子和介子家庭都只有 7 个成员，有几位物理学家迷了路，劳而无功地去寻找有七维表示的群。

错误的实验是理论家生活中的折磨。在今天能够对**自然**的基本设计投上一束光的实验需要多个国家的英雄的集体努力。把工艺推到极限去寻找微弱的信号，许多实验得到错误的结论，这是可以理解的。决定哪些实验是可靠的越来越成为粒子理论家的必要素质了。

各种的心理因素也妨碍寻求更大的对称。有的人认为，同位旋和精确的时空对称相比是没有吸引力的，现在要求它们接受一个更为粗略的近似就更没门儿了。对老一代的物理学家而言，他们的核物理涉及的能量是几个 MeV，不同重子（介子也一样）的质量差在有的情况下达到几百个 MeV，这太巨大了。对老的卫道士而言，π 子和 K 子不可能有血缘关系。但一代人称为巨大的，另一代人会认为是微小的。我这一代的物理学家对涉及几十万 MeV 的实验是习惯的。

由于这样或那样的原因，对更大对称的探寻走了曲折的道路。说真的，一些物理学家已经找到了正确的对称群，只是被他们的长辈劝说放弃了。

自然的恶作剧

有错误的开头，有死胡同。早些时候日本物理学家坂田昌一（Shoichi Sakata）尝试更高对称的最明显的选择：他从海森堡的 $SU(2)$ 走到 $SU(3)$，这是数学家表上的下一个群。（回想一下 $SU(2)$ 在它的定义表示中将两个对象相互变换。一般来说，$SU(N)$ 群在它的定义表示中将 N 个对象彼此变换。）

在 1956 年，坂田建议质子、中子和 Λ 超子在 $SU(3)$ 的定义表示中作为三重态彼此变换。这个建议是海森堡 $SU(2)$ 的自然推广,在 $SU(2)$ 中质子和中子作为二重态变换。推斗当和推斗地迎来了推斗度。但另外 5 个重子就无法安排了。将它们塞进去的尝试失败了,$SU(3)$ 群显然被排除了。**自然**不是以有序的方式从 2 个核子到 3 个重子,而是从 2 个核子跳到 8 个重子,这真令人困惑。

最后的突破在 1961 年到来了。加利福尼亚理工学院的杰出物理学家莫瑞·盖尔曼和以色列驻伦敦大使馆武官宇瓦尔·尼曼(Yuval Neéman)独立进行研究并作出结论,更高的对称群不是别的,还是 $SU(3)$!真令人吃惊!窍门在于,重子不是属于三维的定义表示,而是 $SU(3)$ 的八维表示。**自然**设法愚弄我们。

从坦克到 $SU(3)$

一个外交家如何发现了强相互作用的更大对称性?宇瓦尔·尼曼在青年时期就对物理感兴趣,但由于历史事件他参了军。据说他在以色列情报机构中起过重要作用。1957 年他 32 岁时意识到,如果想成为物理学家的话,时间已不多了。他向当时的以色列参谋长摩什·达扬(Moshe Dayan)将军提出请求,请假两年到以色列的大学去学物理。达扬却任命尼曼为以色列驻伦敦大使馆的武官,这个职务允许他部分时间进行学习。

在伦敦,尼曼到帝国学院去看望杰出的巴基斯坦物理学家阿卜杜斯·萨拉姆(Abdus Salam),呈上外交任命书和达扬签字的信。困惑的萨拉姆接受了他。但在 1958 年 7 月,中东战火再度燃起,尼曼只得把物理放在一边。现在知道,他除了其他任务外,尼曼安排了 S 级潜艇和百人队队长式坦克运到以色列的工作。最后在 1960 年 5 月,尼曼作为休假的上校,在 35 岁时注册全日制学习,成为萨拉姆研究组最年长的学生。在他的回忆录中,尼曼感谢他的妻子,因为她接受了尼曼从外交家到研究生的转变,从而失去了收入。顺便说来,尼曼现在没有多少时间研究物理了,几年前他在以色列建立了自己的政党,并成为以色列的内阁成员。上次我们见面时没有讨论物理,他给我解释,如果我要组织政党的时候应该怎样做。

到达涅槃的八重路

一旦确定了对称群和表示的选择，物理学家就可以如同在前一章所介绍的那样，用群论得出对实验的预言。对称性禁戒某一些亚核过程，允许另一些。在允许的过程中，相对的几率也能确定。物理学家就如同执法人员进入前线城市一般，在亚核世界建立秩序。

将中子和介子放进八维表示，简称八重态，需要检验表示是否包含正确的同位旋多重态。换句话说，因为 $SU(3)$ 对称包括同位旋，我们可以问八重态中包含哪些同位旋的表示。同在双胞胎和三胞胎大会上一样，我可以给出这个问题的类比。假定我们遇到 8 个同胞兄弟。我们可以问他们如何分为双胞胎和三胞胎。例如，他们可以分为两个三胞胎和一个双胞胎（8→3＋3＋2），或者两个四胞胎（8→4＋4）。照 $SU(3)$ 群的做法，可以求出八重态包含一个三重态、两个二重态和一个单态（8→3＋2＋2＋1）。这恰好和观测相符：在 8 个重子中，Σ超子组成三重态、核子和 Ξ 超子各组成一个二重态，Λ 超子自成一个单态。介子也是同样。重点在于，只找到八维表示是不够的；对一个错误的群，8 个重子可能分得不同（例如根据 8→3＋3＋2）。

最终找到 $SU(3)$ 作为更大对称带来的兴奋，可能就像拼图游戏迷最后看到一片片突然拼到一起时的心情一样。盖尔曼高兴地把这个体系仿照佛教中达到涅槃的八重路命名。（顺便说来，八重是指：正确的信仰、正确的决心、正确的语言、正确的行为、正确的生活、正确的努力、正确的深思和正确的喜悦。）

不需要离开家

八重路虽然成功，却也遭到怀疑，部分是由于上面所说的社会心理没有做好准备。但在 1964 年，因为一个新粒子戏剧性的发现，怀疑者终于沉默了。

从 20 世纪 50 年代早期起，物理学家就开始发现极为短寿命的粒子，称为共振态。到 1962 年共发现了 9 个。情况总结见图 11.6。和图 11.5 一样，一行中的共振态是由同位旋相联系的，各行之间是由八重路相联系的。

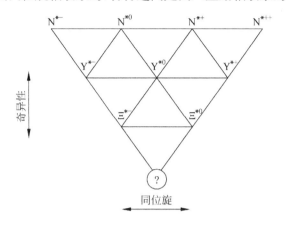

图 11.6 10 个共振态根据它们的同位旋和奇异性安排组成一个称为十重态的几何图形。在 1962 年只发现了 9 个共振态。八重路确定第 10 个共振态存在，并应填在用问号标出的空白处

如我曾强调过的，对称性考虑的威力恰恰在于，在当前的问题中，我们不需要知道共振态的强相互作用物理细节，就能立刻说出共振态一定属于对称群的一个表示。用这个方式思考，八重路的追随者们一拥而上，看看 $SU(3)$ 有没有九维表示。它没有！但它有个十维表示……好吧。

1962 年，盖尔曼抓住了这个群论的现实，预言应该有一个迄今未知的共振态，他称之为欧米伽负，写作 Ω^-。理论物理就像歇洛克·福尔摩斯在一瞥之下就能判断来访者来到之前所经历的事一样。一组实验家立即去寻找。当然，他们找到了 Ω^-，性质和盖尔曼预言的相同。为了这个以及其他对物理学的贡献，盖尔曼被授予诺贝尔奖。

我们在说到作用量时提到过 18 世纪法国物理学家彼埃尔·毛佩图伊。他在为了验证牛顿关于地球在极地应该平坦的理论到拉普兰(Lapland)去探险，生还以后，伏尔泰和他开玩笑说："Vous avez confirmé dans les lieux pleins d'ennui / ce que Newton connût sans sortir de chez lui.（你在充满艰险的地方验证了牛顿不出家门就知道的事情。）"在这件事上可以和实验家开同样的玩笑。

理论家在最好的情况下只用几行论据就能预言**自然**的行为，这一直令我吃

惊。人类智慧的最纯粹的产物往往是极为简单的。

从高级烹调得到的启发

深感对称性的威力，盖尔曼勇往直前寻求更多的对称性。在对称性的运动场上，一个运动员如何前进呢？考虑一下历史的先例。实验观测刺激了同位旋和八重路的发展。洛伦兹不变性源于麦克斯韦理论。但在 20 世纪 60 年代早期，强相互作用粒子的实验图像已经被八重路所阐释，强相互作用理论也不存在，历史的先例对盖尔曼没有任何帮助。他该怎样往前走呢？

盖尔曼勇敢地采用了一个新的战略，据他说这是受一个高级烹调技术所启发的："把野鸡肉放在两片小牛肉中间烹调，完成后把小牛肉片扔掉。"

盖尔曼想像把世界上的相互作用关掉。没有相互作用，粒子就自由地飘来飘去，根本不去注意其他粒子的存在。描述这种情况的理论称为自由理论，是平庸的。在任何一本关于场论的物理教科书的第 1 章就讲这个内容。盖尔曼考察了自由理论的作用量以决定它的对称性。他建议，当相互作用恢复以后，某些对称性可能仍然成立。

这个办法在表观上看来好像是荒谬的。自由理论极可能并不能描述我们的世界。但盖尔曼的态度是，一旦对称性——野鸡肉——被提炼出之后，自由理论就像小牛肉片一样，可以扔掉了。

我们可以期待，就算这样提炼出的对称性能在真实世界被观测到的话，它也是极为粗略的。老的卫道士们被同位旋和八重路的粗略所烦恼之后，又要准备遭遇新的震撼了。

当然，布丁的证明就是吃。小牛肉是否对野鸡肉有所帮助？原来从盖尔曼提炼出的对称性中推导实验结果是需要可观的技巧的，但所有这些结果都和观测相符合。

一个显然荒谬的程序——从肯定不能描述**自然**的理论中提炼出与**自然**相关的对称性——居然有了未曾预料的成功。这给物理学家们一条关于强相互作用的线索：强相互作用的正确理论必定和自由理论的对称性相同。

三个夸克

在八重路已经确立之后,物理学家仍然感到困惑,为什么**自然**不用 $SU(3)$ 三重态,即定义表示。难道**自然**仅是要愚弄坂田?

在 1963 年 3 月,盖尔曼访问了哥伦比亚大学。在午餐时,哥伦比亚的资深教授鲍勃·瑟伯问起盖尔曼三重态神秘缺席的事。他回答,按三重态变换的粒子会有很超常的性质,例如它们的电荷会比电子电荷小。但从来没有见过这类粒子。

在深思熟虑之后,盖尔曼在第二天早晨决定,这些粒子是存在的,只是逃过了观察而已。之后盖尔曼和乔治·茨崴格(George Zweig)分别提出,**自然**确实利用了定义表示,相应的三个基本粒子确实存在。盖尔曼总称它们为夸克,分别称为上夸克、下夸克和奇夸克。盖尔曼告诉我,开始时在他头脑中有一个声音,他打算称三重态粒子为"kworks"(音"科沃克")。一天,他无意中翻阅着詹姆士·爵伊思(James Joyce)著的《芬尼根的彻夜祭(Finnegans Wake)》,看到一行字,"Three quarks for Muster Mark!(给主人马科三个夸克),"他失望了,爵伊思可能是要让这个字和"mark"或"bark"押韵,而不是要"kwork"。但那时他理解了,这本书是重述一个酒店主人的梦,他可以想像三个夸克是指三个夸脱[①]。这时他进而引入夸克的名称,音为科沃克。

用第 9 章引进的名词,我们说三个夸克填充了 $SU(3)$ 的定义表示。当盖尔曼和尼曼在 1961 年提到定义表示时,用的是"抽象的客体"的提法,而在 1964 年,盖尔曼和茨崴格就能说定义表示是由夸克所实现的。19 世纪物理学的抽象智力游戏在 20 世纪的夸克世界中实现了!

在第 9 章中讨论的把几个定义表示粘到一起的群论过程,现在可以看成是真实地把夸克结合在一起了。$SU(3)$ 的群论自然地建议强相互作用的强子是由夸克和反夸克所组成,正像原子是由电子和原子核组成,而原子核是由质子

---

①　量酒的容积单位,等于一加仑的四分之一。——译注

和中子组成一样。将三个夸克放在一起,我们打开一本群论书就能找到 $3\otimes3\otimes3=1\oplus8\oplus8\oplus10$。换句话说,把三个定义表示黏在一起就产生一个一维表示、两个八维表示和一个十维表示,这就指明了八个重子和十个共振态可以由三个夸克构成。类似地,研究介子的变换性质建议介子由一个夸克和一个反夸克构成。例如 π^+ 是由一个上夸克和一个反下夸克构成。

我可以强调一下,八重路的成功与夸克的存在无关。曾经一再说过,对称考虑的威力正在于它不依赖于具体的动力学知识。

顺便说来,夸克这个词有一个美丽雕琢的环,物理界很快就接受了它,但盖尔曼要为上、下和奇夸克的名称而奋斗。在坂田的理论中基本的客体是质子、中子和 Λ 超子,物理学家们,特别是在东海岸,还保留着对它的记忆,称三个夸克为 P 夸克、N 夸克和 Λ 夸克,用大写字母表示。我记得一位年长的普林斯顿物理学家叹息说,人们在加利福尼亚可能是颠三倒四和奇奇怪怪①,但在新泽西这里却不会如此! 对盖尔曼愿望的这种偏孽的置之不理一直延续到 20 世纪 70 年代中期。例如,在第 14 章中将要讨论的关于大统一的第一批论文就是用"东海岸"的符号写的。有一次我在迈阿密的一次会议上作一个发言,盖尔曼是这次讨论的主席。每一次我提到 P 夸克,盖尔曼就要说,"上夸克!"(我想起来有一个愚蠢的电视广告,一个人在早餐时和一个人造黄油盒子开了战,这个人说"黄油!"而盒子就要回答"人造黄油!")这样继续了一段时间,我只好提醒盖尔曼安静一些,迈阿密是在东海岸。最后东海岸物理界不情愿地投降了,采用了上、下和奇夸克的名称。

信仰的失效

少数几个夸克组成了多种强子:约化主义再一次胜利了。但是在 20 世纪 50 年代末和 60 年代初,还根本不清楚约化方法是否对强相互作用继续有效。

---

① upside down and strange,指上、下和奇,盖尔曼是加利福尼亚理工的教授。——译注

从费密和杨振宁开始,以后有坂田,物理学家尝试把几个强子看作特别的,然后用它们去构造其他强子。但在实验中一个强子看来和另一个很相像,这个方法失败了。几个带头的物理学家,部分地是作为对此的反应,认为问强子是由什么构成是没有用的。当问到他们强子 A 是由什么构成时,他们答由强子 B 和强子 C 构成。再问强子 B 由什么构成,他们回答由强子 A 和强子 D 构成,等等。希望这个过程能够停止,例如最后到强子 P。可以说强子从 A 到 P 都是由彼此构成的。强子的数目是固定的,与对称性和群无关。

在这种观点看来,世界是这样,因为它就是这样,这是东方的哲学家,例如庄子,可能有的思想。世界的构造是由所有现象彼此协调的需要所决定的。在这个观点的基础上一个物理学派从 20 世纪50 年代末到 70 年代初很是兴旺。它得到一个"靴带"的名称。人们想像世界可以通过靴带把自己拉起来。科学的哲学家应该有一次户外集会来研究这种对约化主义信仰的奇怪丧失。

夸克囚禁

强子由夸克构成的理论作为一个具体模型已经被证明为很有用:它使物理学家得以审视并分类强子。例如,一个强子的奇异性就用它包含奇夸克的数目来衡量。假定奇夸克比上夸克和下夸克质量大,就可以解释奇强子质量更大的经验规律。如果强相互作用不能改变夸克的性质,强相互作用的奇异性守恒就可以得到解释。这就是说,奇夸克不能被强相互作用改变为下(或上)夸克。在强相互作用过程中,如果产生了奇夸克,它一定伴随着一个反奇夸克。作为另一个例子,考虑质子,它包含两个上夸克和一个下夸克,中子则包含两个下夸克和一个上夸克。如果上夸克和下夸克有近似相等的质量,同位旋对称就容易得到解释。(有讽刺意义的是,海森堡的原始思想是质子和中子的质量差完全是由于电磁的原因,现在看来不可能完全正确。部分质量差必定是由于上夸克和下夸克的质量差。)

看到盖尔曼预言 Ω^- 的经过,很多实验家忙于发现夸克,但都空手而归。即使如此,几乎所有的粒子物理学家都相信夸克,因为许多实验都证明强子的行为就像它们是由夸克构成的一样。最令人信服的实验之一就是,把电子在斯坦福直线加速器中心的1英里长的加速管道中加速到很高能量,然后在质子上散射。电子散射的方式很清楚地说明,它们是从质子内的三个粒子上散射的。为了演示这一点,让我借用乔治·伽莫夫发明的用在稍微不同地方的类比:一位海关官员怀疑在羊毛包内有走私的钻石,他拔出手枪向羊毛包开枪,如果有的枪弹跳起并反弹,检察员就可以肯定有硬的东西藏在羊毛中。用电子射击质子,物理学家和检察员一样有信心,他们相信在质子中有像夸克的粒子。

但问题依然存在:没有人真正看到过夸克。这种情况引起哲学关于存在意义的冥想。再用一个比喻:摇一摇玩具响盒,我可以绝对肯定有珠子或类似的东西藏在里面。听一听声响,变化一下摇动的方式,我能推出珠子有多硬,甚至可以猜一下里面有多少珠子。我自己的立场是,即使我不能打开盒子真实地看到珠子,但它们一定存在。类似地,物理学家相信夸克存在,但它们被永久地囚禁在强子中。

关于夸克的这种囚禁方式观念是令人惊讶的、前所未有的。当物理学家不肯定物质是否由原子构成时,能很容易敲下一些原子,在孤立状况下加以研究。类似地,你可以容易地从原子中敲出电子,从原子核中敲出质子和中子。但是不知怎么回事,我们就是不能从强子中敲出夸克。

电子在质子上散射的结果指明,质子中的夸克以一种特殊的方式彼此相互作用。如果两个夸克彼此很接近,它们表现得像是几乎自由的,换句话说,它们仅有一点点相互作用。但如果它们离得太远,忽然就有强力把它们拉向一起。为了形象地看到这种行为,物理学家想像夸克彼此由绳索连接。当两个夸克很接近时,绳索是松的,两个夸克彼此感觉不到对方。但当两个夸克尝试彼此远离时,绳索立刻就变紧了。

在经典物理学中,我们想像将两个夸克彼此拉开得足够用力时,绳索会断开,两个夸克彼此解放了。但在这里,我们将夸克拉开时,我们设法把能量放入绳索,就像拉长橡皮筋把能量放入一样。绳索中的能量逐渐增加,直到它超过了一个夸克和一个反夸克的质量,如爱因斯坦的质量-能量关系指出的那样。到这时绳索自己有足够的能量产生一个夸克和一个反夸克。甚至绳索断了,我们也没有能释放一个夸克。绳索的两个断头分别系住一个夸克和一个反夸克。(见图11.7)我们只做到敲出一个介子。

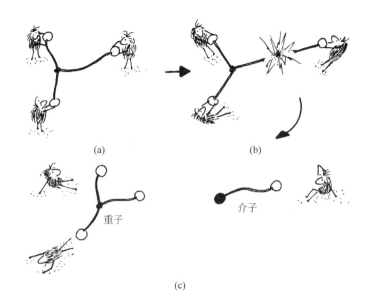

(a)　　　　　　　　　　　　　(b)

重子　　　　　　　　　　介子

(c)

图　11.7

(a) 三个毛茸茸的动物用力拉重子中的夸克,想分出一个夸克来;(b) 捆住三个夸克的绳索绷紧
了,最后绳索断了,释放出一定能量,画中表示为一次爆炸;(c) 释放的能量转换为一个夸克和一
个反夸克(用一个黑球代表)。三个毛茸茸的家伙只拉出了一个介子。夸克永久囚禁的假定意
味着断开的绳索释放的能量转换为一个夸克和一个反夸克

夸克的提出演示了物理学发展经常走的曲折道路。考虑关于靴带结构和
约化主义的讨论。实际上盖尔曼曾是并且现在仍是一个作"靴带结构"理论的
带头人。我问过盖尔曼有关夸克和靴带结构的关系。他回忆说,一切是很混乱
的。作为一个优秀的做靴带结构的人,他相信强子是由彼此构成的。那观察到
的强子又是如何由夸克构成的呢? 这是否意味着夸克也是由观察到的强子构
成的呢? 为了摆脱这使人发疯的难题,盖尔曼最后决定,他可以宣称,夸克是不
可观察的,因此不是"观察到的强子"。所以可以相信,夸克不是由观察到的强
子所构成。夸克可以是更基本的。好家伙! 这样的论据使盖尔曼相信夸克应
该是永久囚禁的。

在这一章中,物理学家用对称性以避免和强相互作用打交道。这是在
图 11.2 中所示的奔向终点战略。但在某些时候我们必须面对强相互作用。在
下一章中,将讨论物理学家如何驯服强相互作用这头野兽,并解释夸克的特殊
行为。

12　艺术的复仇

佐伊：来，我来脱衣服。

布卢姆：(犹疑不决地摸着自己的后脑勺，衡量着她裸露的两个梨子的对称性①，感到前所未有的尴尬)有的人要是知道了，她会嫉妒得要命。

——詹姆士·爵伊思，《尤利希斯》

莫扎特宫廷里的便宜货

当我想着物理学中对称性的学术历史时，我喜欢描画两个思想学派，它们在致力于对称性的态度上是一致的，但对于对称性的本质观点却不相同。一边是爱因斯坦和他的学术后代。对它们而言，对称性是美的化身，和时空的几何是结合在一起的。爱因斯坦所知道的对称性，宇称、转动、洛伦兹不变性和广义协变性，是精确和绝对的，凝固在它们的完美之中。在另一边是海森堡和他的

---

① Gauging the symmetry of her peeled pears. 这里借用了 gauge（规范）和 symmetry（对称）两个字。——译注

同位旋,动摇了精确对称的审美原则。海森堡的孩子是近似的,并在时空之外运作。和时空对称不同,只有强相互作用尊重同位旋。

近似对称的想法把爱因斯坦和他的学术后代吓住了。把**自然**描写成"近似美丽"和"几乎完全"不仅是一种矛盾的形容,而且是亵渎。整整一代人的审美感觉受到伤害。一代物理学家刚刚从同位旋的震撼中恢复过来,又来了更为粗略的八重路。但是海森堡和他的追随者可以指向结果——从亚核世界的混乱中整顿了秩序。他们在对称性的旗帜下前进,深入亚核森林,并不先去确定强相互作用。他们用同位旋,以后又用八重路,把繁杂的实验观察分了类,并整理出了头绪。

在 20 世纪 60 年代,对称性的讨论几乎完全集中在亚核世界的近似对称。当然对爱因斯坦的绝对和精确对称仍然怀着极高的尊敬。所有的物理学家都爱完全的对称性,只是这种理念的成就好像是在广义相对论中耗尽了,或者更像是已经达到了光辉的顶峰。

如果时空不是被精确对称所统治,人们会感到极大的困惑,但没有什么紧迫的原理要求物质粒子一定要服从精确对称。这样,物理学家达到了统一的世界观:**自然**提供了精确的时空,由文雅完全的对称统治着,并把它作为舞台,让粒子的俚俗乐队用喧器不准的音律在上面演奏。我画了一幅在莫扎特的奥地利宫廷中举行的跳蚤市场图。

图 12.1　在莫扎特的奥地利宫廷中的跳蚤市场

退却但不是战败

我运用了历史学家的招数，把对称性的近代发展看作两个倾向和观点间的紧张关系。这种情况下，关于对称性的观点差异多于对立。进一步来说，愿意把**自然**当作最终仲裁人的物理学家并不像其他思想家那样动不动就掘壕进入交战的阵营。但把两种对于**自然**应如何把对称性组织到她的设计中的不同观点描画得清楚明白还是有用的。因此我还是继续把爱因斯坦和海森堡对比，把艺术的精确性和实用主义的粗略性对比。

完全对称性的惟一上帝的信徒们退却了，但并未战败。尽管完全对称性的旗帜有时还会举起，但这一派人在几乎 40 年间采取了低姿态。在 20 世纪 70 年代早期，他们喊杀回来，最终接收了所有的基础物理学。这次艺术的复仇是一个激动人心的故事，我将在这一章和以后各章中将它重述。

反攻

这次反攻基于 1954 年的一篇划时代的论文，作者是我们在讨论宇称问题时遇到过的杨振宁以及罗伯特·米尔斯。对于物理学的论文，这是不寻常的。它提出一个理论，看起来和真实世界没有任何关系。

杨振宁和米尔斯发现了一个具有令人眼花缭乱的数学美的对称性。这个对称性并非如同历史上的发现那样受到实验观察的推动，而是基于审美的智慧结构。

在一个爱因斯坦的"对称决定设计"教义的完美演示中，杨振宁和米尔斯证明了对称性完全决定作用量的形式。这让人回忆起爱因斯坦决定引力的情况，但广义协变性是由伽利略的观察所启发的，而在这里对称性是从纯粹的理性考虑中跳出来的。

可惜和引力理论不同，杨振宁和米尔斯发现的作用量并不能和在 20 世纪

50 年代认知的真实世界相适应。精确对称的存在本身意味着有一组组的粒子，其性质完全相同。但这些粒子还没有被观测到。

进一步来说，一组现在称为规范玻色子的粒子，被对称性要求为无质量的，就像光子一样。（以后再仔细说规范玻色子。）这里的问题在于，产生一个有质量粒子，必须提供等于粒子质量的能量。因此产生一个无质量粒子比产生有质量粒子容易得多。例如，光子就很容易产生。（这就是我们的世界充满光的原因。）杨振宁和米尔斯感到尴尬的主要原因，就是世界并未充满无质量的规范玻色子。

寻找一个世界

像皮兰得娄（Pirandello）①的角色一样，杨振宁和米尔斯的理论要找一个世界来描述。他们的论文并不是为了解释过去得不到解释的现象，而是为完全对称的上帝献上的赞歌。这篇论文好像是说，"看，这里是人类思维所能梦想的最美的理论。如果**自然**在她的设计中不选用这个理论，物理学家就只能对**自然**失望了。"

杨振宁和米尔斯所提议的精确对称现在称为"非阿贝尔规范对称"（一个很拗口的名字）。这个对称所决定的理论称为非阿贝尔规范理论或者杨-米尔斯理论。

当杨-米尔斯理论刚刚提出时，理论物理界都同意它很美好，但没有人知道它有什么用，甚至杨振宁和米尔斯都没有一个模糊的概念。多数物理学家只是咕哝地说，我们不生活在一个非阿贝尔规范世界中，这太糟了，耸耸肩走开去干他们自己的活了。理论被束之高阁了。

在 20 世纪 60 年代后期，当我在研究院学习时，不讲授非阿贝尔理论。学习强相互作用的物理学家专注于学唯象理论，寻求解释观测的真实细节。在这

---

① 意大利剧作家，最著名的作品是"六个角色寻找一个作家"。此处借以比喻理论要找应用的对象。

些理论中包含的实用主义哲学是和爱因斯坦深爱的审美哲学背道而驰的。有些理论在解释数据时确实成功,但实际上是丑陋不堪的。

在本章的其余篇幅中,我将解释非阿贝尔规范对称,并讲述激动人心的故事,物理学家是怎样理解到**自然**也崇拜爱因斯坦理论的后代所崇拜的同一个上帝,而且自然的织构也是围绕非阿贝尔规范对称而设计的。

股股线织成地毯

我是把 20 世纪物理学的发展作为思想史来叙述的。在理念的历史中,爱因斯坦、诺特、海森堡的研究工作中涌现出的思想元素融合为非阿贝尔规范理论的概念。

定域变换的概念来自爱因斯坦引力的工作。回想一下,爱因斯坦处理任意引力场的战略是把时空分为越来越小的区域,从而在每个区域内引力场在越来越高的准确度上可以看成常数。用这个办法就找到了用坐标变换来模拟引力场从一点到另一点变化的概念。一个涉及从一点到另一点变化的变换称为定域的。

另一种涉及从一点到另一点不变的对称性称为整体的。对一个整体变换,为了使物理现实不变,宇宙中的每一个人都要做完全一样的变换。

同位旋不变提供整体变换的一个例子。海森堡假定强相互作用物理对于把质子和中子互变的变换不变。强相互作用不能区别质子和中子。换句话说,在忽略三种更弱的相互作用的近似中,两个核子中你把哪一个叫质子、哪一个叫中子都没有关系。但一旦我们决定了把哪一个叫质子,就要在全宇宙中坚持统一的选择。换一种说法,如果进行把质子变成中子的同位旋变换,为了作用量不变,就要在宇宙中到处进行同样的变换。

对称变换中的定域性属于这样一类概念,只要有人宣布了它,大家都会觉得它很当然。如果我在地球上进行一个对称变换,在月球黑暗的那一面或者相隔三个星系远处的一个物理学家应该可以进行不同的对称变换。因此,许多物理学家对于整体对称的概念觉得有些不舒服;实际上,主要是因为对整体对称不欣赏才促使杨振宁和米尔斯提出他们的理论。

在近代思想中还有弥漫在各处的另一个概念，这就是守恒和对称间的深深的联系。回想一下，诺特的远见促使物理学家赫尔曼·外尔去寻找与电荷守恒相联系的对称性。这个对称性很特殊，也很抽象。对我们而言，只要知道它的存在就够了。

受爱因斯坦的鼓舞，外尔决定要求与电荷守恒相联系的变换是定域的。出乎意料，他发现这个要求竟导致了惊人的结果。

在前面曾提起到，理论物理学家梦想过能把世界的作用量写在一张餐巾上。这个作用量肯定应该包括电磁作用。因为我们知道电磁作用是存在的。要理解外尔的工作，设想一个理论物理学家，在职业训练上有些欠缺，他忘记把电磁场包括进作用量。现在外尔走过来看到餐巾。"好，让我来检验一下作用量，看一看有关电荷守恒的对称性是否是定域的。"（严格地说，在没有电场情况下我不应该用"电荷"一词。但随便你叫它什么，例如"电子数"，这不影响讨论。）实际上，对没有电磁场的作用量，对称性不是定域的。它是整体的。极为令人吃惊的是，外尔反过来证明，如果你要求这个对称性是定域的，你就不得不包括电磁场，因此必须包括光。

这是令人吃惊的发现。物理学家一直致力于了解光的性质，但他们一直认为"为什么有光"这样的问题是在他们认识的范围之外的。这个"为什么"现在已经被"为什么外尔的对称应该是定域的"这个问题所代替了。一个为什么被另一个更深刻的为什么代替了。这样我们就离了解**他**的思想更近了。为什么对称应该是定域的问题现在可以在审美的基础上解决了。当**造物主**设计我们的宇宙时，**他**的思想是怎样落实的呢？究竟**他**说"应该有光！"还是"对称性应该是定域的！"？

定域对称性的威力在爱因斯坦的引力理论中已经很明显了，它是定域对称理论的原始范例。正像外尔的定域对称性把光子加给外尔一样，定域坐标不变性把引力子加给了爱因斯坦。假定我们从来没有听说过引力，但决定要求世界的作用量在定域坐标变换下不变。我们会发现，我们必须发明引力。

外尔称他的对称性为规范对称。"规范"一词来自拉丁文"gaugia"，是指桶的标准体积,这词的用法一直延续到近代,例如"铁路轨道标准"和"标准裙子"。奇怪的是,这个词能成为物理学的永久词汇,是因为外尔所犯的严重的但又是可以理解的错误。我们现在知道,和电荷守恒相联系的对称是由量子几率幅的变换描述的。外尔工作于量子物理到来之前,当然他和其他所有人一样,不会梦想到几率幅。他是受到了爱因斯坦的几何兴趣所鼓舞,建议了一个在时空点间改变距离的变换。外尔想着的是两根轨道之间的距离,或者规范,这就是他的对称性命名的根源。他把自己的理论给爱因斯坦看,他们二人都为理论不能解释电磁现象而深感失望。当量子时期开始后,外尔的理论很快得到了修正。而规范对称这个名称,虽然是用词不当,却保留了下来。(顺便来说,物理学家仍然不知道外尔的原始对称和世界有没有关系。)

总结一下,包括电磁在内的世界的作用量具有一个称为规范对称的定域对称性。在传统教科书中,学生看到描述电磁的作用量,书上告诉他们:"看!这是定域对称。"现在,基础物理学家更愿意采用爱因斯坦的说法,把逻辑颠倒过来,说定域对称性确定了作用的形式。对称性决定设计。

规范对称的故事演示了物理如何变得更简单。还记得做学生时,我需要记得四个麦克斯韦方程。以后,我只需记得一个决定电磁场随时空变化的方程,它和圆的形状方程一样容易记。现在,我只要说"规范对称",电磁学就确定了。

最后,海森堡走来,打开了新的内部世界,让理论物理学家在其中驰骋。但如我们解释过的,他的内部世界的对称性是近似的也是很丑的,涉及的变换是整体的。

杨振宁和米尔斯把不同的几股思想融合了。他们取了海森堡内部对称的概念,但坚持它应是精确的。然后他们让精确对称成为定域的,这是爱因斯坦通过外尔传下来的概念。结果就称为非阿贝尔规范对称。

量子场论

在这里我应该提一下,从 20 世纪 30 年代起,基础物理就是用量子场论语言表述的。在量子时期以前,在对自然的描述中粒子和场是对立面。像电子和质子这样的粒子产生电磁场和引力场。这些场反过来作用于粒子,影响它们的运动。要表明一个粒子的动力学,物理学家要给出粒子在每一时刻的位置。与此对比,为表明场动力学,物理学家要给出在每一时刻在空间的每一点的一组数值。对于电磁场,这些数值就是表征电力和磁力的大小和方向,只需将一个试验探针放在那一点就能探测出来。这样我们就能画出弥漫整个时空的场。

在量子时期的黎明,粒子和场的对立去除了。粒子现在被描述为支配它们运动的几率振幅波,这些波在不同时间的空间各点被标明。换句话说,粒子在量子世界中也是用场描述的。法拉第关于场的概念现在接收了整个物理学。

在量子场论中,作用量是用场来构造的,在构造中应该满足所需的对称性。例如,构造描述电子和光子相互作用的量子场论,简单地把电子场和光子场(即电磁场)组合到作用量中,它应满足洛伦兹对称性和规范对称性。一旦你学会了如何去做,这真是十分简单的。

构造指示书

为了进一步解释杨-米尔斯理论,我给出构造作用量的处方。选定数学家知道的群中的一个,并假设基于这个群的内部对称。(这个群不必须是 $SU(2)$,像在海森堡工作中那样。)坚持作用量必须在定域变换下不变。这个作用量就是杨-米尔斯式的。(应该理解,作用量对于确立的时空对称,例如洛伦兹对称,也是不变的。)顺便来说,外尔描述的电磁作用量正是杨-米尔斯作用量的一个特例。

在外尔的讨论中,定域对称性要求电磁场的存在且相应的光子是无质量的。在非阿贝尔规范理论中,定域对称性要求一定数目的场存在且每个场和一个无质量粒子相对应。如果你按照这个处方来构造杨-米尔斯作用量,你会发现,不论怎样尝试,只有加进这些场,才能让作用量定域不变。这些场是杨振宁和米尔斯必须接受的,就像外尔必须接受光子场一样。

我们看到,一个如八重路那样的整体对称性在给定了 9 个共振态后,要求第 10 个共振态存在。作一个粗略的比喻,如果一个建筑师的客户坚持要求建筑物具有五边形对称，而设计已经有了 4 根柱子，建筑师就必须放进第 5 根柱子。定域对称比整体对称要求更严，它不仅要求有新粒子，而且规定这些粒子必须是无质量的。

让我粗略指出为什么必须如此。定域对称性容许在时空的不同区域进行不同的变换。为了确定起见，暂时假定同位旋是定域对称。我选定叫某一个核子为质子。但在月球另一面的一个人选定叫我的质子为中子。为了传递信息给月球上的朋友，需要一个长程的场。记住和长程场相联系的粒子是无质量的。因此，在规范理论中无质量场的出现并不奇怪。顺便来说，这只是一个"摆一摆手"的解释；在物理学中，对一些说服力不是很强的论据往往这样称呼，因为提出它的那个人往往要做很多的手势。

杨-米尔斯理论中的无质量粒子称为"规范玻色子"。一旦我们决定了一个群，规范玻色子的数目就完全确定了。如我提到过的，电磁理论是杨-米尔斯理论的一个特例。它只有一个规范玻色子——光子。

规范动力学

规范玻色子是规范对称的需要，但和规范玻色子相互作用的粒子并非是规范对称需要的。理论物理学家可以根据他们的需要放进这些粒子，每个粒子是和一个场相联系的。在内在对称性下，这些场彼此变换，提供了群的一个表示。回忆一下，群变换把一群客体打散混合。在给定表示中，客体的数目是由群完全确定的。我们可以任意选择表示，但一旦确定了，场的数目就完全确定了。

非阿贝尔规范理论的基础动力学可以很容易地描述。当一个粒子发射或吸收一个规范玻色子时，它变为另一个粒子。换句话说，规范场把粒子彼此转换。

上面的描述可能使读者想起关于群表示的讨论。数学家长期以来考虑着作用在抽象客体上的群变换。在这里，这些抽象的客体不是被小猫和苹果代替，而是被粒子和它们的场代替。粒子真实地被规范玻色子彼此变换。看到数学家的冥想在物理世界真正得到实现是多么令人兴奋！

但我跑得太超前了。我还应该讲杨-米尔斯理论是如何找到一个世界来描述的故事。

在绝望中挣扎的物理学家们

故事要从 20 世纪 50 年代说起,当时仍长期存在着构造强相互作用理论的难题。在处理强相互作用时微扰论是根本无用的。看起来好像我们永远也无法确定强相互作用精确结构的细节。最多我们只能够探索强相互作用的对称性。或者我应该强调物理并没有失败,而是物理的计算方法失败了。强相互作用太强了,仅此而已。在 20 世纪 60 年代早期,有些物理学家在绝望时甚至鼓吹对强相互作用放弃简约的方法。如曾经提到过的,这被证明为物理学的智慧历史上的一瞬,最终简约主义被恢复了。那么在世界上物理学家是怎样驯服了强相互作用的呢?

因为我曾经在一定程度上参与了对强相互作用看法的这个惊人的转折,所以我将用个人的观点讲这个故事。绝对不要认为下面所说的就是强相互作用近代理论的历史。应该说这是我对于历史的亲身经历。正像一个演员到后台换装时,不能直接地知道在他不在时舞台上发生的事。我甚至不可能描述其他物理学家对这个时期的看法。

在 1970 年春天,当我快要得到物理学博士学位时,物理学家罗曼·贾克伊(Roman Jackiw)问我是否愿意在夏天到科罗拉多的阿斯彭(Aspen,Colorado)度过一段时间。每年夏天都有来自世界各地的理论物理学家聚集到科罗拉多落基山阿斯彭的壮丽风光中来交换观点。我自然不会放过这个机会。当我来到时知道,作为一个初出茅庐的物理学家,我被安排在一个地下室居住,但发现我将和以思想深刻著名的物理学家肯·威尔逊(Ken Wilson)同住一室时,真是又惊又喜。我给我未来的妻子打电话,说我现在可以完全沉浸在崇拜英雄的感情中了。我常常在报纸的运动专栏读到一个初出茅庐的运动员描述当他和一位从初中起就崇拜的伟大人物肩并肩踢球时候的感情。一个物理学家在刚获得学位的头几年也会有同样的感情。

地下室没有再分房间,所以我可以很好地了解肯·威尔逊。每天晚上我们一起吃晚餐,我从他那里学到大量的物理。在当时,肯·威尔逊刚刚完成了一项有很大分量的工作,这工作使他以后获得了诺贝尔奖。他让我看了原稿,并且给我解释我所不懂的段落。真是令人奇怪,在深刻的思想家中,有的人能很流畅地表达思想,而有的人让人无法理解。我应该承认,为了了解肯·威尔逊,我确实得拼命奋斗一番。

看看世界

威尔逊关心的是我们如何描述世界。当然读者已经熟悉,用不同的长度尺度考察世界时,它看起来是不同的。增加显微镜的分辨率,原来看似雾状的东西结晶为详细的结构。在日常生活的例子中,我们用一定分辨率所得的感知,不能告诉我们用更细的分辨率能看到什么。但是量子场论的逻辑结构是如此错综,它能够把一个长度尺度的描述和另一个尺度的描述联系起来。给定世界的一个描述,物理学家真能够多多少少说出用更细的分辨率去看时,世界看起来是什么样子。威尔逊工作的实质就是关于量子场论的逻辑结构允许我们说多少。

在前一章中我说过,四种基本相互作用各自都用一个衡量相互作用强度的耦合常数表征。(在量子物理中,两个粒子相互作用的几率决定相互作用的强度。)在1970年,物理学家习惯于把耦合常数当成常数,这个概念已经定在名称中了。但让我们依赖实施主义①,想一下我们的一位实验家同事怎样实际决定电磁作用的耦合常数。例如,他可以让两个电子碰撞,重复实验多次,来决定两个电子真实发生相互作用的几率。这个几率基本上就决定了耦合常数。这种实施性定义清楚地表明,耦合常数与相撞的两个电子的能量有关。另一位实验家用不同的能量重复测量,就会得到不同的耦合常数。所谓的耦合常数根本就不是一个常数,而是随测量它们的能量尺度而变。所以我不再用耦合常数一

---

① operationalism,或译操作主义。——译注

词,而从此改用一个更合适的词:耦合强度,或简称耦合。

回想一下,在量子物理中我们用作探针的粒子波长随粒子能量的增加而减小。因此要用更精细的分辨率考察**自然**,物理学家就用更高的能量让粒子碰撞。上面的讨论告诉我们,用不同的分辨率去看**自然**,各种相互作用的耦合强度会变化。

威尔逊工作的一个方面正是处理这个变化的。有趣的是,量子场论的内在结构允许我们决定耦合强度如何随能量变化。说得形象化一点,物理学家说,当测量所用的能量变化时,耦合强度会"动"起来。结果是,耦合强度随能量变化动得很慢。从物理学的开始直到 20 世纪 60 年代后期,在研究所用的整个能量范围内,电磁耦合强度只动了很小的量。这解释了为什么长期以来一直把耦合强度当成了常数。

虚弱的时刻

在我遇到肯·威尔逊后的 1970 年秋天,我到普林斯顿的高等研究院去做博士后。我来自哈佛,简约主义在哈佛仍然很受尊重,因此我的教育里有欠缺,普林斯顿的朋友说服了我,我想还是最好在一定时间内尝试一下非简约主义。直到 1971 年,我没有回到动耦合强度这个问题上来。在 1971 年夏天,我的论文导师西德尼·科尔曼作了几次关于动耦合常数的演讲,他是一位著名的演说家。他用了科尔特·凯兰(Curt Callan)和库尔特·希曼契克(Kurt Symanzik)的表述,把主题讲得如晶体般晶莹。我仔细学习了科尔曼的演讲,但为他相当悲观的观点感到懊丧。再一次表明,现成的计算方法只有微扰论。因此只能在耦合很小的时候才能确定耦合强度的运动。物理学家在和强相互作用打交道时仍和过去一样没办法。强耦合是会动的,但它就像朗飞罗的箭①一样,物理学家不知道它在哪里。

1972 年春季的一天,当我躺在沙发上重读科尔曼的演讲时,忽然想到**自然**

---

① 朗飞罗,美国诗人。有一句诗说:"我射出一支箭,但不知它落向何方。"

也许比我们想的要仁慈一些。我的想法是，当我们用越来越高的能量观察强作用时，强相互作用耦合也许会动到零。如果这样，强相互作用终于可以被驯服了。马克太强先生①也会有它虚弱的时刻！

但要想看一看真实情况是否会如此，我仍面临强作用耦合的老问题，它太强，我就无法做任何有意义的计算。我决定问自己下面的问题：假定在某个能量尺度下，强耦合已经变得很弱，当能量增加时，它变得更强还是更弱？现在这就是我能用微扰论作的计算，因为根据假设强耦合已经变得很弱了。我来作一个简单的比喻。虽然我不是一个社会经济学家，但是我能立刻想像出，预言一个穷家庭是否会变得更穷，比预言一个中产家庭是否变得更富还是更穷要容易。

但是这样一个假设看来很奇怪，我曾问到过的一些资深物理学家，他们的反映很消极。强耦合已经很强了。问强耦合如果是弱的会发生什么，就有点像一个老笑话说的，讲故事的人问，如果他的姨母是一个男人，在圣诞节时会送给他什么。

不论如何，我想这个想法是很值得追寻下去的。如果计算能证明，如果耦合一旦是弱的，它会变得更弱，物理学家就至少可以希望，到了某一点强耦合会变为零。前面我说过，零耦合理论被称为"自由"的——粒子可以自由运动，和其他粒子无关。在能量越来越高时，耦合运动趋向零的理论现在称为"渐近自由"理论。

读者可能得到一个印象，寻找渐近自由纯粹是由想打如意算盘的想法推动的，即我们希望强相互作用可以在高能量时变弱，这样我们好处理它。这有道理，但不完全对。在1970年左右，已经有一些实验迹象表示，强相互作用在高能时变得更弱些，至少在事后看是如此。实验家们用很高能量的电子在质子上散射。在夸克图像中，电子给质子中的一个夸克有力的一击。在前一章中我说过，实验结果表明，被电子打中的夸克从其他夸克旁边奔出，和它们几乎没有相

---

① Mr. Macho-Too-Strong，"macho"原为西班牙文，意思是强有力的大块头，现在美语中也常使用。

互作用。渐近自由理论能够自然地解释这个现象。

寻找自由

细心的读者感到困惑，我怎么来做这个计算呢？因为我不知道，任何人也不知道，强相互作用理论是什么样子。为了能往前走，我有一个想法：考察理论的各种可能类型。属于渐近自由的理论就出现了，并成为强相互作用理论的具有吸引力的候选者。寻找渐近自由，你可能最后也找到强相互作用！就这样我开始了寻找渐近自由思想之旅，一个个理论逐一考察。真是和寻宝一样，令我越来越激动，因为我事先不知道有没有宝。

不幸的是，没有一个我考察过的理论是渐近自由的。例如，当电磁过程的有关能量增加时，电磁耦合增加。（事后知道这个事实对宇宙的统一理解是有关键重要性的。）我很是失望。

在 1972 年秋天，我获得了纽约洛克菲勒大学的教职。对我个人来说这是个激动的时期。我刚结了婚，和妻子离开了普林斯顿进入了具有各种吸引力的大城市。在粒子物理方面，这也是个激动的时期。物理学家开始相信电磁和弱相互作用可以统一到杨-米尔斯理论中。（在下一章中我会叙述那个故事。）基础物理学家的集体意识被杨-米尔斯理论唤醒了。因为建议的电磁和弱相互作用的统一方式还没有被实验证实，许多理论家都急于要构造可以与之竞争的理论。你不知道研究强相互作用好，还是研究电磁和弱相互作用好，或者对我来说，还是享受纽约城的夜生活好。

我决定每样都做一点。这里我只告诉读者如何寻找自由。到这时，我已经把我在研究院学过的理论都考察过了。但我还没有考虑过杨-米尔斯理论，现在每个人都在就电磁和弱相互作用谈这个理论，所以我决定下一步就做这个。

在 1972—1973 年的那个冬天，如闻惊雷一样，我听到令人过电的消息，自由被找到了。普林斯顿大学的戴维·格罗斯（David Gross）和他的研究生弗兰克·威尔切克（Frank Wilczek），以及哈佛大学的戴维·波利泽（David Politzer，西德尼·科尔曼的研究生），分别独立地发现杨-米尔斯理论是渐近自由的。这个新闻令人目瞪口呆——我们最后抓住强相互作用了！此后不久，我在菲拉德尔菲亚讨论其他问题的一次会议上遇到了肯·威尔逊和库尔特·希曼契克，我记得我们在谈到这个新闻时是如何激动。在回来的路上希曼契克和我乘同一列火车，我们一直在谈耦合的运动和渐近自由。

当我到纽约以后，我尝试得出渐近自由的实验结果。在当时，实验家正在研究电子和正电子湮灭成为强作用粒子。长时间以来就知道物质和反物质湮灭成为一团能量，再物质化为粒子。我选择了这个课题，因为读者也许不这么想，但它有极为简单的理论描述。借助于渐近自由，我证明了电子-正电子湮灭为强作用粒子的几率随碰撞电子和正电子的能量增高而按一定方式减小。（类似的工作也由汤姆·阿佩尔奎斯特（Tom Appelquist）和霍华德·乔治（Howard Georgi）；戴维·格罗斯和弗兰克·威尔切克独立地完成。）

于是我给一个实验家打电话，我完全失望地听到，当湮灭能量增加时过程几率也增加。难道这就是我们梦想的渐近自由吗？但理论的美是如此哄人，我还是把文章发表了。后来知道，那些实验家是搞错了。

格罗斯和威尔切克稍晚些时候还有乔治和波利泽，研究了理论上更困难的电子在质子上的散射，这是我前面提到的实验。他们的理论结果和实验在细节上的一致确立了**自然**确实喜欢渐近自由。

同时，戴维·格罗斯提供给我一个普林斯顿的教职，所以在1973年秋天我又回到新泽西的田园安静中了。（顺便说来，在一年前就提供给我这个机会了，但由于命运一个奇怪的曲折我去了纽约。）在普林斯顿我和山姆·垂曼（Sam Treiman）以及弗兰克·威尔切克一起研究高能量中微子在质子上散射的渐近自由的详细效应。

现在渐近自由已经坚实地确立了，物理学家已经驯服了强作用。格罗斯、威尔切克和波利泽关于渐近自由的发现是位于理论物理重大凯旋之列的。

渐近自由的故事证明了爱因斯坦的学生们的一个信念，即奉献给美的一个理论自然会有奇妙的性质。进一步可以证明，杨-米尔斯理论是我们时空中惟一有渐近自由的理论。

好的，杨-米尔斯理论有渐近自由。但我们如何用它去描述强作用？理论是在精确对称基础上建立的,但强作用的对称性是明显近似的。要想描述世界,理论必须去找一个精确近似,好把自己的帽子挂在上面。我必须回到1967年,才好解释这个对称是如何找到的。

美好的事物都是三个一组的

到1967年,多数物理学家已准备相信夸克了。要把夸克的概念付诸检验,理论家希望能计算一个涉及夸克的能够测量的量。但因为夸克相互作用强,没有人知道如何进行。在1967年,斯梯夫·埃德勒(Steve Adler)和比尔·巴丁(Bill Bardeen),还有詹姆士·贝尔(James Bell)和罗曼·贾克伊,在一个巧妙的工作中证明了,在涉及强相互作用的如此大量的过程中,有一个量是可以计算的,即电中性的 π 子的寿命。在这里很多因子好像商量好了似的,强相互作用的未知效应都对消了。物理学家都高兴极了,但也感到困惑。当计算完成后,中性 π 子的衰变振幅和实验测量确定的值差了一个因子3。

困扰一番之后,物理学家很快认识到,如果有多于人们设想的夸克数目3倍的夸克存在,这个差别就可以得到解释。在前一章中,读者认识了上夸克、下夸克、奇夸克等。忽然发现,原来每一种夸克都以3倍出现。盖尔曼引进了图画般的词"色"来描述这个奇怪的3倍现象。每一种夸克都有3种颜色,红、黄和蓝。因此,有红上夸克、黄上夸克、蓝上夸克、红下夸克等。(读者应该理解,色这个词只是形象的用法。)很快就出现了更多,支持夸克的3倍现象的证据。这个情况是不正常的。为什么**自然**是如此过分地奢华呢?诗应该是清楚明快的。

色对称性

一旦物理学家经过沉思想到用杨-米尔斯理论描述强相互作用的可能性,**自然**将夸克3倍的目的就清楚了。一个上夸克肯定和一个下夸克不同,例如它们有不同的质量。但假定红上夸克、黄上夸克、蓝上夸克都有完全相同的质量,则对下夸克、奇夸克及任何其他的夸克都是如此。这样就有了杨-米尔斯理论所需要的精确对称！在 20 世纪 60 年代晚期**自然**表现出的过分奢华，现在变为雄辩地有目的性了。

这个对称性涉及把一个某种颜色的夸克变为另一个颜色的同种夸克的变换。不同颜色的夸克有相同的质量，这个事实解释了为什么物理学家用了一些时间才接受了这个奇怪的三重性。毕竟，我们会遇到邻居，和她打个招呼，但在多年之后才知道，这是三胞胎——我们一直遇到三个不同的人！包括莎士比亚在内的戏剧家用这个办法使剧情复杂化来戏弄观众。物理学家曾认为**自然**在戏弄他们。

顺便说来，为了避免总要说"同样的夸克"，物理学家发现，可以更方便地说夸克有两种属性：味和色。过去我引入了 3 种不同的味：上、下和奇。3 种味的每一种都有 3 种色，一共 9 种夸克。设想一个冰激凌店的顾客非常苛求，不仅要 31 种味道，而且每种味道还要他们喜欢的颜色。一个冰激凌蛋卷的价格可能随味的不同而有差别，但对任一种味，价格和颜色无关。人工色是便宜的。有趣的是，夸克世界也是用同样方法设立的。夸克的质量和色无关，但随味而变化。

图 12.2　一个冰激凌摊位：有 6 种味，每种味有 3 种色。"上（UP）"是最便宜的，"顶"（TOP）是最贵的。每种味的价格一样，不管什么色

用这个语言,杨-米尔斯对称改变夸克的色,但不改变味。

在这个对称之下,3 种色彼此变换。因此有关的群正是 $SU(3)$,有时称为色 $SU(3)$,以区别于八重路的 $SU(3)$。

盖尔曼称理论中的 8 种规范玻色子为"胶子",因为它们把夸克粘在一起成为强子。夸克之间的力是由交换胶子媒介的,就像带电粒子之间的力是由交换光子媒介的一样。强相互作用的这个理论现在称为"量子色动力学"。

自由和奴役

渐近自由意味着强力在夸克高能碰撞的时候会变弱,换句话说,根据量子物理,在它们彼此靠得很近的时候会变弱。夸克变得不大感觉到彼此的存在,它们彼此对另一方的影响是自由的。(这解释了渐近自由的命名——夸克靠得越近,它们感觉越自由。)因此,人们就能够用微扰论计算在夸克靠得近时的那些强相互作用过程。这个奇妙的情况当然就是推动寻找渐近自由的首要原因。因为这些计算的结果和实验观测符合,量子色动力学现在被普遍认为是强相互作用的正确理论。

但自由的另一面是奴役:当两个夸克彼此远离时,耦合强度开始增加。今天普遍相信,耦合强度变得越来越大,不让两个夸克得以分离。这个现象称为"红外奴役"。(形容词"红外"纯系历史原因,和我们的讨论无关。)

红外奴役清楚地解释了夸克的一个从来没有谁看到过的事实:夸克在强子中被囚禁。

夸克表现得像某些恋人。当他们远离时,热情地彼此渴望,发誓说没有人能把他们分开。一旦他们到了一起,却把热情换成冷淡,彼此很少交流。

夸克间的相互作用和我们关于两个粒子间相互作用的直观相反,这个直观是从研究其他相互作用得来的。例如,两个电子间的电磁相互作用随两个电子的远离而减小。在玩两个磁体时我们知道,当我们分开磁体时,它们间的相互作用越来越弱。当你把两个夸克拉开时,它们间的相互作用却越来越强!

根据量子色动力学,如果夸克是被奴役和被囚禁的,胶子也应该如此。确实,实验家从来没有看见过一个胶子。

量子色动力学的奴役和囚禁从来没有被证明过,正因为物理学家首先就不会处理强相互作用。但物理学家已经积累了许多证据支持这个概念。某些物理学家认为奴役或许不是绝对的,如果你把恋人拉开得够猛,也能把他们分开。

图 12.3 夸克就像某些恋人一样：当他们远离时,他们彼此需要,但当他们在一起时,他们不大感到彼此的存在

表观和现实

量子色动力学剧烈地改变了我们对强相互作用的理解。我们过去认为强力是由 π 子所传递的,但在一个更深的层次上,夸克间的强力是由胶子所传递的。胶子把夸克粘成核子、π 子和其他强子。由交换 π 子形成的核子间的力仅是一个更深入的现实的唯象体现。作为模拟,我们可以想像两个复杂生物化学分子彼此趋近,一个分子中有一块分裂开并跑到另一个分子中去了。某些生物过程正是以这种方式发生的。但很清楚,这类分子间的相互作用仅是更基础的电子和原子核间电磁相互作用的唯象体现。正像基础物理学家曾经从分子走向原子、从原子走向核、从核走向强子一样,现在又从强子走向夸克。

作为一个理论,在物理学历史上量子色动力学是史无前例的。现在的理解是,理论的基础构造成分,夸克和胶子,不能直接观察到,甚至在原则上也是如此。

复仇是完全的

　　早期的强作用对称性,同位旋和八重路,现在已经被揭示为只是偶然的对称性,它们并不能告诉我们基础的强相互作用对称性的实质。在夸克图像中,同位旋变换把上夸克和下夸克互相变换,八重路的变换把上、下和奇夸克彼此变换。它们改变味,但不改变色。它们只是在这 3 种夸克的质量近似相同的条件上是对称性。我们现在的理解是,不同味的夸克的质量不是由强相互作用控制的,而且没有基本的理由认为它们要相等。实际上,我将在后面的一章讨论到,其他味的夸克在最近 10 年内已经被发现,它们的质量和上、下、奇夸克的质量相差很多。在另一方面,同味但不同色的夸克永远有着完全相同的质量。

　　强相互作用的实质是被杨振宁和米尔斯的精确对称控制的,这是由爱因斯坦和外尔启发而诞生的对称,它触及几何的逻辑,而不是同位旋和八重路。复仇是完全的。

学会加法

　　我现在已经讲完了艺术复仇的故事,但我必须回头去补上剧情中的一个欠缺。追寻渐近自由涉及考察所有的可能理论,看起来这是一个要干上一辈子的任务。幸运的是,自然对我们再一次是仁慈的。原来没有那么多的理论需要考察。我来解释。

　　在量子物理那一章,我们学到了把所有可能历史的振幅加起来。这需要作吓人的大量加法。一个粒子或者一个场,面对着的是无限多的可能历史。怎么可能去作这样的加法呢? 愿意成为基础物理学家的人必须费相当大量的时间去学如何把无限多的振幅加到一起。假设告诉我们去加 $1+2+3+4+5+\cdots$,省略号表示我们要无限地加下去。显然这个和是没有意义的：它变得越来越大，趋向无限大。如果让我们去加 $1+1/2+1/3+1/4+1/5+\cdots$，这一回我们要加上去的数越来越小。但不论如何，和仍是趋近无限大。尽管我们加上去的数变得越来越小，积累的效应是巨大的。但这一回我们要决定 $1-1/2+1/3-1/4+1/5-\cdots$，这次我们有机会了。交替的正负数在一定程度上彼此抵消，它们的和增长得极慢。例如，在加上 $1/3943$ 之后，下一步就是要减去 $1/3944$。总效果就是加上 $1/15551192$ 这样一个小数。这个和经过好一会儿才能增加一点。实际上，它最后趋近一个确定的数，等于 $0.693\cdots\cdots$我们得到了一个有意义的结果。

这个故事的教训是，要把无限多数目的振幅加到一起，理论的结构必须使这些振幅彼此要抵消。在上面的例子中，如果我们把某些负号改成正号，即使我们在每一百项中改变一项的符号，总和就不再是有意义的，而再次趋向无限大。当我们考虑一个量子场理论时，历史的无限性使得，把这么多的振幅加在一起的结果，仅在作用量有很特殊性质的情况下才有意义。

像我一样思考

这是绝对不可思议的。物理学家可以先验地写下无穷多种的作用。用上对称性可以极大地削减可能性，但一般来说仍有很多可能的理论。现在我们知道了在多数这样的理论中我们不能将振幅加起来，就像我们不能决定 $1+1/2+1/3+1/4+1/5+\cdots$是多少一样。一个可以把所有振幅加起来的量子场论称为"可重整化的"。最引人注意的是，作用量可采取的形式只有 3 种或 4 种可能形式，这取决于你怎样去数。因为我们只需研究少数可重整化的理论，寻求渐近自由才成为可能。

我认为物理学为了逐步缩减**自然**终极设计的可能形式真是伤透脑筋。**他**给我们出了一个谜语。**他**说："猜一下**我**的设计。"但有如此多的可能性！**他**将对称性给我们看。**他**又把有着将所有历史加起来的奇怪规则的量子物理给我们看。"看，如果你们用对称性和量子物理来思考，就没有多少可能性了。"

在杨-米尔斯理论中能否将无限多历史的振幅加起来的问题，使得不少物理学家在理论提出后花费不少时间来研究。最后在 1971 年，一位聪明的荷兰年轻物理学家杰拉尔德·特扈夫特（Gerardus't Hooft）证明了，确实能够：杨-米尔斯理论是可重整化的。这个发现有里程碑式的重要性，因为它意味着杨-米尔斯理论作为量子理论是有意义的。在这一章中，我们看到了这个发现打开了通向强相互作用的壁垒。在下一章中，我们将看到，这个发现将引导我们到一个理解**自然**的新时代。

13 最终设计问题

对称的尽头?

物理学家用对称去理解**他**的思想一直是惊人地成功,几乎就和找到了**他**喜欢用的语言一样。

他们从宇称、转动不变开始,到达了精确的非阿贝尔对称。他们见证了精确对称胜过近似对称的凯旋。他们追随燃烧的老虎走了很长的路。现在让他们估计形势吧。

想象一位物理学家在 20 世纪 60 年代早期反思对称性的状况。他大概会对近似对称的未来抱悲观态度。海森堡一度震撼人的概念现在在应用上像是自我限制了。由同位旋联系的质子和中子有几乎相同的质量。用八重路联系的 8 个重子质量也差不太多。如果有一个比八重路更粗略近似的对称,它所联系的粒子的质量差别就会大到令人很难认出来它们是有关系的。一个建筑师为要求圆形房子的客户设计了六角房子。他告诉客户:"瞧,它差不多是圆的。"但客户要想认出近似的圆形对称来可不容易。用实际的话说,一个很粗略的近似对称,即使能认得出来,也没有什么用。

设计中的一个问题

精确对称怎么样？估计形势的物理学家想像不出他们如何指向通往终极设计之路。基本困难是，对称性意味着统一，而世界呈现多样性。

这是一个设计中的问题。设想一个织地毯的人。如果他坚持精确的圆形对称，他只能织出单调的圆形地毯。惟一可能的设计只有一把同心圆带子。放松一下对称性，他就能做出更有趣的设计。

我们的世界不像圆形地毯，它是有趣的、多样的。

在音乐中，统一性和多样性的矛盾也是常常感到的。

我在这里谈到多样性，并不是指我们在周围看到的极多样的宏观现象。如在第2章讨论的，物理学家已经把宏观现象学约化为电磁相互作用的体现。在这里，我谈及的是世界在粒子-相互作用的水平上的多样性。四种相互作用——强、电磁、弱、引力——有极不相同的耦合强度，特征的性质也极不相同。杂乱的一群轻子和夸克参与其中的一种或几种相互作用，粒子都有着各种怪癖。夸克间通过强相互作用组合为强子，而轻子则不能。电子比质子轻两千倍，中微子是无质量的。电子有电磁相互作用，而中微子没有，等等。正是这些多样的性质使观察到的世界的结构成为可能。

对称性与多样性

在20世纪60年代晚期，基本相互作用和粒子表现出的多样性好像指明在自然的设计中没有完全对称性的位置。但爱因斯坦的智慧门徒们害怕去想伟大的**上帝**竟会更喜欢近似对称，而不是完全对称。看起来他们必须勉强承认，在世界的作用量中没有可以把四种基本相互作用统一起来的对称了。强相互作用要比强度差一等的电磁作用强100倍。希望找到一个近似对称性把这两种相互作用捆在一起，就和硬说一个长轴是短轴长度100倍的椭圆近似是圆的一样不可思议。

对于**最终设计者**，这里有一个障碍。对称性是美，美是大家都希望的。但如果设计是完全对称的，就只能有一种相互作用。基本粒子都是全同的，彼此都分辨不出来。这样的世界是可能的，但它是非常单调乏味的：没有原子、没有星体、没有行星、没有花朵，也没有物理学家。

悲观的物理学家感到，近似对称也好，精确对称也好，关于终极设计都不能告诉我们多少。对他而言，对称性像是已经耗尽了。看来燃烧的猛虎只能把我们带到这里了。

你会说，嘿！等一等。我们刚看到杨振宁和米尔斯走出一个戏剧性的新方向。他们没有去考虑越来越粗略的近似对称，而是坚持**自然**只用精确对称。过了一些年，在强相互作用中发掘出了隐藏的精确杨-米尔斯对称。我们的物理学家为什么还要为精确对称发愁呢？

确实，我们的物理学家没有预见到在强相互作用中隐藏的精确对称，但他悲观的说法还是基本上正确的。强相互作用的精确规范对称性使胶子成为无质量的。它把同味的（因此是同质量的）夸克联系在一起，而不是不同味的夸克。精确对称的精确性就决定了它不能把不同性质的粒子联系起来。因此如果没有一种全新的概念，精确对称就不能把如此不同的相互作用联系起来。

一个不可能的要求

对称性和多样性的矛盾深深地击中了我们的审美感觉。完全对称唤起静止、严肃甚至死亡的感觉。几何引起敬畏，而不是热情。近代雕塑作为调和几何与生机的不停的斗争触动了我。托马斯·曼（Thomas Mann）在他的《魔法山（Magic Mountain）》中表述了这对矛盾。书中的人物汉斯·卡斯托普（Hans Kastorp）几乎在暴风雪中身亡。雪花对他就好像：

> 一簇迷人的小星星，在它们隐藏的光彩中……，每一个都不像另一个……。每个都自成一体——这就是它们每一个都共有的神秘的、

反有机的、拒绝生命的性格。它们太规则了，适宜生命的任何物质都不会到这种程度——看到这样完全的精确度，生命原则都要战栗，发现它们是死的，是死亡的精华所在。汉斯·卡斯托普感到现在他懂得了为什么古代的建筑家们故意地、神秘地在他们的柱子结构的绝对对称中引入很小的变化的理由。

我们也希望世界从冰冷的绝对对称的完整性偏离一些，这样才能让相差甚多的相互作用都能出场，产生一个有趣的多样性的世界，一个具有有机美的世界。但我们不能擅自让自己来想像**他**喜欢椭圆而不喜欢圆，偷偷地作一些改动。

终极的设计要求，既要统一又要多样性，既要绝对完全性又要热闹的生机，既要对称又要缺乏对称。**他**好像对自己提出了不可能的要求。

酒瓶的智慧

物理学家可能已经发现了**他**是如何解决了这个不可能的设计难题的，我认为这是对人类智慧的一首绚丽的赞歌。我现在来解释。

当我们谈到对称时，我们很容易想到用于设计和建筑的几何图形的对称。一个几何图形或者有某种对称，或者没有。终极设计者问题的解是不可能用想像几何图形来得到的。

问题的解可以从酒瓶的底找到（当然是把酒喝完之后）。很多酒瓶的底就像一个空碗，如图 13.1（左）所示。放一颗小石子在瓶中，显然它会停在中央。但一些瓶子在中央有一种隆起，术语称为踢，如图 13.1（右）所示。放一颗小石子到有隆起的瓶中，看着它最后停在隆起边缘的某一点上。

你说什么？这是小孩子的游戏，够没劲。我们正在学习关于对称本性有基本重要意义的东西。如果我拿掉标签，有隆起和没有隆起的瓶子对于围绕瓶子的轴转动都是对称的。没有隆起的瓶子和小石子一起对绕瓶轴转动仍是对称的。与此对比，由于小石子处于有隆起的瓶子边缘而确定了一个方向。转动

图 13.1　酒瓶的智慧：（左）平底瓶；（右）有隆起的瓶

对称"破缺"了。小石子和瓶子这个组态对绕瓶轴转动不是不变的。瓶中的小石子可能指东方，也可以指东北偏北，看情况而定。（这当然是轮盘赌的基本工作原理。）

自发对称破缺

为了了解这个比喻，我们必须记住，当谈到物理学中的对称性时，我们想的不是几何图形，而是作用量的对称。现在来到关键之处了。给定了作用量，我们还必须确定体系遵循的真实历史，不论体系是一个粒子还是整个宇宙。如果我们谈的是量子物理而不是经典物理，我们要确定的是最可能的历史。在这两种情况，即使对称变换使作用量不变，它们可能保持、也可能不保持历史不变。

在酒瓶的比喻中，在小石子和有隆起的瓶子的相互作用中，没有哪一个方向比其他别的方向更为有利。但当小石子走向静止时，就选出了一个方向。小石子和酒瓶的相互作用相当于世界的作用量，而小石子的最后位置相当于世界经历的真实历史。当经历的真实历史在保持作用量不变的对称变换下有改变，就像有隆起的酒瓶和小石子所演示的一样时,物理学家说对称是"自发破缺"的。自发破缺的概念是对比于明显破缺而言的。如果作用量本身仅是近似对称的,物理学家说,对称是明显破缺的。

为了了解明显对称破缺,让我们回到酒瓶的比喻。我们请吹玻璃师傅在他的艺术上出一点毛病,这样瓶底就不是完全对称的;在离开中心的某个地方有一个小凹陷。投入一个小石子,它就将停在凹陷中。这个情况对应于像同位旋或八重路这样的近似对称。作用量,就像酒瓶一样,在外观上就不是对称的。明显对称破缺也被描述为是"用手"加进去的。你可以把对称破缺加到理论中去。

读者会问:"难道这里有什么深奥的道理吗?"好的,酒瓶比喻是有点太简单,并不能传达出所涉及的物理的所有深奥处。这个概念有多深奥? 我只要告诉你,直到 20 世纪 60 年代早期,粒子物理学最优秀的头脑都没有理解对称自发破缺的含义。在此以前,物理学家在遇到对称破缺时总是想作用量是不对称的。

最终设计者利用对称自发破缺解决了**他**的问题。**他**能够有一个设计显示又对称又不对称!**他**能够写出一个完全对称的作用量,并让真实历史不对称。

自发性不是用手放进去的

物理学中充满了可以用对称自发破缺描述的情况。我来给出一个熟知的例子,海森堡曾研究过它。看一块磁石。在微观水平上,矿石内的原子在永久地自旋。在第 3 章中解释过,每个原子的自旋定义一个箭头。因此每个原子都可以想像为一种带着一个箭头的小型磁针。在磁性物质中,原子间的电磁作用的有效效应趋向于把两个相邻原子所带的箭头指向同一方向。实际上,一个磁体正是一块矿石,其中大量的箭头都指向一个方向,不多也不少。

但电磁作用是转动不变的,不偏向于哪一个特定的方向。这样,在一块磁性物质中一个特殊的方向是怎样选出的呢? 答案是显然的。假定我们安排极大量的箭头各自随便往哪个方向指。在混沌中很快就建立起秩序来。某一个地方，一团箭头多少都指向一个方向，它们会说服邻近的箭头也指向那个方向。很快，极大量的箭头就都指向一个方向了。在物理的基础水平上，内在的对称性已经被自发破缺了。

一种对称自发破缺也可以在社会倾向中辨认出来。例如，在某个时期人们对于喝什么水是无所谓的。此后两个人由于同群人们的压力开始喝某一种水。一个人的喜好可以用指向那种特殊的水的箭头表示。同群人们的压力可以用把两个人所带的箭头排在同方向来代表。最简单的假定是相互作用是转动不变的：人们没有自己的喜好，但倾向于喝朋友们喝的水。读者可以自己把故事续完。

平静和激动

但这些例子只起提示作用。基础物理学家对具体物件，例如酒瓶中的小石子或磁体中自旋的原子，是不感兴趣的。他们感兴趣的是世界的基础作用量和世界的组态。

现在，这些物理学家谈到的"世界的组态"这个词到底是什么意思？他们所说的不是世界的真实构造、星系的分布和取向，或者什么可以直接观测的东西。为了解释这个概念，我还要多说几句有关场论的话。

在前一章中提到，近代物理是用场描述的。感谢科幻小说的作用，场现在被赋予神秘力量的光环，但一个在数学方面没受过教育的钉书匠学徒所发明的这个概念其实是很简单的。回想一下，电磁场是由一个带电粒子在时空某一点处所感受到的电力和磁力的强度所表征的。换句话说，场是由在某一时间的一组数所表征的。

在研究场时，物理学家遵循的战略是先研究平静的场。例如，如果电磁场处处是零，即电力和磁力都不存在，它就是平静的。在小石子在酒瓶里的模拟中，我们先确定石子在哪里静止。然后我们问，如果对小石子轻推一下会发生什么。研究了小石子到处跑的方式，我们就知道了酒瓶底的情况。类似地，物理学家也问，如果对电磁场一"推"会发生什么。电磁场也会在周围跑，如果他跑动的能量是集中在一个小范围内,我们就称之为能量光子包。物理学家说电磁场从平静中激发了,光子就是电磁场的激发。

研究了激发的本性,物理学家就能了解到支配一个场论的作用量。虽然要掌握近代场论的所有奇妙细节要费很大力气,但这个基础战略是很自然的和完全容易理解的。这和一个孩子试图知道一个生疏的物体是怎样时用的战略一样:摇一摇、晃一晃这个物体,看看激发是怎样的。

我现在可以说出物理学家所谓的世界的组态是什么意思了:它是世界平静时的描述。

在 20 世纪 60 年代以前研究的场论中,场的平静状态,或者术语称为的基态,永远是零。这相当于小石子在没有隆起的瓶中。在平静状态中小石子距中心的距离为零。场的大小就相当于石子的位置,它是以到中心的距离测量的。考虑使作用量不变的对称变换。在这些变换之下,原为零的场仍然为零。在我们的模拟中,将瓶子围绕它的轴转动时瓶子不变。如果石子处于零点,即位于中心,它在转动下仍然停在零点。

但如果在平静状态中有一个场不是零,会怎样呢? 这和小石子在有隆起的瓶中情况一样:当石子归于平静时,它距离中心在一个不为零的距离,并选定了一个喜欢的方向。

为了写起来方便,称在平静中不为零的场为希格斯场。(彼得·希格斯(Peter Higgs)是研究对称自发破缺的物理学家中的一个。)正因为不是零,希格斯场像小石子一样,选定了一个方向。

考虑使作用量不变的对称变换。一般而言,这些变换会改变希格斯场。在有隆起的瓶子中,绕瓶轴转动使瓶子不变,但改变了石子的位置。如在过去解释过的,虽然石子和有隆起的瓶子的相互作用是转动不变的,石子在平静中的组态却不是。类似地,改变希格斯场的那些变换是被自发破缺了。

现在战略清楚了。物理学家从一个世界的对称作用量开始,但这个对称像一个有隆起的瓶子,而不像没有隆起的。在对称自发破缺后,从作用量导出的真实物理定律就不再是对称的了。世界的作用量当然要设计得使一些需要保留的对称性,例如洛伦兹不变性,能保持不破缺。正如前面提到过的,对比明显破缺,自发对称破缺的一个优越之处是,对称破缺的方式是由作用量控制的,而不是被物理学家控制的。

空无一物的研究

顺便来说,平静中的世界是你能访问的最平和的去处了。那里什么粒子都没有;物理学家称它为真空。组成星体、你和我的粒子显然是激发。真空是其中所有的激发都已去除的世界。

为了确定自发对称破缺的方式,物理学家必须投入可观的力量来研究真空,这引起一个俏皮话——基础物理学现在已经是研究空无一物的学问了!

我们认识到了如何用完全对称形成作用量,但它的实现却是完全不对称的,我们将讨论人们对自发对称破缺的理解所导致的一个戏剧性的发展。实际上,是指划时代的弱电相互作用统一的实现。为了重述这个故事,我要先告诉你更多一些关于弱作用的事。

一个胖媒人

第一眼看来,弱作用好像不可能和电磁作用联系起来,因为它比后者要弱得多。回想一下,中微子那鬼怪样子的不合群,和光子的愿意与任何带电的家伙接近的爱交际对比,是多么不同。电磁作用是长程的,弱作用力程极短,以致只有两个粒子几乎叠在一起时弱作用才出现。即使在强作用所决定的核尺度上,弱作用的力程也是极微小的。

记得在第 11 章中,两个粒子间的相互作用是由在两者之间奔走的中介粒子所完成的,媒人努力把双方拉到一起。相互作用的力程是被媒介粒子的质量决定的。核作用的力程是短的,因为 π 子是有质量的。弱作用的力程极短,可以用媒介粒子的质量比 π 子还大得多来解释。弱作用的媒介粒子称为"中间矢量玻色子",用字母 W 代表。汤川在他的经典论文中已经猜测过弱作用的媒介粒子,W 玻色子仅在几年前才被发现。负责实验队伍的领导人卡洛·卢比亚(Carlo Rubbia)和西蒙·范·德·梅尔(Simon van der Meer)被授予 1984 年的诺贝尔物理学奖。W 的质量比 π 子的要大几百倍,作为一个媒人,W 实在太胖了,走不了多远!

虽然 W 仅在最近才被发现,粒子物理学家在弱作用的结构确立后不久就已经推导出它的许多性质。弱作用如果要有那些被观察到的性质,它的媒介人必须以既定的方式来表现。引人注意的是,W 在一些方面很像电磁作用的媒介光子。例如,W 和光子的自旋相同。但在其他方面,W 和光子又很不相同。光子是无质量的,而 W 是实验中观测到的质量最大的粒子中的一个。当粒子发射一个光子时,宇称是守恒的。因弱作用不尊重宇称,当一个粒子发射 W 时,宇称引人注目的不守恒。这个情况比柴德威克遇到推斗当和推斗地时更要令人迷惑。设想在一个聚会上遇到两个脸面样子一样的人,但一个几乎没有重量,而另一个是你遇到过的最大块头的人。他们有没有关系呢?

有相同的强度

在 20 世纪 50 年代后期,有些物理学家已经建议,W 和光子的相像说明弱作用和电磁作用以某种方式联系着。这种诠释遇到的第一个障碍是强度的极大差异。如在第 11 章中看到的,在量子物理学中相互作用的强度是用两个粒子在一定距离下能相互作用的几率振幅来测量的。因为现在知道了相互作用是在两个粒子间奔忙的媒介者努力的结果,这个几率振幅是三个几率振幅的乘积:一个粒子发射媒介粒子的振幅,媒介者到达第二个粒子的振幅和第二个粒子吸收媒介粒子的振幅。(在量子物理学中和在日常生活中一样,一个事件链发生的几率等于每个事件发生几率的乘积。)这个事实推荐一个绕过困难的方法。也许一个粒子发射 W 的振幅并不比粒子发射光子的振幅小,但 W 的质量是如此之大,它从一个粒子到达另一个粒子的几率振幅非常之小——它太疲倦了,干脆打道回府。这就解释了为什么弱作用是如此之弱。

这个论据使得我们可以猜一下 W 的质量有多大。假定一个粒子发射光子和发射 W 的振幅一样大。这样弱作用和电磁作用强度之比就完全取决于 W 的质量。因此我们就能找出能够重现强度的观察比值的 W 的质量。

规范玻色子的姐妹关系

几位物理学家，主要是朱里安·施温格（Julian Schwinger）、西德尼·布鲁德曼（Sidney Bludman）和谢利·格拉肖（Shelly Glashow），都往前走了一步：他们猜光子和 W 玻色子都是杨-米尔斯理论的规范玻色子。为了更清楚地认识到他们的勇敢，我们必须注意，在 20 世纪 50 年代后期杨-米尔斯理论的重要性还一点也不清楚。

回想一下，在杨-米尔斯理论中，粒子在发射或吸收一个规范玻色子时就变换为另一个粒子。这个情况自然地和弱作用相符合。在初始的弱作用过程的放射性中，中子衰变为质子、电子和中微子。理论家对此的描述是：中子发射一个 W 并把自己转变为质子（或者，在一个更基本的层次上，中子中的一个下夸克发射一个 W 并把自己转变为上夸克）。或者考虑另一个典型弱作用过程：一个中微子和一个中子碰撞，变为一个电子和一个质子，见图 13.2。我们把它描绘为中微子发射 W 并把自己转变为电子，中子吸收了被中微子发射出的 W，并把自己转变为质子。弱作用的研究归结为研究当一个粒子发射或吸收 W 时会发生什么。

在这个时候，我们要决定为杨-米尔斯理论采用什么群。群的选择决定规范玻色子的数目和它们的性质。布鲁德曼尝试用最简单的群，我们的老朋友 $SU(2)$，但结果的理论和实验图样不同。格拉肖坚持用下一个最简单的选择，$SU(2) \times U(1)$。这个群基本上是 $SU(2)$，但附加了一个变换。

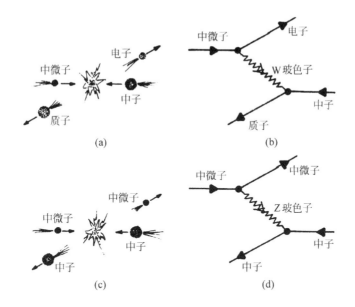

图 13.2　艺术家对中微子和中子碰撞的想像

可能发生两个过程：(a)带电流过程,电子和质子飞出；(c)中性流过程,中微子和中子
飞出。带电流过程在 1961—1962 年被观察到,中性流过程在 1973 年被观察到。物理
学家不画像图(a)和图(c)那样的图,而画像图(b)和图(d)那样的"费恩曼图",更详细
地说明发生了什么。在带电流过程图(b)中,中微子发射了一个 W 玻色子,把自己变
成了电子。W 然后把中子变成了质子。在中性流过程图(d)中,中微子发射一个 Z 玻
色子,自己仍保持为中微子。Z 然后被中子吸收

丢失了很久的亲姐妹

　　格拉肖成功地得出电磁和弱作用的实验图样,但他得到的比自己努力要获
得的还多：$SU(2) \times U(1)$ 名下还有另一个规范玻色子,现在称为 Z 玻色子。

　　根据理论,当中微子发射或吸收 Z 玻色子时,它仍保持为中微子。(同样意
义上,一个电子、中子或其他粒子在发射 Z 时都保持原样。)在这个意义上,Z 很
像光子：一个粒子在发射或吸收光子时保持不变。但和发射或吸收光子不同的
是,发射或吸收 Z 破缺宇称。

　　Z 的媒介作用产生了前所未知的相互作用。例如,当中微子和中子碰撞

时,它们彼此散射,因为在中微子和中子间交换 Z 并不导致它们改变。这个过程现在称为中性流过程,它和标准的弱作用过程不同,在弱作用过程中,相撞的中微子和中子变为电子和质子(见图 13.2)。显然中性流过程比标准弱过程更难探测,因为一个鬼一样的中微子跑了出来,而不是容易探测的电子。部分地由于这个困难,也部分地因为实验界广为传播的怀疑,中性流过程直到 1973 年才被探测到。

我必须强调,爱因斯坦的名言"对称性支配设计"用它的全力在运行。附加的规范玻色子导致了前所未知的一系列过程,这是由对称性带给格拉肖的。一旦他选择了对称,就没有什么好说的了。

美丽的但被忘却的

中性流过程的探测证实了杨-米尔斯理论能够描述电磁和弱相互作用过程的看法。但追溯到 1961 年,情况却显得很不利。实验家从来没有见过一个中性流过程。另外,格拉肖面对着看来不可克服的困难:在杨-米尔斯理论中,规范对称迫使规范玻色子为无质量的。

不知道怎么办,格拉肖干脆用手把 W 和 Z 的质量项加到作用量中去,从而破坏了规范对称性。这样一来他就失去了预言的能力,因为他可以放进任意的质量。因为 W 和 Z 远非无质量,他必须大量破坏对称性。结果的作用量就很不对称。还记得那个把六角建筑物充作圆对称的建筑师吗?

更糟糕的是,用手破坏对称性是一个很粗暴的过程,它把使理论得以重整化所需的精细抵消完全破坏了。回想一下前一章中关于重整化的讨论和对无限数列求和的问题。例如,我们可以得出 $1-1/2+1/3-1/4+1/5-\cdots$。用手破坏对称性就如同把所有的负号改成正号,从而使求和毫无意义。在格拉肖的工作中没有办法对无限多历史求和,因此其理论就没有意义。

因为这些困难,人们远离格拉肖的工作,除了少数人仍然抱有信心以外,其他人很快就把它忘记了。1964 年,在第 11 章中遇到过的约翰·华德和阿卜杜斯·萨拉姆尝试着恢复这个理论,但没有成功。一些没有远见的俗人出来说,杨-米尔斯理论是美的,好吧,但是**自然**又管你什么美不美?缺乏修养的人们正在得势。

自发破缺前来救援

同时,杰出的美籍日裔物理学家南部洋一郎(Yoichiro Nambu)把对称自发破缺的概念介绍到粒子物理学中。早些时候我提到过盖尔曼用"野鸡肉夹在两片小牛肉中间"的方法发现了强作用的一个对称性。盖尔曼的方法看来明显荒谬,许多物理学家并不期望这些对称是有意义的。实际上,强作用现象学并未表现出对于这些对称性的不变。此后发现,这些对称在世界的作用量中是存在的,但它们是自发破缺的。

在1964年前后,自发破缺成功地应用于强作用,不同的物理学家——菲力普·安德逊(Philip Anderson)、杰拉尔德·古拉尔尼克(Gerald Guralnik)、卡尔·黑根(Carl Hagen)和汤姆·基博(Tom Kibble)、弗朗索瓦·昂格勒尔(Francois Englert)和里查·勃劳特(Richard Brout)、彼得·希格斯(Peter Higgs)——在几个不同的研究组中,想到了研究当规范对称被自发破缺时会出现什么。

你会记得,规范对称性要求相应的规范玻色子是无质量的。当规范对称被自发破缺时,相应的规范玻色子变为有质量的,这就不奇怪了。今天这被称为黑格斯机制。

在自发破缺的规范理论中,一些规范玻色子变为有质量的,而另一些保持为无质量的,正是医生为格拉肖垂死的理论开出的治疗药方!W和Z玻色子可以变为有质量的,而光子保持无质量。整个想法有可能成功!

至少在事后看来,黑格斯和其他人没有把他们的考虑用于弱和电磁相互作用,真令人惊讶。他们把自己的工作当作一个关于对称自发破缺的娱人的练习,仅此而已。格拉肖的理论不仅是垂死的,而且是被人遗忘了的。有救命药的医生并不在病人旁边。如果把我们放进当时的历史背景中的话,这些事件发展的心理-社会学原因是容易理解的。在20世纪60年代中期,艺术的复仇还只是爱因斯坦门徒的梦想。唯象学研究方法在统治着粒子物理,规范对称性是远离粒子物理界的注意中心的。

最后,在1967年,阿卜杜斯·萨拉姆和斯梯夫·温伯格分别独立地找到把希格斯现象用于解释弱和电磁相互作用不同的光辉思想。

在那时,温伯格正把对称自发破缺用于盖尔曼的“小牛肉味的野鸡肉”对称性。他正奋力地把希格斯现象应用于这些强作用的近似对称。他在自己的诺贝尔演讲中回忆,有一天当他开车去办公室的时候,忽然理解到他把正确的概念用于错误的问题了。(顺便说来,如果有可能我尽量避免和理论物理学家同乘一车,我和妻子一起外出时,她总是坚持要由她驾车。有一次当我沉思一个问题的时候,在普林斯顿高等研究院外面的路上把车子撞坏了。)一旦温伯格认识到希格斯现象的意义,他很快就得出电磁和弱作用的统一。

同时,萨拉姆已经研究弱作用对称性质多年了。我提到过,在1964年时他和约翰·华德还在和$SU(2)\times U(1)$群战斗。显然这次角力给了他创伤,萨拉姆转而去做别的问题。正巧希格斯现象的发现者之一汤姆·基博是萨拉姆在帝国学院的同事。萨拉姆在他的诺贝尔演讲中回忆,基博教给了他希格斯现象。在1967年的一次深入的创造性的行动中,萨拉姆终于把这些分散的元素融合到了一起。

对称自发破缺的运用是关键的。格拉肖不得不用手把W和Z玻色子的质量放进去。这就和吹玻璃的工人在瓶底做了一个凹陷一样。而用对称自发破缺,理论就能把W和Z玻色子的质量告诉我们。

有意思的是,一段时间以来,萨拉姆和温伯格两人都是熟悉对称自发破缺的。作为萨拉姆的客人,温伯格在帝国学院度过1961—1962学年。他们和英国物理学家杰夫瑞·戈德斯通(Jeffrey Goldstone)一起工作建立对称自发破缺理论。奇怪的是,经过好几年萨拉姆和温伯格才认识到自发对称破缺对于不同的相互作用统一的重要性。我想原因是清楚的:如温伯格解释的,他和其他人追随南部,把注意力集中在强作用近似对称性的破缺上了。

萨拉姆和温伯格的工作并未立刻引起理论界的注意。实际上我还记得,作为新入学的研究生时我看到温伯格的论文,我的一位教授劝我不要去读。如我重复提到过的,基础物理学被唯象方法统治着。理论界对此缺乏注意还有另一个理由,即实际上没有人知道如何对杨-米尔斯理论的无限多历史求和。

如在前一章指出的,1971年荷兰物理学家特勅夫特最终演示了如何进行求和。对称自发破缺再一次起了关键作用。如果对称性是用手粗暴地破缺对称性,则使求和成为可能的精细的抵消就被毁坏了。我还记得当特勅夫特的工作从欧洲传来时,我和我的同事们是如何激动。西德尼·科尔曼喊道:"特勅夫特的工作把萨拉姆-温伯格的青蛙变成了迷人的王子!"电磁和弱相互作用的理论终于到来了,现在它被简称为标准理论。

一个新时代

标准理论是物理学历史上的一个分水岭。它为我们对**自然**的理解开辟了一个新时代。物理学家把所有的物理现象归结为四种相互作用,看起来它们差别极大,不可能用对称性把它们联系起来。但自然只是要愚弄我们,把作用量的漂亮对称隐藏起来。光子、W 和 Z 作为杨-米尔斯的规范玻色子实际上是相互联系的,并在对称群下相互转变。就和三胞胎生下来就长久分离一样,在对称自发破缺之后它们仅保持了对彼此的模糊记忆。但我们可以想像涉及比 W 和 Z 质量大得多的高能量下的物理过程,其中 W 和 Z 可以有效地被视为无质量的。在这些过程中,W 和 Z 可以宣称它们和光子是同胞。对,我们是你的姐妹,我们与粒子的耦合和你一样强! 仅是在低能量情况下,我们被质量拖住了,所以你认为我们是弱的。从此电磁和弱作用不再分别地作为客体存在了,它们已经统一为单一的电弱作用了。

在本章开始时我讽刺过的那些物理学家对对称性的威力所持的态度太悲观了。那不是对称道路的终结,而仅仅是开始。

14   力 的 统 一

我们想的一样

电磁和弱作用的统一标志了我们对**自然**理解的新时代的黎明。问题并不在于我们最后得以了解放射性或鬼怪般的老古董中微子,也并不在于我们现在对于电磁学的更深刻的了解。问题在于,我们现在变得勇敢起来,认为我们终有一天能知道**他**的思想。

在近似唯象对称性统治着基础物理的近四十年间,美和完全性的信仰者们策划着它们的回归。在电弱统一中包含的智慧元素是经过长期酝酿的。

追求始于爱因斯坦对于对称性的欣赏和他坚持定域变换。火炬由外尔接下去,他被诺特所揭示的深刻的真理所打动。海森堡打开了内部几何与对称的新世界。杨振宁和米尔斯在这些智慧遗产上进行建筑。对称自发破缺被理解之后,这些彼此远离的元素终于在"标准理论"中会齐了。实验大张旗鼓地证实了理论有着惊人的解放效应。**自然**在告诉我们,我们正走在正确的道路上。我们虽然渺小,却和**她**想的一样。

命中注定的重聚

现在电磁和弱相互作用已经统一为用杨-米尔斯理论描述的电弱相互作用了,物理学家在考虑强相互作用。在第 12 章中我们看到,物理学家发现强作用也由杨-米尔斯理论描述。因此自然会设想电弱作用和强作用也会进一步彼此统一。

光子、W 玻色子和 Z 玻色子已经在落泪中重聚了。它们现在牵挂地注视着 8 个胶子。你们也是我们久已失散的同胞吗? 毕竟我们都是杨-米尔斯规范玻色子。不,我们不可能是一母所生。你们太弱了,我们多么强壮! 我们作为在强子的黑暗世界中的信息传递者以强力生存着。

等一下! 渐近自由发言了。对的,你们胶子们确实是红外囚徒,被你们自己的强力所囚禁,但当你们的能量增加时,你们就渴望自由。在越来越高的能量下,你们胶子就变得越来越弱。

是的,大家都到一起来了。在第 12 章中当我叙述到寻求渐近自由时,我提到过电磁不是渐近自由的。换句话说,当我们看世界时,能量越高,电磁力变得越来越强,而强力变得越来越弱。在某一个能量水平上,电磁力就会和强力一样强。统一是可能的!

我,光子,曾经认为,当我穿越宇宙的永恒孤寂时,我只是孤身一人。我看到过 W 和 Z 这两个大块头。我怎么和她们有关系呢? 实际上她们不是生来就这么胖的:她们的重量是由对称自发破缺产生的。在能量足够高时,我们三个都是无质量的。当能量再高时,我们会变得更强,而你们胶子将变得更弱。在某个巨大的高能量下,才会揭示出我们都是一母同胞。

大统一

为了和电弱统一相区别,强、电磁和弱作用在某个能量尺度下统一起来这个戏剧性的建议被称为"大"统一。

在 1973 年前后，或许我们能再前进一步把四种相互作用中的三种统一起来的想法已经在空气中传播了。但如我们已经了解的，历史不是把一切都准备好了的。对电弱统一还有一片疑云。怀疑者批评：整个理论框架就像孩子们用纸搭起的房子，没有真实的观测作为坚实的基础。在理论物理中，奖赏给予那些勇敢者，在越过溪流时他们并不去试一试下一块踏脚石是否坚固，只顾往前跳。常常他们会喝两口水，但有时他们会比别人先到达对岸。

在 1973 年，久格什·帕替（Jogesh Pati）和阿卜杜斯·萨拉姆，此外，在 1974 年，霍华德·乔治和谢利·格拉肖分别独立地勇敢提出了大统一理论。两个理论在一般哲学上是符合的，但细节上是不同的。乔治和格拉肖建议的理论更为严实，因此更有预言力，我将集中在他们的工作上。

向前一大步

在一篇经典论文中，霍华德·乔治、海伦·奎恩（Helen Quinn）和斯梯夫·温伯格计算了发生强和电弱作用命中注定的统一时的能量。因为我们知道每一个耦合如何随能量而变，所以决定在什么时候它们相等就是个简单的算术问题。回想一下，耦合变化得很慢——需要很大的能量变化才能产生小的耦合改变。实际上它们动得如此之慢，仅在难以想像的核质量的 10^{15} 倍这样高的能量时它们才相等。（10^{15} 这个数就是伤脑筋的 1 000 000 000 000 000。）

物理学家把每一个物理过程和它的特征能量尺度相关联，这个尺度就是参与此过程的典型粒子的能量。（例如，在两辆迈克载货车相撞时涉及的能量会很吓人，但在货车中单个质子所带的典型能量是极微小的。）10^{15} 倍核子质量这个能量称为大统一尺度。为了对这个能量大小有个印象，我们需要指出，核反应释放的特征能量是核子质量的百分之一。或者，考虑一下世界上最大的加速器，粒子被加速到几百倍核子质量那样高的能量——这是人类能产生的最高能量。

按照传统，物理学稳定地从一个能量尺度进展到下一个尺度。在这里，用一张小纸片就能算出，理论物理学家能够一大步就跳到了一个戏剧性的新领域,四个基本相互作用中的三个统一成为一个。

长期失散的姐妹

大统一的理念是把光子、W、Z 和 8 个胶子带到一起,作为一个单一的杨-米尔斯理论的规范玻色子。光子、W、Z 是群 $SU(2) \times U(1)$ 理论的规范玻色子,胶子是群 $SU(3)$ 理论的规范玻色子。回想一下,$SU(3)$ 群的定义是把三个物体彼此变换,$SU(2) \times U(1)$ 或 $SU(2)$ 是把两个物体彼此变换。现在我们要做的是物理学历史上最重要的计算之一:3+2=5。我们得出结论,我们需要一个把五个物体彼此变换的群。我们要 $SU(5)$。

乔治和格拉肖因此建议用对称群 $SU(5)$ 的杨-米尔斯理论来做大统一。一旦群确定了,群论就把规范玻色子的数目确定下来。用心算就知道,除了光子、W、Z 和 8 个胶子之外,还有两个规范玻色子,简单地称为 X 和 Y。这个令人泣下的重聚中,胶子最后承认了光子、W 和 Z 是她们久已失散的姐妹,这时另外的两个出现了。晚些时候我要解释这两个玻色子在宇宙演化中可能起的重要作用。在这里,我要强调的是,不论我们喜欢与否,X 和 Y 必然出现,群论要求它们存在。这个情况和格拉肖发现 Z 玻色子为电弱统一所必需时遇到的情况是完全相似的。

要有大统一

让我来总结一下。乔治和格拉肖建议,最终设计者从基于 $SU(5)$ 的杨-米尔斯理论开始。在大统一尺度时对称性自发破缺到色 $SU(3)$ 和格拉肖、萨拉姆和温伯格的 $SU(2) \times U(1)$。换句话说,一个杨-米尔斯理论分成了两个杨-米尔斯理论,一个基于 $SU(3)$,另一个基于 $SU(2) \times U(1)$。在这个阶段,X 和 Y 获得了巨大的质量——数量级是大统一尺度,即大约为 10^{15} 倍核子质量,并和保持为无质量的胶子、W、Z 和光子诸位姐妹们说声再见。在能量尺度下降到几百倍核子质量时到达电弱尺度。基于 $SU(2) \times U(1)$ 的杨-米尔斯理论也发生了自发破缺,此时 W 和 Z 变为有质量的,而光子保持为无质量的。在所有的 $SU(5)$ 规范玻色子姐妹中,只有光子和 8 个胶子在低能时以无质量的激发出现。胶子处在红外囚禁中,只有光子到处漫游,把光带给世界。

当**他**说"应该有光!"时,可能**他**具体说的是,"应该有 $SU(5)$ 杨-米尔斯理论及其全部的规范玻色子,让对称自发破缺,将其余的无质量粒子卖到红外囚禁中去,而只保留一个。剩下的这一个无质量规范玻色子是我的所爱。让他到处去照亮我的创造物!"这不像是戏剧化,而是接近真实的。

图 14.1　布莱克[1]笔下的上帝把光带给世界

天衣无缝的填充

宇宙中其他的基本粒子,夸克和轻子,怎么纳入呢? 在 $SU(5)$ 变换时,夸克和轻子应该彼此变换,或者用数学语言描述,夸克和轻子应该提供 $SU(5)$ 的表示。

$SU(5)$ 的一些表示的维数是多少呢? 回想一下,表示的维数就是属于表示的客体的数目。当然定义表示是五维的。在第 9 章中我们学到如何把表示黏

---

① Blake,英国漫画家。——译注

在一起构造更大的表示。让我们把两个定义表示粘到一起。

用第 9 章中的图解办法，我们想像把一个圆和一个方块粘到一起。圆和方块都用 5 种可能的颜色着色。因为对圆有 5 种颜色选择，对方块有 5 种选择，我们有 5×5＝25 种组合或客体。在第 9 章的附录中，我解释了如何把这些客体分为偶组合和奇组合。让我们来看奇组合，就是 Ⓡ Ⓨ－Ⓨ Ⓡ 的形式（R＝红，Y＝黄，……）。为了使组合不为零，我们必须对圆和方块使用不同的颜色。让我们来数一下。对圆有 5 种颜色选择，而对于每一种选择，我们有 4 种对方块的选择。看来好像有 5×4＝20 种组合，但因为 Ⓡ Ⓨ 和 Ⓨ Ⓡ 是同一个选择，我们要用 2 来除上述结果避免数两遍。换句话说，如果在上面的选择中我们把红和黄倒转，就得到 Ⓨ Ⓡ－Ⓡ Ⓨ，它不是一个新组合，而仅是原有组合的负组合：Ⓨ Ⓡ－Ⓡ Ⓨ＝－（Ⓡ Ⓨ－Ⓨ Ⓡ）。所以我们一共有 20÷2＝10 个奇组合。我们得到一个十维表示。

如果读者认为这个数法不太确切，也许下面这个在数学上等价的问题会有帮助。在高等学校网球比赛上，一个队的名单上有 5 个队员。对于双打比赛，教练能出几对不同的组合呢？他可以把红先生和黄先生组在一起，……因为他不能把红先生和自己配在一起，他可能认为他有 5×4＝20 对，但因为把红先生和黄先生配在一起和把黄先生和红先生配在一起是一回事，所以教练实际上只有 20÷2＝10 个不同的对。

数学谈的够了，让我们回到夸克和轻子，来数一数它们。为了下面将说明的原因，我们先不管奇夸克。轻子包含电子和中微子。我们有上夸克和下夸克，但记住每种夸克有 3 种颜色，实际上有 2×3＝6 个夸克。其次，在第 3 章中提到过的宇称破缺的嫌疑犯中微子，永远是左手自旋。与它对比的是，其他粒子都有两种自旋方式。在量子场论中，每个自旋方向和一个场相联系。换句话说，电子和两个场相联系，而中微子只和一个场相联系。（外尔是找出把场和自旋粒子联系起来的神秘方式的人，这些场有时也叫外尔场。）最后我们准备好来数夸克和轻子场了。6 个夸克加电子，每种有两个场，共有（6＋1）×2＝14 个外尔场。再加上中微子，一共有 14＋1＝15 个场。

天哪！正好相当于 5＋10＝15！！夸克和胶子正好填充 $SU(5)$ 的五维和十

维表示！

作为一个基础物理学家，我想像**他**就是在作这种计算，简单但却深奥，而绝不是那种填满一页又一页纸的复杂方程和公式的计算。

夸克和胶子天衣无缝般的填充 $SU(5)$ 表示使我和许多物理学家相信，**上帝**在**他**的设计中一定用了 $SU(5)$。$SU(5)$ 群可能不是全部的故事，但一定是故事中的一部分。这个填充比我们简单的数目计算的结果还要天衣无缝。如果现在来考察夸克和轻子对每一个规范玻色子的影响如何响应，会发现这正是所应有的响应方式。例如，问每一个夸克和轻子在光子影响下如何响应，就可以确定夸克和轻子的电荷。我们发现 $SU(5)$ 理论给出精确的电荷。就这样，电子有一单位负电荷，中微子没有电荷，等等。作为粗略的比喻，我们可以想像拼七巧板游戏：不仅每一块都嵌在一起了，而且图形也完全地出现了。

就以这种方式，大统一理论解决了物理学最深奥的秘密之一：为什么电子所带的电荷和质子所带的电荷大小相等而符号相反？世界是现在这个样子，这个事实起着极为重要的作用：原子，推而广之到宏观物体，都是电中性的。在大统一之前，为什么电子和质子的电荷大小相等而符号相反的问题被认为是不能回答的。实际上，绝大多数物理学家对电子为什么这样或那样更加感兴趣，像这样的问题根本就没想到去问。（夸克图像不能回答这个问题，只是把它还原为为什么夸克电荷和电子电荷是相关联的。）在乔治和格拉肖的理论中，电子和质子所带电荷的大小精确相等的事实自然地从 $SU(5)$ 群论中显现出来。

三者的集合

许多物理学家，包括我在内，仅在审美的观点上就愿意相信 $SU(5)$ 理论。但物理学最终要基于实验的验证。值得注意的是，大统一概念本身就可以用实验检验。画一条上山的路（见图 14.2）。因为耦合强度是一个数，它只能增加或减小，我们可以把变化的耦合强度画为一个沿这条路的登山者。耦合的强度相当于登山者的高度。"强"登山者从高处开始，一路下山。"电磁"和"弱"从离山脚不远处出发开始登山。在物理学中,耦合强度随我们观察世界的能量尺度增加而变化。在我们的比喻中,登山者在时间的流逝中运动。

让世界大统一,我们要求各耦合强度在一个能量处相遇。如果

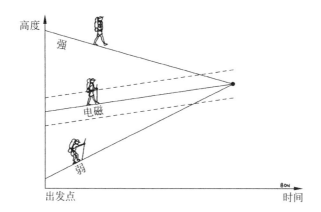

图14.2 在黎明时分,"强"登山者开始下山,而"电磁"和"弱"两个登山者开始上山。"弱"比"电磁"的起点更低,因此要走得更快才能赶上。我画出随着时间的流逝三个登山者的高度。给定两个登山者的起始位置并要求三个登山者同时在一点相会,就确定了第三个登山者的起始位置。例如,"电磁"开始得太高(上面一条虚线)她将在"弱"赶上来前和"强"相遇。如果她开始得太低(下面一条虚线)"弱"将在她之前和"强"相遇

只有两个登山者,一个上山,一个下山,当然他们会在某处相遇。但如果有三个登山者,两个上山,第三个下山,一般来说他们不会在某个时间在一点相遇。

假定我们知道每一个登山者的运动速率和两个登山者的起始点。很清楚,三个登山者同时在一点相遇的要求就确定了第三个登山者的起始点。除非第三个登山者从正确的出发点准确出发,不然他就会错过会合。

在这里,我们认识到**自然**再一次对我们很仁慈。我们有三个相互作用要大统一。给定三个耦合强度中两个的起始值,换句话说就是在低能时的数值,我们就能够预言第三个的起始值。因此,世界是大统一的这个要求就相当于由强和电磁相互作用而确定了弱作用的强度。在实践中,人们用这个论据预言了中

性流过程的强度。实验测量和这个预言很好地吻合。

我在第 2 章和第 10 章中提到过，在某些情况下，宇宙的运行决定于几个强度相差很远的相互作用的精细平衡。很长时间以来，物理学家对于相互作用等级的存在困惑不解，所以他们现在乐于见到大统一对四种相互作用中的三种等级的存在给予自然的解释。

一本宇宙中变化的书

要了结大统一这一案，我们还要看 X 和 Y 玻色子。考虑到我们最强力的加速器只能给粒子以核子质量几百倍的能量，我们不可能期望真正产生 X 和 Y 玻色子，它们的质量是核子质量的 10^{15} 倍。取而代之，我们可以探测它们的效应。它们做些什么呢？

为了回答这个问题，让我们回顾一下它们的姐妹，其他规范玻色子在做些什么。胶子把一个颜色的夸克转变为另一个颜色的夸克但不改变其味道；换句话说，当一个夸克发射或吸收一个胶子时，在转变中它保留自己的味道，但改变颜色。胶子把轻子放在一边不予理会。最后，和光子一样，Z 玻色子把一个粒子转变为它自己，但和光子不同，它不限于和带电粒子相互作用。是不是有点乱？可能图 14.3 会有所帮助。

根据近代物理，物理世界的最终现实涉及变化和转变。在这里，一个红上夸克被一个胶子变为蓝上夸克，在那里，一个蓝上夸克被一个 W 变为蓝下夸克。W 到处漂游，看到一个电子。"扑"的一声，它把电子变为中微子。这是一个变野了的魔术师的世界。

但变化是永久的。夸克永远变为夸克，轻子永远变为轻子。如我在前面提到过的，夸克的转变是表现为强子的转变的。作为例子，中子含有一个上夸克和两个下夸克，被胶子粘在一起，质子含有两个上夸克和一个下夸克被粘在一起。中子中的一个下夸克可以发射一个 W 玻色子并把自己转变成一个上夸克。结果，我们现在有两个上夸克和一个下夸克，即一个质子。W 玻色子接着变为一个电子和一个中微子。我们实际上看见的是，一个中子衰变为一个质

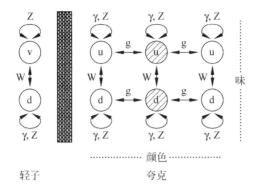

图 14.3 20 世纪晚期的炼金术: 由规范玻色子表示物质组成的转变的表。 标有 u ,d,v
和 e 圆分别表示上夸克、下夸克、中微子和电子。 每个夸克都有三种不同
的颜色,在图中用阴影表示。 规范玻色子的效应用双向箭头表示,上面注
明玻色子的符号。 如图所示,W 把上下夸克互相转变,但不改变它们的颜
色。 与此对比的是,胶子 g 将一个夸克变为另一个颜色的夸克,但不改变它
的味道。 (为了简明起见,我们没有标注所有的胶子。 同样,我们仅画出
了上、下两种味的夸克。 用第 15 章的术语,我们仅画出第一代的费密
子。) 因此,图中弱作用的媒介在垂直方向,即味的方向,起作用,而强作
用的媒介在水平方向,即色的方向,起作用。 当一个粒子发射或吸收一个
光子时,它保持为原来的粒子,这用一个起点和终点都在同一个粒子上的弯
箭头表示。 光子用 γ 表示。 最后,Z 和光子一样,把一个粒子变为它自
己。 注意,中微子是惟一不和光子相互作用的粒子。 大统一理论所假设
的、在图上没有画出的 X 和 Y 玻色子将夸克世界和轻子世界联系起来,而在
图中它们是被砖墙隔开的。 我设想,中世纪的炼金术师在画着类似的图,
用一个圆代表土,另一个代表金,连接它们的是注明蟾蜍血的箭头。 不同
之处当然是我们的图是基于事实的

子、一个电子和一个中微子(见图 14.4)。如果把一个中子单独放着,平均用
10 分钟它就会这样做。中子比质子质量大,可以衰变为质子并且剩余能量,这
部分能量被轻子带走。与此对比,质子质量小,不能衰变为中子。我们会被引
导到一个有趣的问题:如果夸克只能变为夸克,轻子只能变为轻子,一定有什么
东西守恒,它是什么呢?

考虑一个魔术师,他的技巧只能把一只动物变成另一只动物,一种蔬果变

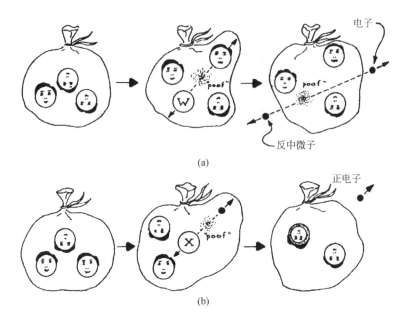

图　14.4

(a) 中子衰变：中子由两个下夸克(用倒转的脸表示)和一个上夸克(用正向的脸表示)
构成，它们被囚禁在一个口袋中。忽然一个下夸克发射一个 W，把自己转变为上夸克。
W 接着衰变为一个电子和一个反中微子，它们是轻子，从口袋中逃出。剩下的两个上夸
克和一个下夸克组成了质子；(b) 质子衰变：质子在它的一个上夸克忽然分解为一个 X
玻色子和一个正电子时衰变。另一个上夸克吸收了 X 玻色子并把自己变为一个反下夸
克(图中用边缘有阴影的倒转的脸表示)。正电子逃逸了，留下口袋中含有一个下夸克
和一个反下夸克，这正是一个中性的 π 子

成另一种蔬果。台上有一只兔子和一个苹果。这位魔术师的艺名是 W 玻色
子，他一挥斗篷，"呼"的一声，兔子和苹果变成了一只狐狸和一些酸葡萄。观众
热烈鼓掌。又是"呼"的一声，狐狸和酸葡萄没有了，变成了一只老鼠和一个西
瓜。但不管这个变换多么奇妙，在台上永远是一只动物和一种水果。

　　在基本粒子的世界中，W 玻色子的艺术也是有限的。其结果是质子永远是
稳定的。质子中包含的三个夸克不能消失在空气中。质子中的夸克只能变为
另一种夸克，但总是有三个夸克。因为质子是由三个夸克组成的强子中最轻
的，它没有别的强子可以转变了。质子是永恒的。

　　这显然是个好消息。当我们周围的各种东西都在蜕变和崩解时，质子是一

块坚固的岩石,保证了世界的稳定。

守恒的量是核子总数,即质子数加中子数。中子可以衰变为质子,但核子的总数不变。实际上如我们在第 10 章中了解到的,质子和中子在八重路中的堂兄弟超子也衰变为核子。因此我们应该把超子也包括进来,并说重子数守恒。(还记得吗?重子是质子、中子和超子的总称。每个重子都是由 3 个夸克组成。)设想把 21 个超子、4 个中子和 6 个质子放在一个盒子里。过一些时间再看,可能我们发现有 10 个超子、11 个中子和 10 个质子。但不管发生了什么,重子数总是不变的,是 31 个。夸克不能消失。

质子和钻石都不是永恒的

X 玻色子和 Y 玻色子闯进了这个安定人心的图画。在大统一之前,夸克和轻子彼此远离,它们属于不同的表示。但在大统一中,12 个夸克和 3 个轻子被放进 $SU(5)$ 的五维和十维表示中。12 个野人和 3 个传教士要上两只船,一只能载 5 个乘客,另一只能载 10 个乘客。某些夸克和某些轻子不可避免要被放进同一个表示中。其结果就是,在大统一理论中夸克可以被转变为轻子;反之亦然。对此负责的规范玻色子正是 X 和 Y。用交换 X 和 Y 玻色子的方法,夸克和轻子就能互变。

一位新的魔术师,XY 玻色子先生,高视阔步走上台来,在观众的掌声中,"呼"的一声,兔子变成了橙子。在质子内部,一个上夸克发射了一个 X 玻色子,自己变成了正电子。(正电子就是反电子。)X 玻色子走近另一个上夸克,"呼"的一声把它变成了反下夸克。实际上我们看到了什么呢?我们从两个上夸克和一个下夸克开始,最后剩下一个下夸克、一个反下夸克和一个正电子。因为夸克囚禁,下夸克和反下夸克不能分别走出去,只能合成一个 π 子。因此质子衰变为一个 π 子和一个正电子,见图 14.4。

最后的灾难

科学家总是告诉我们将要临头的大灾难——太阳要爆炸成一颗超新星,把可怜的行星地球吞掉;我们的星系要和另一个星系碰撞,等等。这些场面是够糟糕的了,但有一个真正的、远远超过其他灾难的灾难,在它的面前,像在一个称为银河系的星系边缘某个星爆炸了一类的琐事都会苍白得和不存在一样:宇宙中每一个质子都会蜕变。星体会消失,我们的身体会衰变。所有的东西都会变成一团 π 子和正电子的云雾。不再有物质了。

但是,没有必要慌张。这个最后灾难不会很快发生。记住,弱作用之所以弱,是因为 W 玻色子质量太大了。如果一个 500 磅①的大胖子刚刚能够转身,想想一个 $5×10^{15}$ 磅的超级大胖子感觉如何。X 和 Y 玻色子的效应要比弱作用弱不知多少倍。用 $SU(5)$ 理论计算的质子寿命大约为 10^{30} 年。

在这样一个时间尺度面前,我们的思维都晕了,这个尺度把永恒变为一瞬。我不能真实地明白在多么长久以前恐龙在地球上漫游,那么我怎么能懂得质子的寿命? 我不能。我只能把一些数字扔给你。很可信的,宇宙年龄大约是 10^{10} 年。每一年有 $3×10^7$ 秒。所以宇宙有 $3×10^{17}$ 秒这么老。想一想从宇宙开始以来有多少秒过去了。现在把每一秒膨胀为宇宙年龄那么长。过去的时间"仅仅"有$3×10^{17}×10^{10}=3×10^{27}$年,仅是质子预言寿命的三百分之一。质子活得非常长。

他有多聪明

我们来看最终设计者有多聪明。**他**要大统一,但**他**安排耦合强度动得非常慢,这样它们只能在极高的能量相遇。中子在 10 分钟内衰变,而质子活得比永恒还要长。要创造一个只能维持 10 分钟的宇宙可不是好玩的。谈一谈一个非

---

① 1磅=0.453 592 37 千克。

伦理的、社会心理学实验吧,同胞姐妹被分开,在不同的环境中长大。光子在欢乐地舞蹈,而无望的超重姐妹 X 和 Y 在呻吟。**老板**说,对不起,**我**必须让你们超重,好让**我**的宇宙多存在一会儿!

到盐矿里去

看起来要用实验验证质子衰变根本没门儿。感谢量子的几率定律,这个实验是能够做的。在量子世界,质子的寿命为 10^{30} 年这句陈述的意义是:在平均意义上,质子在衰变前将存在 10^{30} 年。物理学家和保险执行人在同样意义上使用"寿命"这个词。一个给定的质子有一个小但非零的几率在它出生后立即死亡。因此,如果我们可以搜集足够多的质子,就能看到一个正在衰变的质子。实际上,如果我们在一整年的时间看着 10^{30} 个质子,我们应该看到一个质子衰变。幸亏宏观物质包含巨大数目的质子。

当宏观物质中的质子衰变时,衰变产物 π 子和正电子撞到周围的原子上,因而产生暴露真相的光脉冲。什么是最便宜的、对光透明的物质呢?当然是水。在原理上,一个实验物理学家只需把一个足够大的水桶盛满水,并用高级的电子照相机看着它就行。在实践中这个操作要困难得多。地球表面连续地被宇宙射线粒子轰击着,这些是被宇宙星系中的磁场加速到高能量的粒子流。撞到水中的宇宙射线粒子产生光的背景,对人眼来说,它是太暗了,但对质子衰变所产生的微弱的光来说,它可是压倒一切的。惟一的办法是把水桶移到深深的地下矿井中去。绝大多数的宇宙射线粒子是穿不透这么深的地层的。

这时矿业经理人员开始收到不同实验物理学家来的信,提出检验宇宙最后稳定性的实验纲要。现在检验质子稳定的实验已经在世界各地进行。最大规模的实验之一,用了几千吨水(包含多于 10^{33} 个质子),就在克利夫兰附近的一个盐矿中,矿是由美国有名的食盐供应者默顿-赛奥克公司经营的。在印度的克拉金矿、苏联的高加索山、意大利和法国之间的勃朗克山隧道、明尼苏达州的一个铁矿、犹他州的一个银矿、南达科塔州的一个金矿中都进行着实验。

几年前当我到南达科塔的时候,曾到以矿井深度闻名的荷姆斯蒂克

(Homestake)金矿去访问。对一个平常在办公室工作的理论家,这是一次不平凡的经验。公司的一位安全官员教给我许多好经验,这可是礼仪女士们不会教你的,例如在矿井下走路的正确方法。(你必须拖着脚走,以免在黑暗中绊一跤。)我学到:在充满竖井和巷道迷宫的矿里,在发生事故时一种气味是通信的最有效方法。在矿下到处放着盛有一种难闻气味的化学品的瓶子。在发生事故时就把瓶子砸开,警告的气味就被装在井口的巨大风扇所驱动的通风系统带到矿下各处。在安全课程的不愉快的部分,我吸了几次这种警告气味。电梯下降也令人难忘:这种滋味就像在纽约市乘地铁在黑暗中垂直下降。不久我就到达比一英里更深的地下,在一个潮湿、有风的黑暗中,只有头盔上的矿工灯发出亮光。真正的实验区倒是很文明,居然也为来访的理论家准备了装满各种饮料的电冰箱这样的舒适的设施。

我的实验同行用登山设备攀援、用潜水设备去水下。物理学家用看不到质子衰变的事实就能为质子寿命设定下限。如果我观察在 1 小时内 10^{30} 个质子,而且它们没有衰变,我就能做出结论,质子寿命的下限是 10^{30} 小时。令人遗憾,在我的访问中没有看到一个质子衰变。对于这一点,我的实验家朋友开玩笑说,我的访问成了物理学历史上很罕见的事例,一个理论家除了喝饮料以外什么都没干,居然对推进人类知识作出了贡献。

实验家们观察了比我多得多的质子,用了长得多的时间。到现在为止,他们没看到质子衰变。实际上,在实验中看到过闪光,但那是由于宇宙射线中的中微子和水中的核子相互作用产生的。一英里岩石能挡住一切东西,但挡不住鬼怪式的中微子。

现在,质子寿命的下限定在 $10^{31} \sim 10^{32}$ 年。这对大统一意味着什么?最初,大统一的 $SU(5)$ 方案预言质子寿命为 10^{30} 年,因此被排除了。但理论家已经建议了其他方案,质子可以活得更长。另外,因为质子有强作用,对质子寿命的真实的计算还涉及强作用细节的争论。

大统一的基础概念是压倒一切地吸引人,在当前很多物理学家相信大统一,尽管承认此概念的最简单实现在细节上可能不对。

物质的死亡和诞生

如果质子会死亡,它也能诞生。如果质子能衰变为一个正电子和一个 π 子,我们就能逆转这个过程,用一个正电子和一个 π 子产生一个质子。这个简单的陈述打开了宇宙学的一个新篇章。

关于宇宙的几个事实

关于我们所生活的宇宙,有两个令人惊奇的事实:(1)宇宙并非空无一物;(2)宇宙几乎是空无一物的。基础物理学的任务就是要了解这两个事实。

我们对宇宙的印象就是十分空旷,在这里或那里点缀着少数星系。哲学家帕斯卡尔(Pascal)吓坏了:"无限空间的永恒静寂把我吓坏了。"我们如何来定量地量度这个怕人的、几乎无法想像的空旷呢? 宇宙有多么空旷呢?

物质是由核子组成的。但仅仅数一下宇宙中核子的数目并不能定义宇宙物质的稀疏,我们应该把核子的数目和另一个数目来比较。用光子的数目来作参考是很自然的。现在知道,对应每一个核子有一百亿(10^{10})个光子。换句话说,物质是洁净宇宙的一百亿分之一的污染。对基础物理学家而言,没有物质的宇宙是纯净和雅致的。我喜欢把物质当成宇宙中的污物。

上帝并没有把污物到处抛撒

在大统一之前,物理学家相信绝对的重子数守恒。宇宙中的重子数目,即质子、中子和超子的总数,不能改变。

从这个观点看,令人双倍惊奇的是宇宙几乎空无一物但实际上并不是完全空无一物。为了便于讨论,假定宇宙中有 537 个重子。绝对重子数守恒就意味着,宇宙从来就有 537 个,并且永远会有537 个重子,一个不多,一个也不少。在这个情况下,为什么宇宙含有可观测到的物质的数量问题,就不是物理学研究的问题了,而属于神学猜测的范围了。不管**谁**创始了宇宙都必须扔进537个重子。

在这个图像中,无论是**谁**扔进这个污物,**他**决定只扔进这么微小的量,真是奇怪。说实话,归根到底**他**为什么要扔进污物呢?

一个物质-反物质宇宙

面对这个难题,某些物理学家策划了一个漂亮的解决方案:**他**根本没有扔进污物。

想法是利用已被证明了的反物质的存在。从20世纪50年代早期开始,物理学家观察粒子和反粒子对的产生已经是家常便饭了。我们用重子数取负值代表反重子数。因此质子和反质子对的产生完全符合绝对重子数守恒。

宇宙可以从没有任何重子开始,一对对的重子和反重子可以由当时存在的粒子碰撞产生。不论这些产生过程有多复杂,绝对重子数守恒保证有相同数量的重子和反重子存在。当宇宙演化时,物质和反物质用某种方式分别聚集在不同的畴内。根据这种观点,认为我们的周围充满了物质,因而整个宇宙都是由物质构成的想法是错误的。或许我们旁边的星系就是由反物质构成的。

宇宙分为物质和反物质畴的剧本很受科幻作家欢迎,但它经不起推敲。从观察上讲,我们可以预期偶然会在宇宙线中看到一个反粒子——另一个畴的侵入者,但没有看到。我们也可以预期,在两个畴的交界处会有物质-反物质的剧烈湮灭,并发出高能量的光子。但天文学家也没有发现过这些揭露实情的光子。在理论上,这个剧本的倡导者也没有成功找到物质和反物质分别聚集的机制。因此,对重子数绝对守恒的信仰排除了任何要理解宇宙中物质数量的企图。

难题

在大统一以前,物理学家相信重子数守恒的理由是很清楚的。仅仅物质存在就意味着质子的寿命比宇宙年龄还长,而这像是个长而又长的时间。

但到了 20 世纪 50 年代,有一些物理学家开始对绝对重子数守恒觉得不大自在了。根据艾米·诺特的观点,一个整体或局域对称性应该对重子数守恒负责。在 1955 年,李政道和杨振宁指出,负责的对称不可能是局域对称,因为定域对称性要求的无质量规范玻色子长程效应应该能够看到。因此,赞成在第 12 章中提到过的审美框架的物理学家对整体对称性抱有怀疑和不喜欢,对他们来讲绝对重子数守恒提出了一个哲学的难题。这个难题显得越来越尖锐,因为电荷的精确守恒(它保证电子的最终稳定性)确实由一个无质量规范场所伴随,这就是由外尔指出的光子场。

这样,当大统一丢去了绝对重子数守恒并拒绝了质子的不朽被证明后,一些物理学家深深地感到思想上的解放和满足。

物质的产生

如果重子数不是绝对守恒的,那么重子可以在早期宇宙由物理过程产生出来。他用不着扔进污物。污物是自己产生的。大统一开辟了理解物质产生的可能性。

很清楚,单单靠重子数不守恒还不够。物理学的基础定律应该能够在一定的水平上区别物质和反物质。如果物理定律对物质和反物质完全相同,宇宙如何能选择演化为包含物质的而不是包含反物质的?

长时间以来,物理学家相信物理定律不区别物质和反物质。在第 3 章中我解释过,在宇称不守恒后物理学家继续相信**自然**会尊重 *CP*,将粒子和反粒子相互转变的操作;反之亦然,但希望破灭了。在 1964 年,在 K 介子衰变中发现了

CP 的微小破坏。许多年来,好像 CP 破坏不影响除 K 介子衰变以外的其他物理过程[1]。虽然我们对 CP 破坏还没有很好的理解,我们现在有一个线索,为什么**他**要包括进来小量的 CP 破坏。**他**要宇宙包含物质。

在这个图里,宇宙包含物质的量取决于 CP 不变性被破缺的程度。我们现在明白了为什么宇宙几乎是空无一物:CP 破缺是很微小的。

一眼看去,好像物质没有时间来产生自己。质子的产生要靠 X 和 Y 玻色子的介入,这就是使质子衰变的 X 和 Y 玻色子。人们会想,需要 10^{30} 年的时间才能产生一个质子。

这个表观的佯谬的解决关键是依靠对称自发破缺。想像一下 X 和 Y 玻色子对她们的同胞姐妹的呼喊。是的,我们是无望地超重了,比你们也弱得多,但在高能量接近大统一尺度时,我们的质量是可以忽略的,我们就和你们一样强。

在大爆炸后不久,宇宙还是极端热,粒子以极大的能量跑来跑去。即使 X 和 Y 玻色子也感到很敏捷。中子产生的过程和电磁过程一样快。物质正在产生。

我们怎样知道宇宙在大爆炸后不久是极端热?我们都很熟悉,气体在膨胀时要变冷。例如,我们在爬山爬到山顶时也会觉得冷。我们的宇宙在膨胀时也要变冷。知道了现在的宇宙温度,外推回去就能知道宇宙在过去任何时间有多么热。这样,很容易估计出在大爆炸后大约 10^{-35} 秒的时候,宇宙中每一个粒子的能量都有大统一尺度的数量级。

同时,宇宙不断膨胀和冷却。在很短的时间内,X 和 Y 玻色子的能量降到它们巨大的质量以下,它们也变得非常弱。它们的好日子,短暂但很辉煌,过去了。产生的重子,可以在今后 10^{30} 年中准不朽地生活了。

一个膨胀中的宇宙是绝对关键的。在静态的宇宙中,X 和 Y 玻色子的强度会保持不变,重子的产生和死亡会达到平衡。从没有重子开始,我们不可能产

---

[1] 实验已经证明,在 B 介子衰变中也有 CP 破坏。——译注

生净数量的重子。

我对于**他**如何聪明地把这些都放在一起印象极为深刻。用定域对称原理产生大统一,而重子数守恒又不可避免地破缺。包括进来小小一点 CP 破缺。放进引力,让宇宙膨胀。好,那就是! 一个自己产生物质的宇宙,让星星、花朵和人都创生出来。

起源

对物质产生的了解使人们获得巨大的满足。人类老是想万物从何而来。在 20 世纪,这个对起源的深入的探寻被还原为原子是如何组成的问题。我在第 2 章中叙述过,在大爆炸后几分钟,质子和中子合成了氦核。更重的核在星体中形成并在星体爆炸时被撒向空间。我们和其他东西只不过是星的尘埃。大统一把我们向前带一步。归根结底我们是 X 和 Y 玻色子所促成的原始力的产物。

原则上,宇宙中物质总量是可以计算的。进行 K 介子衰变实验,我们甚至不用往窗外看一眼就能知道宇宙是由物质还是反物质构成的。不幸的是,我们对 CP 破缺的了解还太贫乏,在目前还不能进行这样的计算。

时间的尺

我们生在适当的时间: 我们生活在宇宙中的核子生成后,在它们最后死去以前。图 14.5 中显示了物理学家给出的世界历史。为了能把巨大的时间跨度表示出来,图中用对数尺度描画时间。例如标以 20 的刻度代表大爆炸后 10^{20} 秒的时间。在"时间的尺"左边我给出了和人类最有关系的各种事件。插图代表人类王国的建设。

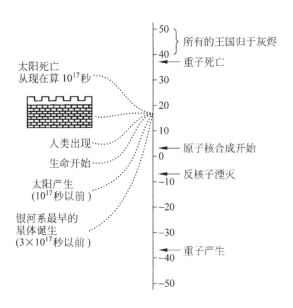

图 14.5 在时间的尺上面，－30 这个数代表大爆炸后的 10^{-30} 秒，30 代表大爆炸后的 10^{30} 秒，等等。在画这个图时我假定宇宙会一直膨胀下去，如现在天文观测所指出的。在左边的插画代表人类历史

站在冷却的灰烬上

世界的演化就像一场刚放完的焰火，几缕红色的火光、灰烬和烟尘。我们站在冷却的灰烬上，看着逐渐变暗的星体，试图回忆已经熄灭的世界初始时的光辉。

——勒梅特

我们对物质产生的了解开辟了一个新阶段，大统一把新的激动气氛吹进了宇宙学。我解释过，在时间上往回外推时，宇宙变得越来越热。当宇宙变得更热时，宇宙中粒子特有的能量变得越高。因此，为了了解宇宙的越早的时期，我们就需要掌握越高能量的物理。

在大统一之前，宇宙学家限于研究在大爆炸后百万分之一秒开始的时期。往前跳一步，物理学家到达了大统一能量尺度。宇宙学家就相应地可以回溯到大爆炸后 10^{-40} 秒的宇宙。

外行人有时感到惊奇,物理学家竟宣称他们准确地知道早期宇宙发生的事。实际上,早期宇宙是到处奔跑的粒子的一碗热汤,描述起来比今天的宇宙要容易得多,今天这碗汤已经泼洒了、冷结了。一旦适当能量尺度的物理建立起来,就能给出早期宇宙的生动描写。

讨论目前对早期宇宙的研究概况超出本书的范围太多了。我只来提一下一个特别令人激动的概念,那就是阿兰·固斯建议的暴涨宇宙。我们还回到有隆起的酒瓶。

在热的早期宇宙中,粒子以很大的能量到处奔跑,这个景象相当于小石子在瓶中弹来弹去。宇宙冷却下来,粒子也变慢了。小石子在瓶中停在一个静止的位置,对称被自发破缺了。假定在隆起的中央有一个小坑。在小石子停下来的时候,它可能陷在这个小坑里。小石子就拥有和从小坑到瓶底的高度成正比的势能。与此类似,希格斯场也可能在一定时期内被陷住,不可能到达自然的静止状态。陷住的希格斯场和小石子一样,也具有势能。

宇宙的膨胀是被宇宙内所含能量所驱动的。粗略地说,可以把宇宙当成被吹涨了的气球。陷住的希格斯场所含的巨大能量驱动宇宙如此迅速膨胀,只能把它描绘成发狂的暴涨。据估计,在这个时期每过 10^{-38} 秒宇宙大小就加倍。

我们回到早些时候提出过的难题:为什么宇宙这么大? 为什么它包含这么多粒子? 阿兰·固斯指出,如果宇宙一度曾经处于暴涨时期,这些问题和其他有关问题都能回答。宇宙因为暴涨而变得如此大,陷住的希格斯场所含有的势能很快转变为粒子。

虽然暴涨剧本的实际制作还有很大的困难,但它的基本概念保持极为激动人心和备受欢迎。它可以讨论并回答一些在几年前被认为是在物理范围以外的问题。

粒子物理和宇宙学的结合作为最令人激动的研究领域涌现了出来。几年前我参加了一个讨论早期宇宙的会议,参加者在作报告时都穿一件 T 恤衫,上面写着"宇宙学需要勇气"(COSMOLOGY TAKES GUTS),其中 GUT 是大统一理论的字首缩写。那些不相信大统一理论的人被某些人认为没有勇气!

新的,也可能是改进了的①

自从大统一发现以来,理论家已经构造过几个其他的大统一理论,企图改进乔治-格拉肖的 $SU(5)$ 理论。例如,许多理论家认为夸克和轻子分属五维和十维表示,不能令人满意。他们相信在真正的大统一理论中,夸克和轻子属于同一个单一的表示。

足够奇怪的原来是,不可能把已知的夸克和轻子放进一个十五维表示中。寻求把我们带到群 $SO(10)$,它自然地包含 $SU(5)$。但群 $SO(10)$ 不包含十五维表示,它包含一个十六维表示,已知的夸克和轻子都可以放进去。群论是否在提醒我们丢了另外一个场?

回想一下,我们为夸克和轻子数出了 15 个场,因为中微子总是左手自旋的。好像事先有预谋似的,原来 $SO(10)$ 的十六维表示中的这个多余的场的性质正好和右手自旋的中微子相同。就这样群论把物理学家引导到基于 $SO(10)$ 的大统一理论。在某个能量尺度,$SO(10)$ 自发破缺到 $SU(5)$,此时右手中微子获得了巨大的质量,这解释了为什么右手中微子在实验上从未观测到。

理论同时告诉我们,当右手中微子获得极大质量时,左手中微子必须获得极微小的质量。在当前,有一些实验正在积极地尝试确定左手中微子是否确实有极微小的质量,而在过去它们被认为是无质量的。

许多理论家倾向于相信 $SO(10)$ 理论,但现在离在实验上证实还相差甚远。我提到 $SO(10)$ 理论是为了给读者尝一点大统一理论研究的味道。这就是对称性和群论的味道,数基本场数目和把它们放进正确表示中的味道。

---

① New and Perhaps Improved,化妆品包装上往往印着"新的(New)"或"改进了的(Improved)",有时是"新的和改进了的(New and Improved)"。——译注

设计者的宇宙

在第 2 章中，我谈到理论家在他们的想像中涉及宇宙。现在我把游戏规则告诉了读者。选定你喜欢的群：把它作为定域对称群写出杨-米尔斯理论；为夸克、轻子和希格斯场指定表示；让对称自发破缺。等着看对称破缺到哪儿。（在我们的酒瓶模拟中，我们等着看小石子选定有隆起的瓶的哪个方向。）这就是所有要做的。每个人都可以玩。要想赢，你就得选定**最伟大的玩家**所定下来的选择。有什么奖赏？名声和荣誉，加上去斯德哥尔摩的旅行①。

在废墟中的生活

根据大统一理论，我们是在对称自发破缺的废墟中生活。真正的物理是在 10^{15} 倍核子质量的能量尺度上，我们观察到的物理只是这个真正物理的残片而已。想到和绝大部分宏观现象的基础密切相关的光子仅仅是真正物理的众多规范玻色子中的一个，我真感到头晕眼花了。

为了理解对称自发破缺所扮演的角色，假定**上帝**用手把对称破缺。建筑的模拟就是用极为细致的对称建起一座大厦，然后把它摧为废墟。物理学家就被比喻为智慧的蚂蚁，在废墟上爬来爬去，试图重建原有的设计。这样，物理就注定永远是唯象的。但是**最终的设计者**还是让对称自发破缺——这对于让受限于可怜的低能量的我们有可能一窥真实的物理有关键的重要性。

---

① 指获得诺贝尔奖。——译注

15　傲　气　抬　头

要看整个设计

从历史上看,我们物理学家企图了解一个又一个的现象,物理就是这样发展的。为什么苹果往下掉,而月亮不掉下来? 我们叫做光的神秘效应是什么? 原子核里面是什么? 但后来在一个宏大的且前所未见的跳跃中,基础物理学家从研究能量尺度为核子质量 100 倍的现象跳到去考虑 10^{15} 倍核子质量的物理。我这一代基础物理学家的傲慢是没有边的。我们得以瞥见**他**是如何设计宇宙的。现在我们想像,我们也能设计宇宙。

我的领域中研究工作的性质有了极大的变化。在唯象学统治时我在研究院学习,那时物理学家抓住如何计算两个质子的碰撞这类问题。许多这类问题是处理爱因斯坦称为"这个或那个现象",他们总也得不到答案。基础物理学家停止关心这一类问题。他们问并且回答更深刻的问题:为什么电子的电荷和质子的电荷大小相等,符号相反? 为什么宇宙不是空无一物? 为什么宇宙这么大?

很多物理学家现在感到大的图像可能在我们掌握之中,这要感谢对称的导向之光。在多年集中注意于东方挂毯的小块之后,我们终于可以来看一看整个的设计了。

当前研究的一点味道

基础物理学家们即使在欢欣得意的时候也明白,他们还没有完成对物理世界真正统一的理解。从头说吧,大统一没有包括引力。即使把引力抛在一边,乔治-格拉肖理论也不是大统一的最后文本。某些长期存在的基础问题得到答案了,另一些却还和过去同样神秘。

在这一章中,我将尝试给读者一点基础物理研究的味道。首先我将集中在乔治-格拉肖理论所没有回答的一个问题,然后再描绘一下把引力纳入范围的一些尝试。

骗子

1935 年,在科罗拉多的派克斯峰(Pikes Peak)山顶工作的实验家卡尔・安德逊(Carl Anderson)和塞斯・内德迈尔(Seth Neddermeyer)在宇宙线中发现了一个粒子。起初,这个粒子被认为是汤川所讨论的介子,也就是现在所说的 π 子。新粒子的质量大致等于汤川为介子所预言的值,但奇怪的是,它的表现完全不像一个强作用的媒介者。在一片混乱之后,物理学家明白了今天称为 μ 子的粒子实际上不是 π 子,它的质量正好和 π 子的差不多。**自然**尝试着骗了我们一回。

进一步的研究揭示出,μ 子的性质和电子的完全相同。两个粒子的惟一区别是,μ 子的质量是电子的 200 倍。μ 子是电子更重的版本。由于质量更大,μ 子可以通过弱作用衰变为电子。

但是为什么要把 μ 子扔进最后的设计中来? 就我们所知,即使 μ 子被忽略了,宇宙仍照样运行。除此之外,电子可以做 μ 子能做的一切事情。μ 子是多余的。在愤怒中,杰出的实验家伊西多尔・拉比(Isidor Rabi)喊道:“是谁订的 μ 子?”真的,是谁订的呢? 没有人知道。

奇怪的是,在弱作用中μ子的表现和电子完全平行。在被 W 玻色子作用时,电子变为中微子。仿效电子,在被 W 玻色子作用时μ子也转变为中微子。在 20 世纪 50 年代晚期的一个里程碑式的实验中,明确了这两种中微子是不同的。为了区别它们,物理学家分别称它们为电子中微子和μ子中微子。

在 20 世纪 60 年代,物理学家慢慢明白了,奇夸克之于下夸克就像μ子之于电子一样。名声不好的奇夸克和下夸克有相同的性质。另外,惟一的区别是奇夸克的质量是下夸克的 20 倍。**自然**又重复了**她**自己。

粲的发现

在这个时候,物理学家做出了显然的猜测,上夸克也应该有一个重的版本。但这只是个猜测。在 20 世纪 60 年代晚期,谢利·格拉肖和希腊裔法国物理学家约翰·伊利奥普洛斯(John Iliopoulos)、意大利物理学家卢齐亚诺·迈安尼(Luciano Maiani)合作,证明弱相互作用的杨-米尔斯理论需要这个夸克,他们称之为"粲夸克"。规范群的结构正好是这样:如果不把粲夸克包括进来,某些强子就要以实验所禁戒的方式衰变。多年来,理论已经展示,这些未被观察到但被预言了的衰变成为实现弱作用规范理论的严重阻碍。这个新的夸克实际上在驱除不需要的衰变上起了粲亮的作用。

粲夸克在 1974 年由实验发现。我还记得每个人有多么激动。和中性流的发现一起,粲夸克的发现指出了基于定域对称性和对称自发破缺的理论体系确实是正确的。我们想的一样!

设计中的累赘

戈蒂洛克斯(Goldilocks)在熊村中徘徊,发现各种东西都是三份。在桌上有三个碗,除去大小不同以外一切都一样。物理学家也同样地迷惑。他们弄清楚了宇宙是如何构造的:物质由电子、电子中微子、上夸克和下夸克组成;一群规范玻色子和引力子作用在它们上面把它们相互转换；从这一组结构我们得到了宇宙的整个辉煌！这是个超级的设计，对不对？正当物理学家要沉迷于倾慕之中时，最终设计者又扔进来一群粒子，看起来对宇宙的健康运行并不起任何作用。电子重复为 μ 子、电子中微子重复为 μ 子中微子、上夸克重复为粲夸克、下夸克重复为奇夸克。（为了区别这两群粒子，物理学家称之为电子家族和 μ 子家族。）

神秘更深化了。从 20 世纪 70 年代中期开始，实验家发现了更多基本粒子，并搞清楚了，原来还有第三个家族，包括 τ 粒子、τ 中微子、顶夸克和底夸克。τ 是电子的一个更重的版本，但与电子和 μ 子在各方面表现都一样。类似地，τ 家族中的其他粒子也是电子家族和 μ 子家族中相应成员的重复。

自然不仅是把物理学家搞糊涂了，**她**还要考验我们起蹊跷名称的能力！顶和底听起来很像是上和下。（正当我写《可畏的对称》时，实验家宣称已经发现了顶夸克。到我要校订时，这个宣布被撤回了。）同时，有些理论家猜想没有顶夸克，并致力于构造被很自然地称为"无顶的"理论。但我们中的许多人认为这种名称玷污了职业的尊严，某些杂志也拒绝把这个名称付诸印刷。幸亏观测到的底夸克的行为支持顶夸克的存在。为了这个以及其他的原因，多数理论家相信顶夸克存在。[①]

画蛇添足

在这时，物理学家还没有好的理由把 μ 家族和 τ 家族包括进宇宙的设计中。正因为这两个家族的粒子很快衰变为电子家族的粒子，正常情况下它们在宇宙中并不出现。好像宇宙没有 μ 家族和 τ 家族也可以正常运行。

拉比发怒中提的问题现在变为"为什么**他**要重复**他自己**呢？"**他**好像用不必要的修饰毁坏了**他**自己的简单雅致的设计。在中国有一个故事说的是，有一位艺术家画蛇的技艺特别高，人们称赞他的作品，但他自己并不满足，他觉得自己

---

① 顶夸克在 1995 年被发现。——译注

画的蛇有些什么不对的地方，最后他拿起画笔在蛇身上添上了脚。中国成语"画蛇添足"现在用来形容用多余的修饰会破坏设计。

自然在蛇身上画了脚吗？物理学家不这样想。占优势的看法是，在把物质内容复制的过程中，**她**必然有深刻的审美动机，只是我们暂时还不理解。

图 15.1　画蛇添足：一位当代的卡通画家诠释中国的古代故事，大体上是说如果你领
　　　　先了一段时间，就该退下去了

家族问题

物理学家有时把电子家族、μ 子家族和 τ 子家族描述为一个大家族的三代。为什么**自然**要包括进三代，而看起来一代已经足够了。这个困惑称为家族问题。几年前我被邀请到日本作了几次演讲。当我谈起家族问题时听众中爆笑。原来，三代住在一起的现实生活的家庭问题当时在日本正是媒体讨论的热门话题。

大统一没有给家庭问题什么启示。还记得我在前一章中数了 15 个夸克和轻子场时，我除去了奇夸克这件事吗？现在你明白我为什么那样做了：我一次只数一代。每一代有 15 个夸克和轻子场,正好填充 $SU(5)$ 的五维和十维表示。乔治和格拉肖为了包括三代,就在他们的理论中把表示用三次。但是我们绝对没有理解,为什么表示要三倍,而且一代比一代质量更大。

家族问题是今天物理学中最深刻、最显著的困惑之一。在当前我们甚至不能确定就只有三代,也可能有更多。有一些物理学家尝试从第一原理得出代的数目。在这个努力方面,燃烧的虎再一次为我们领路。

镜子

许多理论家假设有一个对称变换群把不同的家族联系起来。有可能在一个真正的大统一理论中所有已知的夸克和轻子都属于一个单一的表示,在某种对称自发破缺时分解为几份,也许就是三份,也许更多,是 $SU(5)$ 的五维和十维表示。有趣的是,这只有在已知的夸克和轻子都有它们的镜像粒子时才是可能的。群论迫使我们引入一个镜像电子、一个镜像中微子⋯⋯镜像粒子表现为已知粒子的镜像。例如,W 玻色子把电子转换为左旋的中微子,但它把镜像电子转换为右旋中微子。因为实验家从来没有观察到镜像粒子,镜像夸克和镜像轻子如果存在的话,必定是比已知的夸克和轻子质量更大。

这带给我们一个有趣的可能性,最终的设计真可能是宇称守恒的,而在 20 世纪 50 年代震撼物理界的宇称破缺只是一个对称自发破缺的结果。难道**他**把镜像粒子包括进**他**的设计中,然后把镜子打碎吗?

站到另一边

亚伯拉罕·派斯的《爱因斯坦传》是最具权威性的,其中写道,他对爱因斯坦的孤僻感到震惊。引力相互作用在多方面是爱因斯坦的孩子,也显著地站在其他三种相互作用的另一边。

即使抛开强度的极大差异不说,引力和其他三种相互作用特别地不同。

杨-米尔斯规范玻色子传递其他三种相互作用,人们会想到引力也是由规范玻色子传递的。但事实不是这样。引力子的表现和规范玻色子很不同,例如引力子自旋为规范玻色子的两倍。引力子不能和其他三种相互作用的媒介直接联系。

在粒子物理的唯象方法统治时期,引力就像是个被遗弃的继子,被人敬而远之。引力极端微弱,它在微观世界的效应可以忽略。在那些日子里,一个带头的粒子物理学家,可以对引力没有任何了解。直到今天,多数物理学家得到博士学位,而没有选过爱因斯坦的引力理论这门课。一个研究固体的电子结构的物理学家可以对引力理论不给予一点注意。

直到现在,对引力所起作用的看法也有很大分歧。有的物理学家感到只有把大统一理论和引力联系起来才能完全了解它。另一些人宁愿集中注意于大统一而不去管引力。不论如何,当前研究工作占绝对优势的趋势包括了把爱因斯坦的孩子引入前台。

求婚被拒绝

作为经典理论,爱因斯坦的引力理论是完美的,但和他固执地不肯接受量子理论一样,引力理论也坚决拒绝和量子结婚。当把量子理论的原则用于引力时,得到的量子引力理论没有意义:量子引力是不可重整的。换句话说,当物理学家尝试把和一个引力过程有关的无穷多振幅加起来时,他们遇到一个与 $1+2+3+4+\cdots$ 类似的和。

对这种情况有不同的意见。一个极端意见说,爱因斯坦的孩子告诉我们,量子物理必然是在某一个地方失败了。另外一些人认为引力理论应该修改。是谁在拒绝谁呢?

物理从引力开始,但有讽刺意味的是,它也可能以引力结束。在四种相互作用中,我们对引力的了解最少。

图 15.2　求婚建议被拒绝了：爱因斯坦的引力理论拒绝了量子

爱因斯坦的追求

爱因斯坦的经典世界只接受电磁和引力，爱因斯坦坚信，这二者是相互关联的，特别是在外尔证明了电磁和引力一样也是基于定域对称之后。在他伟大的引力研究工作之后，爱因斯坦把他的科学精力奉献给对所谓的统一场论的堂·吉诃德式的追求，某些传记作家认为这个追求是悲剧性的。

在他的同代人看来，爱因斯坦的追求是死脑筋的和误入歧途的。在他奋力工作时，世界变成量子的了。弱作用和强作用被发现了，唯象学统治了基础物理学。在当时看来，世界包含另两种和定域对称无关的相互作用，而要把电磁和引力统一起来像是荒谬的和过时的。泡利对爱因斯坦劳而无功的研究嘲笑说："**上帝**分开的东西，还是不要尝试去统一吧。"

但是爱因斯坦得到了对泡利的"最后一笑"。在某种意义上，大统一实现了爱因斯坦的追求。物理学家把只是看起来被**上帝**分开的东西统一起来了。尽管，把引力排除在外的另三种作用的统一和爱因斯坦的原意不同，但他对于统一的理念现在仍在鼓舞着我们。

在本书开始时,我说物理学家坚持他们的信念,最终**自然**是简单和可理解的。趋向简单和统一的努力现在到达了强、电磁和弱作用的大统一(见图 15.3)。只有引力还在外面。基础物理学家高兴起来了,也许他们距离最终的设计只差一步了。

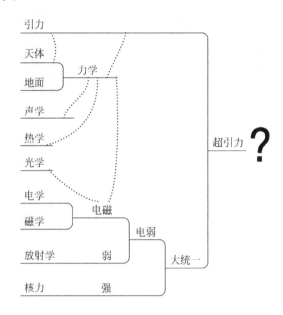

图 15.3　20 世纪末期的向统一前进

(与图 4.6 对照)。基础物理学家为可能和最终设计只差一步的想法而欢欣鼓舞。超弦是这最后的一步吗? 意见不统一

世界的维数

说来有讽刺意义,当前统一引力和其他三种相互作用的努力是基于从历史的废纸篓中复活的一个概念。在 1919 年,也就是爱因斯坦提出引力理论后四年,波兰的数学家和语言学家西奥多·卡鲁查(Theodor Kaluza)提出一个古怪的想法:时空是五维的。这个想法被瑞典物理学家奥斯卡·克莱因(Oscar Klein)所发展,称为卡鲁查-克莱因理论。

爱因斯坦把空间和时间联姻,他把物理世界描述为四维的:空间三维、时间一维。和普通人想的一样,对爱因斯坦,空间保持为三维。卡鲁查和克莱因说法更为激进。在他们的体系中,空间是四维的。(因此时空是五维的。)

在空间中生活了多少辈子,为什么我们丢了另外的一维呢?卡鲁查和克莱因是否认为还有一维,我们可以沿这个方向运动吗?

为了理解对这个问题的回答,设想一个生物被限制在一个长的管子表面上生活。一个观测者可以看到,这个生物生活的空间,也即管子的表面确实是二维的。但假定这个管子的半径比生物所能感知的距离小得多。对生物,空间好像是一维的,因为它只能沿着管子运动。这个生物认为它生活在二维世界中:一维时间、一维空间。换句话说,一根细管子会被错误当作一条线。仔细看去,"线"上的每个"点"实际上是个圆。

卡鲁查和克莱因假定,我们在其中运动的三维空间的每个点如果仔细观察,实际上都是圆。若圆的半径比我们能够测量的距离小得多,我们会把这些圆当成点,我们会错误地认为我们生活在三维空间中,而不是四维。

上面的讨论只和几何有关。卡鲁查和克莱因假定,在五维空间中只有爱因斯坦作用量描述的引力,这样物理就进入了。

卡鲁查和克莱因问,这个世界的人如此近视,以至于看不清楚他们称为点的实际上是圆,他们是如何感知引力的。大大出乎他们所料,这个世界的居民感到两种力,他们诠释为:一种是引力,另一种是电磁力! 在卡鲁查-克莱因理论中,麦克斯韦理论从爱因斯坦理论得来!

说得更准确些,如果时空是五维的,麦克斯韦的电磁作用量可以作为爱因斯坦的引力作用量的一部分得出来。我们可以粗略地理解这个令人吃惊的发现:三维空间中的力可以在三个方向上拉一个物体,这就是我们称空间为三维的意思。在卡鲁查-克莱因理论的四维空间中,引力可以在四个方向上拉一个物体。对我们这些近视的居民来说,在我们所知的三个方向上拉的力正是我们所熟悉和喜欢的引力。至于在第四个方向上拉的力,由于我们太近视而看不到这个方向,我们就把它诠释为另一种力。

读者可以认为,我们的四维时空是五维时空的一种近似。描述五维时空物理的作用量在四维时空近似观看时分裂为两块。卡鲁查和克莱因发现，一块描述引力，而另一块描述电磁力。

好运气：你不久将要得到一个宠物

图 15.4　世界的维数

在前面讨论的精神中，从卡鲁查-克莱因理论中出来两种力并不让人吃惊。令人吃惊的是，这第二种力的性质正是电磁力的性质。

爱因斯坦完全目瞪口呆了。他写信给卡鲁查，他完全没有想过空间会是四维的。爱因斯坦十分喜欢这个理论。

太小了，我们进不去

在卡鲁查-克莱因理论中，引力和电磁力强度的巨大差别可以用圆的半径极度微小来说明，例如是质子半径的 $1/10^{18}$。理论用一个荒唐的小数代替了另一个小数——引力的强度和其他相互作用的比。在这个时候，物理学家对于为什么四维时空中的一维如此之小而其他三维伸展得和宇宙一样大，并没有深刻的理解。但理论却在以下的意义上和观测相一致，即至少圆的半径并不是 1 厘米。卡鲁查-克莱因理论虽然显得很怪，但和科幻作家所想像的相比却要规矩得多。不，没有可能去游历第五维。圆是如此之小，以至亚核粒子都显得太大而钻不进去。

多年来,卡鲁查-克莱因理论启发了一批胡思乱想的人提出基于对"维"的无法形容的滥用的类似想法。问题在于,不能只是你喜欢多少维就宣称时空有多少维。卡鲁查和克莱因必须详细地分析作用量,看一看他们在四维时空中能得到什么。电磁学能不能得出,不是由他们所能决定的。

定域对称的规则

卡鲁查-克莱因理论最令人吃惊的特点,即引力诞生电磁,现在已经被理解为定域对称的结果。回想一下在第12章中关于定域对称的讨论。爱因斯坦把他的理论建立在定域坐标变换之上,这鼓舞了外尔把电磁基于一个定域对称基础上,这就是规范对称。在卡鲁查-克莱因理论中,五维时空中的作用量具有一个定域对称,即五维定域坐标变换的不变性。当时空约化为四维时,作用量所具有的定域对称不能失去。因此作用量分为两部分之后,它们只能够成为保持定域对称的作用量,即爱因斯坦作用量和麦克斯韦-外尔作用量。

弱和强相互作用,两种看起来和定域对称性没有关系的相互作用的发现,把卡鲁查-克莱因理论发配到前面提到过的废纸篓中去了。唯象学统治着,基于几何学的卡鲁查-克莱因理论成为没有希望的古董趣物了。在我学习物理时,卡鲁查-克莱因理论不曾被提到过。在20世纪70年代,关于引力的教科书不讨论它。精确对称的追随者杀回来了。另外三种相互作用都建筑在杨-米尔斯的精确定域对称的基础上。寻求引力和大统一相互作用之间联系的物理学家自然地转向了卡鲁查-克莱因理论。但首先它们要把卡鲁查-克莱因理论推广到能产生杨-米尔斯作用量。

卡鲁查和克莱因假设在三维空间中的每一点实际上是个圆。现在很自然地要看一下每一点是个球会发生什么。(注意现在时空是六维的了,球是个二维表面。)妙得很,正好产生了杨-米尔斯作用量!说得更准确些,六维时空的爱因斯坦作用量在四维时空中分析时分裂为两部分,一块相应于四维爱因斯坦作用量,另一块是杨-米尔斯作用量。

数学家把弯曲起来的空间,例如圆和球,称作"紧致空间"。一般地我们可以假定三维空间的每个点都是个小的 d 维紧致空间(因此空间实际上是[3+d]维的,时空是[4+d]维的)。给定一个紧致空间,物理学家就能写出相应的卡鲁查-克莱因理论。

数学家发明了各种各样的紧致空间,有些样子很奇怪以致我们无法将它们画出。一般来说,每个紧致空间对某种几何变换是不变的。例如球对于转动是不变的。确实,几何物体的对称性提供了我们对称概念的起始动力。妙的是,在卡鲁查-克莱因理论中应用的紧致空间的几何对称性就成为杨-米尔斯作用量的定域对称性。

几何进入物理学

追踪从几何对称性到物理对称性的变化确实是很美妙的,但不幸的是,必须在数学的光辉笼罩之下才能完全欣赏它。在本书中,我一直尝试着传达我对爱因斯坦的引力理论和关于其他三种相互作用的杨-米尔斯理论的敬畏之情。但要实现从一种理论得出另一种理论只能被描述为绝对引起幻觉的想法。

引力是基础的吗?

我必须提醒读者,卡鲁查-克莱因理论还远未确立,各种其他的想法仍在竞争中。例如,少数人主张的一种想法是,引力根本不是一种基础的相互作用,而是大统一规范相互作用的一种体现。这种观点认为,规范相互作用产生引力。这种见解的哲学可以总结在一条格言中:"要有光,好让苹果掉下来(La lumière fut,donc la pomme a chu)。"

有的物理学家批评卡鲁查-克莱因理论,认为它增加了爱因斯坦理论重整化的困难。读者很容易理解,当时空维数增加时,就要对更多的过程求和,这是因为一个给定过程有更多的方向可以发展——我们要求和的历史越多,它给出有意义的可能越少。我们将要看到,有的物理学家现在认为这个困难已近于解决。

物质和光

　　物理书通过物质和光来描述世界。描述越来越深入，但这个两重性一直坚持下来。一方面有夸克和轻子，集体称为费密子；另一方面有规范玻色子和引力子，集体称为玻色子。例如在图 4.3 中，圆代表费密子，箭头代表玻色子。

　　物质由费密子构成，而光的基本单位，光子，是典型的玻色子。一个费密子可以发射或吸收一个玻色子，而在过程中自己或是不变或是转变为另一种费密子。在这个意义上，物理学家说玻色子作用于费密子。玻色子奔波于费密子之间产生了我们观察到的力。

　　在本书中讨论过的理论处理玻色子和处理费密子的方式很不同。在规范理论中，对称群确定了规范玻色子的数目。理论家可以任意把费密子归属于对称群的任何表示。

　　例如一旦乔治和格拉肖决定用 $SU(5)$，群论就告诉他们应该有多少规范玻色子。不论乔治和格拉肖愿不愿意，X 和 Y 玻色子总是在那里。乔治和格拉肖要依靠实验观察来确定每一代包含 15 个夸克和轻子场。如我在前一章中所解释的，这 15 个场毫无痕迹地被包容在 $SU(5)$ 的五维和十维的表示中，提供给我们愿意相信大统一的主要理由。

　　在当前，物理学家不懂得**最终设计者**如何选择费密子的数目。例如 $SU(5)$ 群有二十四维表示。理论家很容易设想构造一个基于 $SU(5)$ 的大统一理论，有 24 个场归属于二十四维表示。这样得到的宇宙和我们所熟知的现有宇宙不同，但终究是一个完全可能的宇宙。为什么**他**选择了 15，而不选 24？

　　因此费密子和玻色子的对立统一可以更尖锐地表述为以下问题：**最终设计者**如何确定费密子的数目，如何把它们归属于群的表示？真的，为什么**最终设计者**确定把费密子包含进设计，而规范对称性并不需要它们？

对称变为超对称

要回答这些问题，某些理论家提出论据，一定有一个对称性把玻色子和费密子联系起来，在对称变换中费密子转变为玻色子；反之亦然。他们主张，物质和光有同一根源。

为了和我们这个爱夸张的时代合拍，这种对称性被它的发明者命名为"超对称"。我个人不喜欢把"对称性"这个名词和一些含义纠缠到一起。例如，超对称的推动者不可避免地被称为"超物理学家"，他们的领域被称为"超物理"。

令人失望的是，把费密子和玻色子联系起来的原始动机并没有取得成功。超对称把已知的费密子和尚未发现的玻色子联系了起来，而把已知的玻色子和未知的费密子联系了起来。如果超对称是正确的，那么每个粒子都和一个超伙伴相联系。热心人高兴了，把粒子加倍，乐趣也加倍。

(假定的)粒子数目的突然加倍忙坏了粒子名称登记处。登记处将夸克和轻子的超对称伙伴命名为超夸克(squark)和超轻子(slepton)①，而对玻色子的超伙伴要亲热一些，用意大利语的语尾"ino（小）"：这样光子就和"小光子(photino，物理译名超光子)"联系在一起，引力子和引力微子(gravitino)联系在一起……但这样一来，W 玻色子的超伙伴就得到一个不好听的名称小 W (Wino)!②

实验家没有找到任何超对称所需要的超伙伴。也许它们质量太大了，以至于在当前加速器能量下不能产生。在当前，超对称就和 20 世纪五六十年代的杨-米尔斯理论一样，在寻找一个世界来描述。

理论家已经把现存的各种理论超对称化。例如，爱因斯坦引力理论的超对称形式就是包含引力微子的超引力。

超对称比我们考虑过的对称性的范围更广阔，因此限制性也更强。确实限

---

① 简单地在夸克和轻子名称前加一个字母 s，s 代表超(super)的意思。

② Wino，美国俚语，指酗酒的人，经常醉卧在街上。

制太强了,以至于不能在四维时空中构造理论。人们被数学逼迫在更高维的时空中去考虑理论。有趣的是,超对称把物理学家引回卡鲁查-克莱因理论。

超弦

在最近的向最终设计的进军中,最有雄心和最革命的是由约翰·史瓦兹(John Schwarz)和迈克·格林(Michael Green)等人发展的超弦的概念。基础物理学的语言是量子场论,它非常精妙,是用了二百年左右建立起来的。在近年来量子场论取得了高水平的进步,在根本上它基于一个简单的直观概念,即粒子就像一个小球一样,在数学上用一个点来代表。在 20 世纪 60 年代晚期,概念慢慢发展为:也许我们可以构造一种理论,它的基础实体是用数学的线段来代表的。

理论的结果被称为弦理论。一个基本粒子用一小段振动的弦来代表。如果这段弦比探测仪器的分辨能力还要小,它看起来就和点粒子一样。弦理论的显著特点是,弦用不同的方式振动,它看起来就是不同的粒子。用一种方式振动,它就是引力子,用另一种方式,它就是规范玻色子。这样,弦理论就提出成为真正的大统一理论的承诺,引力就内在地和大统一相互作用捆绑在一起。

在最近几年,史瓦兹和其他人把超对称加在弦理论上,得到了超弦理论。已经弄清楚了,超弦理论只有在十维时空中才能构造。另外,要把超弦理论和观测联系在一起,要启动卡鲁查-克莱因理论。

如果不用太精细的仪器探查弦,自然地,超弦理论就有效地约化为包含爱因斯坦引力理论和杨-米尔斯规范理论的场论。最近,更精确地说是在 1984 年夏天,格林和史瓦兹发现超弦理论具有某些十分迷人的性质。特别是,由于它的精细对称结构,超弦理论的量子版本是可重整化的。给定包含爱因斯坦引力理论的超弦理论,格林和史瓦兹就可能解决长期存在的引力重整化问题。

爱因斯坦的孩子最终愿意和量子结婚了,但只是作为一个更大理论的一部分。许多理论家现在正以高度的热情在研究超弦理论。另外一些人仍持非常怀疑的态度。

巴洛克和洛可可

我把读者带到物理知识的最前沿了。在当前,我们好像是生活在百花齐放、百家争鸣的时代,到处传递着激动。但还是要看当前流行的关于最终设计的概念有哪一些会被证明是正确的。保守的和胆小的人甚至会指出,就连大统一也还没有被实验完全确立。

一个恼人的信号是,尽管乔治-格拉肖 $SU(5)$ 大统一理论与现在观察到的粒子以及它们的性质符合得天衣无缝,但它进一步的发展要涉及现在没发现的粒子。在艺术历史上,巴洛克和洛可可①随文艺复兴而来。在基础物理学中,在统一和化简的时期之后,我们好像进入了一个修饰和趋向复杂的时期。近期的发展趋向越来越复杂,超弦理论涉及数学上的巨大跳跃。

虽然复杂程度在升级,许多基础物理学家认为未来仍然是乐观的。在无限的傲慢中,我们感觉已经到了真正了解**他**的思想的门槛了。

正在进行的基础物理研究的细节与外行读者无关。重点在于,目前从大统一到超弦的理论研究中,对称性起着关键作用。这些理论十分错综复杂,沿着19世纪物理学的道路恐怕任何人都构造不出来。物理学家需要依靠燃烧的老虎。

如古人所梦想的

在唯象研究方法正要取得统治地位之前,在1933年的一次演讲中,爱因斯坦说:"我有信心,用纯粹的数学结构来发现观念和定律……它们将提供理解自然现象的钥匙。经验会建议某些适合的数学概念,但这些数学概念绝对不能从经验中导出……所以我认为,在一定意义上纯粹思维能够理解现实,就像古人所梦想的一样。"

最近一段时期的发展像是证实了爱因斯坦的想法。我们最近理解的跃进是从坚持审美动机得到的。

——————————

① 结构复杂华丽的建筑风格。

16 造物主的思想

时间之流

我把对称性中最神秘的一个,即物理定律对时间反演的对称性保留到了最后。物理学家说,如果**自然**不确定时间的箭头,**她**就对时间反演不变。为了避免可能出现的混乱,就像在讨论宇称时一样,我必须给出时间反演的精确和可操作的定义。给任何物理过程拍下电影。现在把它倒放。我们在倒放的电影中看到的过程和任何物理定律矛盾吗? 如果不矛盾,物理学家就说支配这个过程的物理定律对时间反演不变。(这个可操作的定义显然排除了时间反演不变就意味着我们可以沿时间倒流旅行的错误观念。)

注意时间反演不变只是说在倒放电影中的过程(所谓的时间逆转过程)是可能的。我们看一个电影中的垒球球员扑回本垒。把电影倒放我们会笑起来:一团沙尘聚集到躺着的球员身上,把他举了起来。但作为物理定律的讨论,这是完全可能的,但发生的几率极小。在球员扑向本垒时,球员身体的分子把它们的动量和能量传给地面。如果我们能安排此过程中涉及的每一个分子把它们的运动方向逆转,时间逆转过程就会发生。

在这个过程中,时间的方向是可笑地明显。考虑并不如此的例子是有趣的。看一个无声电影,一个人在谈话。除非我们能读懂唇语,否则我们就很难确定电影是正放还是倒放。（但如果演员是意大利人，他的手势会使这个游戏失效。）

物理学家普遍相信，宏观物理现象中的时间箭头是由涉及的巨大数量粒子的集体行为所产生的。考虑一个熟知的把热水轻轻倒在冷水中的例子。我们都知道会发生什么。过一些时间，水会变成温的。在微观水平上，热水的分子运动得快，冷水的分子运动得慢。当热水和冷水相遇时，分子发生碰撞。不久，所有的分子都以适中的速度运动，不快也不慢，水就变成温的。

但支配分子碰撞的物理实际上是时间反演不变的，任何一个物理过程可以反转进行。两个以适中速度运动的分子发生碰撞，可能结果是：一个分子快速冲出，而另一个分子慢慢移走。

当然，没有任何一个人看到过一杯温水自动分成一层冷水和一层热水。然而问题在于，物理定律并不禁止这种分层发生。但水真的会分层的可能性实在太小了。要做到分层，比如让所有的快分子都应该集中在上层，而所有的慢分子集中在下层。涉及的分子数如此巨大，这种自发分层可能性的劣势实在是使人吃惊的。

这个几率使人吃惊地小，但不是零。如果我们守着一杯温水，等足够长的时间，远比现在宇宙年龄还要长得多，我们会看到这杯水在短时间分为冰和咝咝作响的开水。

因为一个复杂的宏观现象可以约化为各种微观现象，例如两个分子的碰撞，物理学家就可以集中注意力在微观过程上。从牛顿的时代开始，物理学家一直不懈地尝试着把各种过程逆转，以便检验**自然**是否在最基本的层次上有时间的方向。在许多进行过的各种实验中，没有一个人直接观察到一个不能逆转的物理过程。其结果就是时间反演不变性就像在一个时期中的宇称不变性一样，享有神圣的原则的地位。

但是物理学家的时间反演不变的世界不可能是对的。我们感觉得到时间的箭头。此外，实验家已经发现了在某些情况下弱作用破坏时间反演不变性的证据。

时间反演不变性的陷落

在第 3 章中解释过,在宇称不守恒被发现后,受到震撼的物理学家到处去检验所有"神圣的"原则。他们立即发现,自然也破坏电荷共轭不变性,即物质和反物质表现出完全相同的提议。

为了便于以下的讨论,我们用 P 代表宇称,用 C 代表电荷共轭,用 T 代表时间反演。你也许还记得,在物理学家发现宇称和电荷共轭不守恒之后,他们发现**自然**仍然尊重 CP 操作,即把左右反转并且同时把粒子变为反粒子。但在几年之后,即在 1964 年,实验家发现**自然**有时也在 K 介子的弱作用衰变中破坏 CP。

现在,所有这些和时间反演不变性有什么关系?在 20 世纪 50 年代发现了一个玄妙的定理。定理说,在一个由相对论量子场论描述的世界中,你可以随心所欲地破坏宇称、电荷共轭和时间反演,但你永远不能破坏联合操作 CPT 的不变性。更精确地说,作为理论家,我可以容易地写出物理定律,它们分别破坏 C、P 和 T,不管这些定律是否描述真实世界……但我随便取一个物理过程,通过把左右对换、把粒子和反粒子互换、把时间流动反转的办法得到一个新的过程,变换后的过程是我的定律所允许的。

这个定理称为 CPT 定理,肯定位列于被人类智慧认识和证明了的最奇怪和最深刻的定理之中。因为相对论量子场论源于相对论不变原理和量子原理的婚姻,它的血统是无可置疑的。拒绝完全意外发展的物理学家特别不愿意放弃 CPT 定理。

有了 CPT 定理和对 CP 破坏的观察,按照基本逻辑原则可以得出结论,时间反演不变性 T 一定也被破坏。

总结一下,物理学家有很强的间接证据,**自然**破坏时间反演不变性,但奇怪的是,从来没有在现场把**她**抓住。当然,直接观察到时间反演不变被破坏而不必求助于定理更能使人满意。实验家们愿意探测到一个微观过程和它的时间反演过程之间的真正差别。

时间和意识

你必定记得这个；

一个吻依然是个吻，

一声叹息只是一声叹息——

基本的事情总是这样

在时间流逝的时候。

——赫尔曼·哈普费尔德（Hermann Hupfield），"在时间流逝时"

我把时间反演不变的讨论留到本书的最后，是因为我不懂它。任何别人也不懂它。作为物理学家，我知道关于时间反演不变性告诉了你什么：**自然**的基本定律不选定时间的方向，除了某个亚核粒子的衰变外，诸如此类。但作为一个有意识的人，我太明白了，确实**有**一个时间的方向。我不管物理学家说什么，我知道时间的流动是不能逆转的，对恋人和非恋人全都一样，时间在流逝。

在物理学中，时间简单地被作为数学参数处理；时间变化，不同的物理量按照物理定律相应变化。爱因斯坦的工作加深了神秘性，把时间和空间同等地处理。但作为一个有意识的人，我**知道**时间和空间不同：我可以往东走，也可以往西走，随我愿意，但我只能往时间的一个方向前进。

在这里我们面对着科学的一个基本的指导性的教义，所带来的阻碍，即排除意识的影响。物理学家很小心地说，他们的知识限于物理世界。理解到世界分为物理世界和非物理世界（找不到一个更合适的名称），确实是人类知识历史的一个转折点，它使西方科学的产生成为可能。但早晚我们要跨过分界线。我相信对时间反演不变性的深刻认识会带我们跨过分界线。

人类知觉所感知的时间箭头是否和将热水和冷水混合时产生的类似的时间箭头同样产生呢？会有一个人在某个时间忽然感觉到时间倒流吗？我不这样想。我没有充分的理由相信这一点，但我拒绝相信我们对时间的感知仅仅是几率的幻像。

我们对时间的感知和时间反演不变性在一个亚核粒子衰变中破坏有联系，这种可能性即使不是完全不可想像，也是很难理解的。肯定我们脑中没有 K 介子。此外，这样一个弱相互作用的微小的效应如何能够支配整个的意识过程？像有些人说的，这是个被电磁相互作用所驱动的过程。物理学不可能提供任何答案。

在宇宙中有意识存在，这是不能否认的。一般地说，科学（物理学也包括在内）不去研究这个观察到的现象中的最明显的现象，真是太显眼了。对我们的存在至关重要的意识仍是一个秘密。

一个诱人的线索来自量子物理。从量子物理的早期，当人们认识到观测的过程不可避免地要干扰被观测者（由不确定性原理给出数量）时，物理学家和哲学家就开始猜测意识和量子几率的神秘间的联系。并不缺乏猜测和冥想，但应该说绝大多数研究物理学家发现，这方面写出来的东西如果不是不可能懂的话，也是极端难懂的。杰出的物理学家莫夫·戈尔德伯格（Murph Goldberger）有一次被电视台记者问到，为什么他从未在这方面工作。他回答说，每一次他决定要想一下这些问题时，他会坐下来，拿出一张干净的纸，削尖铅笔——他简直想不出要写什么。这可以作为我们当前对意识在物理学中的作用的理解最好的总结。

最终，讨论归结到科学是否能解释生命这个问题，即在理性思维的范围之外是否存在一个"生命之力"（想不出一个更好的名称了）。人类意识是否仅仅是一束神经彼此交换电磁脉冲？能思维的人脑是否仅仅是夸克、胶子和轻子的集合？我不认为如此。我有令人信服的理由吗？不，仅是如此想而已，作为一个物理学家，我没有足够的傲慢认为物理是无所不包的。当**他**设定世界的对称作用量时，**他**在里面看到人类意识了吗？意识是作用量的一部分吗？或者它是在对称作用量范围之外？卓越的英国天体物理学家阿瑟·艾丁顿（Arthur Eddington）爵士在他生命的晚期被各种奇怪的想法所包围，有一次讲了一个寓言：在一个海边的村庄里，一个有科学倾向的渔夫提出一条关于海的定律，即所有的鱼都比 1 英寸①长。但他没有理解,村中所有的渔网的网眼都是 1 英寸。我们是在过滤物理真实性吗?我们用现在的网眼能抓住意识吗?

这就是一个完全有意识的当代物理学家的夜间的思考,他是有点害怕黑暗的。但我最好还是停止吧,回到我相信的东西中去,例如对称性。

兽的本性

我们和燃烧的虎同路,已经旅行很远了。从发现天不是在我们头顶上开始,在我们对物理世界的理解中,对称性起着日益重要的作用。从转动对称开始,物理学家表述着越来越深刻的对称性。但基本的概念和动机始终如一。基础物理学家被一个信念支持着:最终设计是充满对称的。

没有对称性指引着我们,近代物理学不会是现在这个样子。爱因斯坦向我们演示,可以在猛禽一个俯冲猛扑中掌握引力的秘密。学习爱因斯坦的物理学家,运用对称性并看到了物理世界的一个统一的图景是可能的。他们听见对称性在耳边低语提醒。当物理学越来越远离日常经验而更趋近最终设计者的思想时,我们的思想也被训练得离开熟悉的根据地。我们需要燃烧的虎。

知名的批评家莱昂内尔·垂龄(Lionel Trilling)指出:在布莱克关于燃烧的虎的诗中,直到第五行,诗人企图用**上帝**的本性来定义老虎的本性;而从第六行直到最后,诗的调子变了,**上帝**要用老虎的本性定义了。沿同样的思路,我愿意把最终设计者定义为对称性,二者是和谐一致的。

需要领会的一点是,像大统一和超弦这样的当代理论具有如此丰富和精妙的数学结构,物理学家必须动员对称性的全力去构造它们。它们不能在梦想中从蓝天上得来,也不能从拟合一个又一个实验事实构造出来。这些理论是由对称性授意的。

近期的基础物理学进展,究竟是代表寻求认识的结束阶段的开始,还是仅仅意味着开始阶段的结束?乐观主义者宣称,我们最近某一天就能知道最终设

---

① 1 英寸=25.4 毫米。

计了。悲观主义者在唠叨,我们就和玩拼图游戏的人一样,刚刚拼好四块,才知道盒子里面还有几百块呢。传统主义者责怪我们把理论基于审美标准而不是硬邦邦的事实上。某些理论,例如超弦,距离感知的现实那么远,它们有可能一朝倾覆。或者它们就像德谟克力特时代的原子理论一样,变得没有生命力。

他可以选择吗?

当判断一个科学理论时,不论是他自己的或是别人的,他总要问自己,如果他是**上帝**,他会把宇宙建成这样吗? 这个标准揭示出爱因斯坦对宇宙最终的简单和美的信仰。只有一个具有深刻宗教和艺术的信念,认为美就在那里等待人们去发现的人,才能够构造出这样的理论,它最打动人的属性就是美,这远在它的成功之上。

——巴奈什·霍夫曼(Banesh Hoffman)

有人说,对**上帝**的最高赞美就是无神论者不信**上帝**,他们认为创造是如此完美,就不需要一个创造者了。

——马塞尔·普劳斯特(Marcel Proust)

当基础物理学家向最终设计进军时,他们要面临惟一性的问题。如果我们相信最终设计是最美的,是否意味着这是惟一可能的? 爱因斯坦说过:"我真正感觉有兴趣的是,**上帝**会不会把世界创造成别的样子,即逻辑单纯性的需要是否还留下什么自由。"研究基础物理的我们多数会赞成这种想法。我们要知道,**他**是否有别的选择。

大统一理论没有通过惟一性的测验。在构造理论时,我们可以选择任意喜欢的群,一旦群选定了,我们还可以选择费密子所属的表示。如果**他**确实选择了 $SU(5)$,那么为什么? 为什么**他**不选择$SU(4)$或 $SU(6)$,或 $SU(497)$,如果**他**确实没有选这些群的话? 我们不知道为什么。当然,多数选择不会导致我们所熟知的世界。但那是另外的问题。

有些理论家提这样的问题来消遣:"如果我有 45 个费密子场,我该怎样设计世界? 我该选 $SU(5)$，并把费密子放进三代吗? 或者还有更好的选择?"妙的是，只需加上基于一般原则的几条规则，选择范围就大大缩小了。但谁来决定应该有 45 个费密子场呢?

许多基础物理学家相信，加上越来越严格的对称要求，我们可能发现世界的作用量只有一种选择。像潘格劳斯(Pangloss)这样的哲学家曾经尝试说明我们的世界是"在所有可能的世界中最好的"，基础物理学家现在要证明我们的世界是惟一可能的，并且为这种傲慢而着迷。(实际上，这种看法并不是全新的。早在 18 世纪初，莱布尼兹对为什么世界是这个样子感到困惑，他感到**上帝**可能有一个好的理由创造我们这个特殊的世界，而不是其他无限多可能的选择中的另一个。)

读者不要把这个要证明**上帝**没有其他选择的愿望和一种称为"人类中心"的说法混同起来。这种说法要证明世界必须是现在这个样子，否则像人类这样的智慧生物就不会存在。

举个例子，考虑星体的燃烧。星体中的两个质子间的强力要把它们推到一起，而它们之间的电力要把它们推开。如我在第 2 章中讨论的，如果强力再稍微强一点点，两个质子就会更快地到一起并释放出能量，星体会很快燃烧完了，使得稳定的星体演化和生物进化成为不可能。

人类中心论据的推动者指着这个精妙的平衡说，智慧生物的存在要求强作用必须不能强过某个值。他们接着又找出一个情况，如果强作用比实际值低于某个量时，智慧生物的生活条件就会大大降低。他们希望用这个办法证明，物理学的基础定律必须是现在这个样子。

人类中心论据的麻烦在于，他们只能说明，要支持我们现在所知道的生命，世界必须是精妙地平衡的。世界是现在这个样子，因为它就是这个样子。虽然人类中心论据有的时候很有意思，但包括我在内的许多物理学家觉得它在思想上不能令人满意。

根据人类中心论的观点，**最终设计者**是搞修修补补的。**他**试了一个设计又换另一个，直到找到了适于智慧生物的设计。生活在计算机辅助设计的时代里，一个工程师按几个按键就能试许多不同的设计，我甚至能想像**他**实际上创造了无穷多的宇宙,每一个都有不同的群和表示的选择。嗯,基于 $SU(4)$ 的这个宇宙工作得不太好。昨天我试过,基于 $SU(6)$ 的更坏。嘿,看这个基于 $SU(5)$ 的,看起来它能做成一个有趣的宇宙。

和我在基础物理研究方面的同事一样,我赞成爱因斯坦的观点。我想当人们给一个真正伟大的建筑家指出建筑的地盘和纲领时,他会宣布只有一个可能的设计。肯定**他**也是被惟一设计的审美观的不可抗拒的力量所驱动的。

在当前,"**上帝**没有选择"这个多少有点神秘的观点还差不多只是一个美梦。我们还在摸索着去发现审美的标准是什么,但我们一点不怀疑,对称性将照亮我们探索**他**的思想的道路。

跋

在坐下来写普林斯顿大学出版社版本的跋时，我想到它应该有两部分：第一是多少平铺直叙地报道在本书第一次出版以来的十三年中基础物理学有了哪些进展。第二是再把贯穿全书的最终设计中的对称性主题进一步强调一下。

超弦

毫无疑问，在本书出版之后，超弦理论代表基础物理学中最有意义的发展。但要在有限的篇幅内讲清楚超弦理论简直是不可能的。需要写一整本书，而且已经有几本书了。

我在第 15 章中提到过超弦。在我结束写本书时，正是超弦革命席卷理论物理界之际。在这个有限的篇幅内，我要尽力给读者更多东西。我的办法是把 1989 年出版的我的《老人的玩具》书中的一章"弦的音乐"列入附录。在其中我讲述了我在 1984 年和近代超弦理论戏剧性诞生的遭遇。我描述了理论惊人的凯旋（真正的信仰者称之为"奇迹"），以及它奢侈多余的东西。我请有兴趣的读者现在就去读这个附录。

在重读"弦的音乐"时，我惊讶地发现，作为给大众的介绍，在十年左右的时间以后它仍是适宜的。我写的基础物理学界对超弦的深刻歧见仍然存在,也许更深刻了,它反映了关于基础物理学应该如何发展的哲学上的深刻分歧。在"弦的音乐"中我提到过,要发展超弦理论,物理学家要学大量的玄妙和困难的数学。考虑到理论的概念基础是何等的新颖——超弦理论是从量子场论的发现以来在概念上崭新的进展,这也许并不使人惊异。确实,超弦理论对数学也有冲击,引起了或许是几十年以来最富戏剧性的新概念流入纯粹数学。带头的超弦理论家和理论的最响亮的预言者爱德华·威腾(Edward Witten)被授予菲尔茨奖章,这是数学界相当于诺贝尔奖的奖项。

最近十年,超弦理论所走的道路是起伏和崎岖不平的。理论经过了巨大的高潮。有的发展在超弦界引起狂热的激动。没过几年,这些发展便被认为是无关紧要的了。在从 20 世纪 80 年代转入 90 年代时,人们成群地离开了这个领域,但在 20 世纪 90 年代中期理论又杀了回来,发现了膜。

你喊道,什么是膜,我们谈的是弦!

在附录中,我解释了物理学家把物理学建筑在基本粒子(诸如电子和夸克)可以用数学的点代表的概念上。超弦理论概念上的进展在于认为基本粒子实际上是弦的扭动的片段。概念是:弦的片段是如此之小,除非我们有极为精细的仪器,我们会把它们当作是点粒子。弦用不同的方式扭动,就表现为不同的基本粒子,这在此前被认为是点状的。

膜和头脑①

关于术语:在数学的语言中,点粒子是零维客体,弦是一维客体。因此物理学家研究弦理论就是从研究零维客体到研究一维客体。

读者们会想:那么,用同样的推理,为什么不把世界想像为由二维客体组成的呢?

这是一个很聪明的见解。物理学家确实已经想像过这种可能。考虑一根

---

① Brane(膜)和 Brain(头脑)同音。

长的空管子。它是一个二维客体。(在计算维数时,数学家看的是管子的表面,而不是管子包容的空间。一根长的空管子表面是二维的。)如果管子的长度比它的半径长得多,而且你从远处看着它,管子对你就像是一根弦,也就是一个一维客体。所以一个弦环从远处看就像一个点一样,一根管子从远处看就像一根弦。

物理学家称二维客体(即表面)为膜。这当然只是术语,你不用去想你体内的生物膜。

为什么不在弦理论之外再去构造理论呢?为什么不构造膜理论呢?真的,为什么不一直这样走下去,考虑三维客体的理论呢?三维客体的学名叫三维膜,而爱玩的物理学家称它为滴。

嘿,我们每个人都会数数。3后面是4,4后面是5。为什么不是基于四维膜的理论?如此等等。用不着一个天才就能看到,我们可以谈论基于 p 维膜的理论,p 可以是任意整数,7 或 12,或是你喜欢的任何数。

很自然地,不久,理论物理学家就把 p 维膜简称为 p 膜。这使得会开玩笑的人想出一句双关语:"要想做 p 膜理论必须有一个豌豆头脑。"[①]

这样,当理论物理学家逃离他们的学科所奠基的点粒子时,他们在逻辑上就必须考虑越来越高维的客体。潘多拉的盒子被打开了,弦理论的对手变得无法无天了。

原来构造膜的量子理论从头开始就处于理论物理的当前数学能力之外。这当然不是一个认为世界的基础理论不是基于膜之上的理由。只是弦理论家们不知道如何去对付这些 p 膜而已。

多年来,弦理论的带头人们选择了一个实用的立场。他们宣称在当前他们只考虑弦。

以后,在一个有讽刺意味的转折中,弦理论家们证明了,超弦理论的数学一致性需要 p 膜的存在。你不能把 p 膜排除。假定你开始构造一个只包括弦的

---

① "To work on the p-branes, you've got a pea brain." 豌豆头脑(pea brain)与 p 膜(p-brane)同音。有趣的是,在美语俚语中 pea brain 意思是愚笨的人。——译注

理论,最后你会发现,想要理论的各个片段能在数学上结合到一起,你必须把 p 膜包括进来。

这个方向有时被称为膜物理,不可避免地,有的聪明人就把所有其他物理学家研究的物理称为无膜物理。在谈话中,膜和头脑的混淆往往成为逗笑的根源。在讨论会中,人们说"你的膜"(你的头脑)和"我的膜"(我的头脑)。过不了一会儿理论物理学家就笑起来了。以后这种玩笑开得多了,逗笑也就减少了一些。

大膜

在一个极为有趣的转折中,有的人猜测某些膜会很大,非常大。

在中学学过,像电子这样的粒子非常小,只有一个厘米的几千亿分之一。如我在"弦的音乐"中解释的,相应地,用摇摆和滚动来产生电子的弦环也很小。起初,人们自然地认为膜和 p 膜也应该很小。

但要记住,三维膜就是一个三维数学结构。因此,我们的整个三维空间完全可能是在九维空间中的三维膜。(在"弦的音乐"中,我曾提到弦理论是在九维空间或十维时空中构造的。)换句话说,我们就可能生活在一个三维膜中。一个很大的三维膜! 我们的宇宙是个三维膜。(顺便提醒一下,我们在这里只是说宇宙的空间结构,时间是我们隐含放在思想中的另一维。这没有什么神秘的,物理学家谈到我们的宇宙时说三维或四维,在一种情况下没有考虑时间,而另外一种情况下考虑了时间。)

实际上,我们生活在一个九维空间的三维膜中这种奇怪的概念还可以发展得很远。记得我在第 14 章"力的统一"中描述了基于 $SU(5)$ 的大统一理论。还记得关于数学的讨论吗? 在群 $SU(5)$ 的变换下,五个场彼此变换。让我们看一下这个结论如何从膜理论中得出来。

人类的进化让我们能看到三维空间的图像。我们中的绝大多数人很难形象地看到九维空间中的三维膜。为了传达一般的概念,我来谈一谈三维空间中的二维膜。三维空间很容易形象化:它就是我们日常生活在其中的空间。作为二维客体的二维膜,可以看成是一张纸。每一个二维膜就是一个二维宇宙,这就是上面提到过的我们的宇宙可能是一个大的三维膜的奇怪概念的比拟。

现在让我们考虑一种情况:把五个二维膜叠在一起,就像把五张纸叠在一起一样。(一张纸当然有一定的厚度,尽管它是我们在文具店中能找到的最薄的东西。在数学上,我们认为二维膜没有厚度,因此五个二维膜形成一个二维宇宙。)在每一个二维膜上都有用量子场代表的物理激发。我们集中注意力于一个二维膜上的特殊的量子场。在这个二维宇宙中有五个场,他们用归属于哪一个膜来彼此区别。有了! 这就是我们在第 14 章中讨论的大统一 $SU(5)$ 的起源,而所有已知的物理都是基于此的。(这个讨论对于在九维空间中的叠在一起的五个三维膜同样适用。)

幻影的 M 理论

在理解到膜不可能被排除后不久,另一个具有深远意义的发展撼动了超弦界。在超弦的"三个奇迹"带来的最初的欣喜中,信仰者认为他们找到了世界的惟一真实的理论。现在,当你感觉已经找到了圣餐杯[①]之后,你不希望发现原来有五个不同的圣餐杯。但这正是超弦理论所遇到的问题。人们发现不是一个超弦理论,而是有着五个不同的超弦理论。在超弦界的某些角落出现了情绪低落,而对手们在窃笑。如果有五个理论,怎么能是真正的货色呢?

最后,弦理论家们理解了,五个不同的理论是一个单一的神秘理论的不同方面,而他们还不能着手把这个理论写出。爱德华·威腾为这个神秘的理论起的名字是 M 理论。当问到字母 M 代表什么意思时,爱德华狡猾地说,可以是膜(membrane)、神秘(mystery)、魔术(magic)或母亲(mother)。某个聪明人(是同一个人吗?)很快就说,新理论就是"从前叫弦理论的理论",暗指美国一个著名的通俗音乐表演家,他改了自己的名字以使自己的事业重新获得生命力。

这种情况就像古老的寓言——盲人摸象。一个盲人摸着象的腿,说象像棵

---

① 耶稣最后的晚餐用过的餐杯。——译注

树;另一个摸着象鼻子,坚持说象像根绳子……M理论就是一个大象。五个超弦理论就像五个盲人给出的五个不同的对象的描绘。没有人知道M理论是什么样子。

或许五个不同的弦理论描绘所有理论的神秘母亲的M理论的不同方面。在一个更令人吃惊的转折中,一个被鉴赏家称为十一维超引力的量子场论(不要管这个美妙的名字,它只不过是在本书中多次讨论过的量子场论花园中的一个品种)也描述M理论的一个方面。好,一个古老的场论也来参加舞会,并且和五个超弦理论有同样权力参加,同样跳得令人目眩。在弦理论家们宣称场论是个低于弦理论的穷表兄弟后,一个奇怪的十一维场论杀了回来。这是多么戏剧性的事态转折!

发生着什么事?没有人,就是没有人知道。同时,在"弦的音乐"中描述的理论物理学家的深刻分歧仍然继续着。

由于前面谈过的一些原因,怀疑的人继续表达着深深的怀疑。他们相信超弦理论会被扔进物理学史的废纸篓,到头来它的影响只涉及数学。也许几十年后研究物理学史的科学家会回过头来看这一段奇怪的戏剧片段,他们看到某些物理学家相信了暂时脱离常轨的叫做超弦理论的东西。有沉默的怀疑者,也有出声的怀疑者。沉默的怀疑者只是不再研究超弦理论,在理论物理中找其他对他们有挑战性的东西去研究。而出声的怀疑者积极地攻击超弦理论。一年又一年,出声的怀疑者越来越少了,我个人认为他们应该安静下来,让超弦理论自己发展,特别是他们提不出什么可以代替的东西。有时外行人的印象是,理论物理中一个理论反对另一个理论。但在基础物理中,常常是一个理论没有对手,或者根据合理的定义,其对手的结构不够好,称不上符合标准的理论。

在另外一方面,信仰者有的时候说他们好像是在圣战之中,他们如此肯定自己是在正确的道路上。他们相信超弦理论是正确的,以一种有着近乎宗教狂热的信仰,这种信仰是有部分道理的、确有安慰作用的。超弦理论和M理论是难以想象地美,比理论物理学家过去见到的任何理论都更美。但不幸的是,它的一部分也是被学术界的社会心理所驱动的。设想你投入数年在研究生阶段掌握了超弦理论,以后奋力去寻找博士后研究岗位,试了一个又一个。在巨大的努力奋斗之后，你战胜了所有博士后水平的超弦同行，获得了一个超弦理论研究正在兴旺发展的名牌大学的助理教授职位。在所有这些经历之后，能设想有一天你忽然出来宣称你不再相信超弦理论吗？这需要极大的性格力量。

我所想的对弦理论家并不重要。但我的意见可能会引起读者的兴趣。我也被超弦理论的数学美所折服，愿意相信超弦理论家是在正确的轨道上。但我有一种不太舒服的感觉，这个理论太保守了。

对宣称为真正革命的理论说这样的话好像很奇怪，让我来解释。当物理学家开始探索原子大小的长度标度时，他们发现经典物理不再适用，要发展根本上不同的物理。这样量子物理就诞生了。如在第 10 章中解释的，经典物理的基本概念，如位置和动量，不再能照常定义了。理论物理借以操作的整个框架需要改变。

与此形成对比的是，一旦弦理论家用弦来代替粒子的概念时（即使在这里，弦也可以大致想像为把许多粒子连接在一起而形成），他们就在弦理论中采用在本书中描述的许多概念。他们写下一个作用量，并应用量子物理的标准原理。许多物理学家难以相信，从质子到弦的大小，长度标度相差 10^{19} 倍，而量子物理的标准表述仍然适用。

对称性的必要？

在本书中，我们了解到对称性是理论物理学家不可缺少的概念，用它组织从前所不熟悉的微观领域内的错综复杂的现象，并因此简化对他们的理解。在第 16 章中我讲了阿瑟·艾丁顿爵士关于渔夫的寓言。在一个渔村中有一个倾向于发现科学定律的渔夫，他自信已经发现了关于海的一个基本定律，即所有的鱼都比一英寸长。不知怎样他没注意到，这个渔村用的渔网的网眼都是一英寸。

艾丁顿问道，当理论物理学家筛选并组织如潮汐波般的实验事实的时候，他们的思想会不会自动地把不对称的理论还给大海？

我们同样可以问在我们对**自然**的理解中：对称性的有效性是否真的那么

大。最终设计真是对称的吗？还是我们只能够了解最终设计的对称部分？

在近几十年，通过莱达·科斯米第斯(Leda Cosmides)和约翰·图比(John Tooby)等人的研究工作，进化心理学的一个令人激动的新领域出现了。正像进化(更确切地，自然选择)通过了一百多个世纪铸就了人类生物学一样，进化必定也形成了人脑的工作方式。目前，相当大量的实验事实支持这个完全可信的假定。人的思想并不像早期的思想家认为的那样，是一个全目标的计算机，是由进行特殊计算的不同模块连接在一起构成的。例如，实验已经定量证明，人的意识包含一个模块，可以在潜在的配偶身上探测到对称性，或者缺少对称性，这是一个有着再生优势的能力。

理论物理学家的思想也是受了训练的，也许是与生俱来的，从而到处看到对称的倾向。我的一个心理学家朋友别别扭扭地告诉我，多余强迫精神病的症状之一就是对于对称和秩序有太多的兴趣。

自然神论还是有神论

爱因斯坦说过，他要的是"知道**上帝**是如何创造这个世界的，……知道**他**的思想"。如我在第 2 章开始时所引用的。这句话是鼓舞我写这本书的部分原因。作为作家，我喜欢自由用词，在这本书中，我自由地用**上帝**、**创造者**、**最终设计者**、**自然母亲**以及各种类似的并可以互换使用的名称，来描述同一个**实体**。很自然地，有些读者(和有些书的评论家)问起我关于"**最终设计者**"的看法。我的观点是倾向于自然神论，而不是有神论。自然神论认为，宇宙是被无所不包的"**存在**"所创造的，而有神论认为**创造者**，不管**他**、**她**或**它**是谁，对于个别人或者所有对政治正确性的精神实质有感觉的人的痛苦、快乐和灵感都主动地感兴趣。这本书中的任何说法都不意味着也不需要有神论的观点。

当《纽约时报书评》给我"传达了理论物理的宗教信仰比福利乔夫·卡普拉(Fritjof Capra)的《物理学的道(The Tao of Physics)》中说的要准确得多"的评价时，我感到很高兴。他们说理论物理的信仰，其实应该说理论物理学界的信仰。我的印象是，这一群体的信仰(更准确地说是我最了解的美国物理学界的信仰)延展到整个的谱,从浴血奋战的无神论者到虔诚的信仰者,谱的分布在趋近虔诚这一端时急剧下降。我认为许多理论物理学家对基础物理学基石的精妙结构十分敬畏。考虑过这个问题的人和爱因斯坦一样,在看到世界实际上是可以理解的时候都惊得发呆了。

我认为世界是可以理解的这个戏剧性的认识是人类知识历史上最深刻的见解之一。我们只要注意,许多辉煌的和精深的文明,主要是东方文明,从来没有事先假定这一点。

近代进化论生物学家已经得出结论,在生物世界中没有设计,用更准确的话说,生物世界中表观的设计可以由随机突变和自然选择来理解,我认为这个结论是有说服力的。这个观点在理查·道金斯(Richard Dawkins)的《盲人制表工(The Blind Watchmaker)》中有最有力的叙述。对我来说,反对创造主义的最有力的论据是我们人体内的糟糕设计,最近,乔治·威廉斯(George C. Williams)在他的《小鱼的发光(The Pony Fish's Glow)》中有仔细和典雅的论述。

当然,在生物世界中没有设计,在逻辑上并不意味着支配生物世界的物理定律没有设计。**最终设计者**要比 18 世纪神学家威廉·佩莱(William Paley)和他的追随者要深不可测得多。(在这里,我想到属于物理界的**伟大老人**的一句话:"神是高深莫测的,但他不是恶意的(Subtle is the Lord, but malicious He is not)"。①)**他**很可能对男人的睾丸在进化中降到阴囊内是否覆盖尿道并不关心,但**他**可能费心选择一个规范群,使得物理定律能导致星体、行星以及生物进化定律的出现,最终到灵长类的出现或许还有许多星系中的许多智慧生物的出现。他们可以仔细沉思,究竟他们是持自然神论、有神论、无神论,还是什么别的主张。这对我是一种深不可测的幽默。

神是有趣的,但**他**不是乐善好施的。

---

① 这句话是爱因斯坦说的。前半句被亚伯拉罕·派斯(Abraham Pais)在他所著的关于爱因斯坦的传记中用作书名。——译注

最终设计？

就如我在第 16 章中说到的，**最终设计者**也许并不是那样聪明，或许他是个**最终修理匠**，**他**试了一个设计又一个设计，直到找到一个能够产生智慧生物的设计，好让他们来辩论**他**是否存在。他试了一个群又一个群。嘿，$SO(7)$ 不行，试试 $SO(10)$ 吧。也许有无限多的宇宙，每一个有着自己的基础理论，有的理论有趣，更多的几乎立刻垮掉了。

说实在的，这种思想被李·斯墨林(Lee Smolin)发展到了极限。他试图把达尔文和爱因斯坦组合起来，对宇宙进行自然选择。只有那些具有最有趣物理定律的宇宙才能留存下来，生出更多的宇宙。这个想法虽然很好玩，但打击了多数物理学家(更不要说生物学家了!)，因为他把达尔文延伸得太远了。至少宇宙们并不会通过交配来交换"遗传物质"。

沿着这个想法可以发展出一个科幻场面。设想宇宙是一个超宇宙的高中生的一个家庭实验作业，他、她或者它也许已经造了一大堆宇宙，和一窝一窝蚂蚁一样，藏在地下室他的父母看不见的地方。或许他对这些宇宙失去兴趣，并把它们忘掉了，它们在完全的安静中有的膨胀，有的塌缩，不产生任何实际效用。

我想，我还是不要再继续发展这个场面了，否则这本书就不能在一个有威望的大学出版社出版了。

第 9 章附录

对于更喜欢数学的读者,我要说明为什么通过把两个 $SO(3)$ 的定义表示粘到一起而得到的九个客体会分裂为几个部落。

看一看九个客体,Ⓑ🅁,Ⓡ🅈,Ⓨ🅁,等等。选定一个客体,并交换圆形和方形中表示颜色的字母。客体Ⓡ🅁不变,但Ⓡ🅈变成了Ⓨ🅁,Ⓨ🅁变成了Ⓡ🅈。数学家们要处理的已经不是Ⓡ🅈和Ⓨ🅁,而是它们的线性组合,如Ⓡ🅈 ＋ Ⓨ🅁和Ⓡ🅈 － Ⓨ🅁。

为什么这是一个好主意? 关键在于,当我们交换圆形和方形中的字母时,数学家称为奇组合的Ⓡ🅈 － Ⓨ🅁变成Ⓨ🅁 － Ⓡ🅈,即－(Ⓡ🅈 － Ⓨ🅁)。换句话说,奇组合变成负的它自己。与此对比,数学家称为偶组合的Ⓡ🅈 ＋ Ⓨ🅁变为Ⓨ🅁 ＋ Ⓡ🅈,正是它自己。换句话说,它不变。在同样的意义上,客体Ⓡ🅁,Ⓨ🅈和Ⓑ🅱也是偶的:当圆形和方形中的字母交换时,这些客体不变。

我们成功地把 9 个客体分为两个部落:一个包含 3 个奇组合,另一个包含 6 个偶组合。很清楚,一共有 3 个奇组合,可以很容易地把它们列出来:Ⓡ🅈 － Ⓨ🅁,Ⓨ🅱 － Ⓑ🅈和Ⓑ🅁 － Ⓡ🅱。类似地,我们也能列出偶组合。

好了,现在我们可以来考察这些组合在转动的情况下如何变换。

考虑一个转动,它把箭头 x 变成 $ax+by+cz$。(如在正文中说过的,a、b、c

是正常的普通数。）

这样，客体ⓇⓇ就变换为线性组合

$$(a\text{Ⓡ}+b\text{Ⓨ}+c\text{Ⓑ})(a\text{Ⓡ}+b\text{Ⓨ}+c\text{Ⓑ})$$
$$=a^2\text{ⓇⓇ}+ab\text{ⓇⓎ}+ac\text{ⓇⒷ}+ba\text{ⓎⓇ}+b^2\text{ⓎⓎ}+$$
$$bc\text{ⓎⒷ}+ca\text{ⒷⓇ}+cb\text{ⒷⓎ}+c^2\text{ⒷⒷ}$$

这里我们没有做什么奇妙的事，只是把表达式$(a\text{Ⓡ}+b\text{Ⓨ}+c\text{Ⓑ})(a\text{Ⓡ}+b\text{Ⓨ}+c\text{Ⓑ})$展开，第一项是$a^2$ⓇⓇ是$a$Ⓡ乘$a$Ⓡ的结果，第二项$ab$ⓇⓎ是$a$Ⓡ乘$b$Ⓨ的结果……

你说，好。你向我演示：一个简单的客体ⓇⓇ被转动变换成了一大堆。然后怎样呢？

幸亏不必真正地去操作看来乱七八糟的表达式，我们所要做的就是注意到它只包含偶组合。例如，客体ⓇⓎ被数ab乘，客体ⓇⓎ被数ba乘，而它就等于ab。换句话说，偶组合ⓇⓎ＋ⓎⓇ出现，而奇组合ⓇⓎ－ⓎⓇ不出现。

等一等，这完全是显然的！我们看着偶组合ⓇⓇ如何变换。要想奇组合出现，需要出现一个负号。但负号不能从空气中蹦出来！

我们正好证明了偶组合变换为偶组合。类似地，奇组合变换为奇组合。奇组合与偶组合的区分传达了一个要旨：为什么黏合两个表示所得到的表示在一般情况下要分裂为更小的表示。

我将不再继续全面的数学分析（那也是令人疲倦的），我只是想让你知道一下所涉及的论据的味道。因此，我不再继续证明为什么 6 个偶组合还要进一步分为一个包含 5 个组合的部落和一个包含 1 个组合的部落。

让我们用比喻的形式总结一下。外星人认为他们应该根据物体有几条腿来对其分类。南瓜没有腿，所以它不能变换成王子。我们要更聪明一些：我们根据有没有负号来对组合进行分类。

现在你已经了解到比你自己想像的更多的群论了。例如，在第 13 章中我提到**最终设计者**用十维空间的转动群 $SO(10)$。现在你自己可以真正地去把两个 $SO(10)$ 的定义表示黏合起来。现在有 10 个可能的颜色，并且在 10×10 中有 100 个客体：ⓇⓇ，ⓇⓎ……那么，一共有多少奇组合？让我们数一下。放在圆中的字母有 10 种选择。把圆填上颜色后，方形的可填充颜色就只有 9 种选择了（因为我们不能在奇组合中给方形选同样的颜色：ⓇⓇ－ⓇⓇ＝0！）。

此外，因为ⓇⓎ和ⓎⓇ在同一个组合中出现，为了避免重复计数应该再除以 2。这样，我们有(10×9) /2＝45 个奇组合。用这个事实，物理学家推论，如果世界真是由基于 $SO(10)$ 的规范理论描述的话，应该有 45 个规范玻色子。（在第 12 章中讨论了规范场和规范玻色子。）

在 100－45＝55 个偶组合中，有一个变换为它自己。（我在这里不解释这个数学事实。）这样，在 $SO(10)$ 中，我们有 $10 \otimes 10 = 1 \oplus 45 \oplus 54$。（看，群论并不是那么难。）

跋的附录①

一次歌舞表演

1984 年夏天,我的妻子和我一起开车,带着孩子走遍全美国。在途中每一个物理中心都停一下,就像迁徙的野兽找寻饮水的地方。在科罗拉多的阿斯潘(Aspen,Colorado)我们停了一个月。在那里,在落基山的雄伟中,物理学家每个夏天聚集,讨论当前有意义的和瞎扯淡的新概念。在阿斯潘的气氛总是很松弛的:物理的聊天是和排球、野餐、登山、音乐以及观赏地方风光混合在一起的,就像现在这样。

一个温暖夏天的傍晚,物理学家闲暇取乐,借了有名的杰罗姆饭店(Hotel Jerome)的酒吧上演了一出综艺表演。在一个短剧中,一位物理学家口出狂言,说经过长期努力,他终于明白了引力的秘密。他说现在有了包括引力在内的普遍的理论。在他进一步解释之前,两个穿白大褂的人出来把他拖走了。

这个短剧是大家熟悉的,被拖往疯人院去的疯物理学家的形象也总能在物

---

① 这个附录引自徐一鸿著《老人的玩具:爱因斯坦宇宙中引力的工作与休闲》(1989)第 13 章"弦的音乐"。

理观众中引起窃笑。坐在观众席上，我觉得有些幽默的味道。在那个夏天，扮演疯子的物理学家是完全认真的，有了关于整个世界的理论。

几天以前我刚到阿斯潘物理中心，就直奔约翰·史瓦兹（John Schwarz，他就是疯物理学家的扮演者）和他的合作者迈克尔·格林（Mike Green）。他们二人都很激动。迈克尔·格林和我同时做博士后，我知道他在激动时怎样说话。在十年中格林和史瓦兹断续地在研究弦理论，以后成为超弦理论，现在他们有了一个能工作的版本了。

不被反常所传染

当物理学家写下一个世界的理论，他们必须验证一下，理论能否和量子原理结合。在 20 世纪 60 年代，物理学家发现，某些理论尽管开始时看来完全有意义，但它包含一种数学上的不自洽，称为**反常**。如果你喜欢的理论有反常，那它就不能和量子原则结合，你就可以和它吻别了。为了验证一个理论是否染上了反常，物理学家发展了一种临床检验。你看着你的理论，根据公式计算一个数字。如果你得到零，理论就没有感染。如果你得不到零，那就可以把它扔到废纸篓去了。

超弦理论因为感染反常而名声不好，这部分说明了在那个夏天以前物理学家对超弦理论普遍缺乏兴趣。格林和史瓦兹一直在计算不同超弦理论版本感染反常的程度。啊，不是零。这个不好。再试另一个版本。最后他们找到一个版本，真了不起，这个数是零。这就是在见面时他们激动的原因。他们在黑板上给我演示，这个数是如何抵消的。我特别感兴趣，因为在我的事业中经常和反常打交道。我感到惊讶，在格林和史瓦兹的超弦理论版本中反常几乎魔术般地抵消为零。约翰·史瓦兹喜欢把这个抵消称为超弦理论的第一个奇迹。

从另一个场中来

要了解所有关于超弦理论引起的激动是什么，还要回到折磨引力理论的所有困难。在 19 世纪的大部分时间里，很多物理学家尝试把引力和其他力统一起来,让引力和量子结婚,在黑暗无知的时代上钻一个偷窥孔,但他们都失败了。物理学中常会有这种情况,进展不是来自于那些把头往墙上撞、为引力而呻吟的人,而是来自于另一个人群。弦和超弦理论最初是为亚核世界的强相互作用粒子的行为而发明的,但失败得很惨。直到 1974 年,约翰·史瓦兹和法国的约尔·舍尔克(Joel Scherk)先后提出,理论是被错误地用到强作用现象上了,而它本应该用来描述引力。在 1984 年,格林和史瓦兹说,那些没有反常的超弦理论版本实际上就是有意义的引力理论。

弦和超弦

多年来,物理学的语言不断在改进,在我们的时代达到了精妙的量子场论。虽然很精妙,量子场论还是奠基于很简单的直观概念上,即物质客体可以分为粒子,它们就像小球一样,在数学上可以当作点。这个观点几乎从物理学之始就有了。多数物理学家包括我自己,都认为它很有吸引力。

物理学竟能在如此长的时期,很好地用点粒子描述自然,真让人吃惊。就我所知,当德谟克力图(Democritus)谈论原子、牛顿谈论颗粒时,他们并未坚持原子和颗粒必须是严格的数学的点。在原子发现后不久,就清楚了原子不是点,而是由更小的客体组成的。但迄今为止所有的证据都指明,与基础物理学家打交道的粒子——夸克、电子、光子等——在实验精确度范围内都是数学的点。例如,实验确定了电子不能大于约 10^{-18} 厘米。

与此对比,弦理论和它所产生的超弦理论都是基于基本粒子都是小段的弦这一理念上的。确实,如果这小段弦比探测仪器的分辨率还要小得多,那么它看起来就是个数学的点。根据弦理论拥护者的观点,我们所想的在空间和时间中飞来飞去的点粒子实际上是小而又小的弦段。

在小弦段各处运动时,它们还能用不同的方式扭曲,就像小蛆虫一样。弦理论引人注意的特点是,弦的不同方式的扭曲就相应于不同的粒子。因为一段弦可以有无限多的不同方式的扭曲,所以弦理论可以包含无限多种粒子。

引力的统一

弦理论是如何把引力和其他力统一起来的呢？

回想在第 3 章中，爱因斯坦引力理论完全确定了引力的基本粒子，即引力子的性质。引力子是无质量的，其自旋速率是光子的两倍等。令人注意的是，反过来也是对的：如果一个理论包含具有和引力子性质全同的粒子，这个理论就包含爱因斯坦理论。

原来，在弦理论包含的无穷多粒子中，有一个和引力子的性质完全相同。所以弦理论自动包含爱因斯坦的引力理论。理论包含引力子，这被拥护者欢呼为超弦理论的第二个奇迹。

引力和电磁作用统一起来了，因为在无穷多粒子中还有一个粒子具有和光子完全相同的性质。和我上面引证过的定理类似，理论也包括电磁作用。类似地，弦理论也包含强作用和弱作用。

理论包含引力和其他三种作用，它们的统一就是如此。

你会说，嘿，这太简单了，我也能想到它。对，你可能想到它。基本的概念性想法是令人尴尬地简单。与此对比，数学表述却是吓人地复杂。部分原因是对弦的不熟悉。几个世纪以来，物理学家一直和点粒子打交道。为了和弦打交道，忽然间要扩展整个物理学的表述。更糟糕的是，我们和点粒子打交道时所建立的直觉现在完全没有用了。

振动的弦又有什么可怕的复杂性呢？甚至在物理的初级教科书中都谈论小提琴弦的振动。第一，这些弦以光速振动。第二，我们要跟踪弦振动的无穷多方式。第三，我们要讨论量子世界，就要把理论量子化。而在量子化中，具有完全不能接受的性质的粒子有可能出现。这些粒子被物理学家开玩笑地称为鬼粒子。需要精致而详尽的分析才能证明，这些鬼粒子不过是数学的幻像。（为公平起见，我该说当量子场论刚发明的时候，它也使物理学家感到吓人地复杂。时间过去了，恐怖逐渐减退了，部分地因为物理学家熟悉了量子场论，部分地因为他们发展了处理量子场论的新方法，使得它简单多了。许多物理学家相信,同样的发展对弦理论也会发生。)

弦变成了超弦

不幸的是,我是这样描绘基本弦理论的,它就是你和你的叔叔约翰都能写得出来的,有突出的不合适之处:它甚至不包括电子!这是因为你和你的叔叔约翰是完全明理和实在的人。你们会用明理和实在的方式描写弦的振动,例如,当十分之一秒过去了,弦上一点往西动了 0.27 英寸,另一点往西偏北动了 0.18 英寸等,一直到弦上所有的点的位置都标定好了。这样你已经描述了弦从某一时刻起到十分之一秒后的运动。要把电子包括进来,物理学家还要把这种描述扩大。他们说在十分之一秒后这一点往某一个方向动了 0.27 英寸和 ψ,此处 ψ 代表数学家格拉斯曼(Grassman)发明的一种怪异的数。物理学家用一个希腊字母 ψ 代表格拉斯曼数。

什么是格拉斯曼数?简单地说,当你用一个格拉斯曼数乘它自己时,你得到零。因此 $\psi \times \psi = 0$。怎么回事?格拉斯曼数真是怪东西。你怎么能用一个数乘它自己而得到零?只有数学家才能想到这种东西。

弦能够作以格拉斯曼数描写的这种运动,也能作以普通数描写的那种运动,这种弦理论称为超弦理论。

要给出一个关于物理学家如何运用格拉斯曼数的解释,至少需要写 30 页,那你就烦死了。我提到格拉斯曼数,只是为了让你看到理论怪异的一面。一旦理论离开了普通数这个码头,物理学家要直观地看到振动的弦可就难了。如果你认为弦理论难懂,那么超弦更是如此。

你说,这又有什么!从点到弦有什么高深之处呢?如果你逼着物理学家说,他会承认:没有什么。既然如此,为什么物理学家从点的理论过渡到弦的理论要用这么长时间?答案是物理学家用基于点粒子的理论取得了巨大的进展,以致没有强烈的动机过渡到基于弦的理论。实际上,多年来一直有物理学家做一些零散的,努力试图研究不基于点粒子的理论,但物理学家大都被随之而来的复杂性吓退了。我们应该向弦理论的先驱,坚持不懈的约翰·史瓦兹和迈克尔·格林致敬。

在弦之外？

你宣布说，嘿，我也能作一个新理论。如果你们从点的理论过渡到弦或曲线的理论，为什么要停下呢？作为数学对象，点是零维的，线是一维的，面是二维的，球是三维的。为什么不继续自然的序列，过渡到面的理论，然后到球的理论？正如一小段弦看来像一个点粒子，一小块表面或膜也像弦的一小段。为什么不作膜理论和超膜理论，球理论和超球理论？

有的人尝试写出膜理论和球理论，但这些理论是如此复杂，以致物理学家在分析它们的工作中还没有走出第一步。设计了宇宙的人对 20 世纪末的人类是否有足够的数学能力关心不能更少了。当然弦理论是膜理论好的近似，就像点粒子理论是弦理论好的近似一样。弦理论的拥护者会让步，认为他们的理论也可能不是最后的理论，而仅是比点粒子理论更好的理论。仍然有很多物理学家（我也算一个）担心，物理学家离开了点粒子就像打开俄罗斯套娃娃的无穷序列一样。

奢侈的统一

在这个意义上引力最后和其他三种基本力统一了，因为超弦理论包含了引力子和其他力的基本粒子，例如光子。但这个理论也包含无限多的其他粒子。所有这些粒子都有巨大的质量，至少是质子质量的 10^{19} 倍。根据在上一章中引入的专有名词，这些粒子具有普朗克能量量级或更大的能量。在"通常"的能量下，即比普朗克能量低得多的能量下，它们因质量太大而不能出现。只有当获得的能量超过它们的质量时它们才能出现。

我们可以说，引力是和强、电磁和弱力统一了，但同时也和无限多的其他力统一了，这些力在通常能量下不会出现。这可以称为奢侈的统一。引力被说服参加舞蹈，但以招募无限多的附加伙伴为代价。

弦理论是如何安排引力和量子的婚姻的呢？回想物理学家尝试把爱因斯坦理论变为量子理论时，超过普朗克能量的量子涨落产生了对两个物体间引力的无限大的修正。弦理论如何摆脱这个困难呢？简单地说，当量子涨落的能量超过普朗克尺度时，物理剧中的所有无限多"附加伙伴"都到了前台参加合唱。它们唱，嘿，嘿，在这样高的能量下，我们也能按量子的音乐跳舞，产生和其他人一样的量子涨落。这些涨落也能产生无限大的对引力的修正，奇迹中的奇迹，它们和在爱因斯坦理论中产生的不可接受的修正抵消了。

换句话说，爱因斯坦的引力理论只是弦理论在能量低于普朗克尺度时的近似。在能量大于普朗克尺度时，就是另一种球赛了，用爱因斯坦理论计算量子涨落只能给出部分结果。

多维的宇宙

超弦理论令人吃惊的特点是，它只有在九维空间中才能表述。第一次听到这点时，你可能想把理论从窗户扔出去，这实际上是许多物理学家的第一个反应。对任何明理的人，空间是三维的。爱因斯坦把空间和时间统一起来并把物理世界描述为四维的：三维空间和一维时间。但对于爱因斯坦，空间是三维的，和任何普通人想的一样。超弦理论只有在另加六维空间时才有意义。

我们怎么可能丢了这些附加的维呢？很容易，只要这些维是很小的。考虑一个生物生活在管子的表面上。生物居住的空间，即管子的表面，实际上是二维的。假设管子的半径比生物能感知的最小距离还要小得多。对生物而言，空间好像是一维的，因为它只能沿管的长度爬。

换句话说，我们可能把一根细管子误认为一条线。更仔细地查看，"线"上的每一"点"实际上是个圆。所以十分可能的是，我们走来走去的熟悉的三维空间的每个点，在仔细查看时也是一个圆。如果圆的半径比我们所能量测的最小距离还要小得多，我们就会把圆看成点，而把我们生活的四维空间误认为三维的。不要担心你不能看见这个奇怪空间的形象。在长的空管表面上生活的短视的生物也不能形象地看出他的空间是二维的。

我们可以继续下去。也许通过仔细地观察，我们三维空间的每个点实际上是个二维表面，例如球面。在这种情况下，我们深爱的三维空间实际上是五维的，……物理学家把我们所知的三维空间称为外空间，把因为我们的近视而藏在我们视野之外的空间称为内空间。空间的真实维数因此就是内空间维数加上三。

在实验上没有任何关于内空间的证据。实验家寻找过，并说如果内空间存在，它应该比质子大小的几百分之一还要小。与人类衡量事物的尺度相比，这是绝对小的，我们要对实验家探索如此小的尺度所付出的努力表示祝贺。但在实验家辛勤工作时，理论家却可以自由地相信内空间。他们可以打响指，并异口同声地宣称内空间比实验家所能测量的要小得多。实际上，弦理论家相信内空间的大小比质子小 10^{18} 倍。在可预见的未来，实验家没有希望能探测这样大小的空间。

从引力得出电磁

实际上，空间有隐藏的内维数的概念，是从历史的废纸篓中找出来的。在 1919 年，就是在爱因斯坦提出他的引力理论后四年，波兰数学家和语言学家西奥多·卡鲁查(Theodor Kaluza)建议空间可能是四维的。瑞典物理学家奥斯卡·克莱因(Oscar Klein)把卡鲁查的工作发展成为卡鲁查-克莱因理论。顺便说来，当爱因斯坦听说这个想法时，他感到惊讶。他写信给卡鲁查说，四维空间的概念他从未有过。

任何有判断力的人对卡鲁查的建议的反应都是问一个隐藏的附加维数有什么好处。你可以宣称任何古怪的吐火兽存在，只要它小得让人看不见就行。

确定地说，注意到卡鲁查和克莱因的物理学家一定会发现隐藏维数的妙处。他们会发现，卡鲁查-克莱因理论统一了引力和电磁。

考虑最简单的可能性：内空间是一个圆；世界是五维的，空间四维，时间一维。假设卡鲁查和克莱因说，世界上只有引力。世界上的居民太近视了，他们所谓的点实际上是圆。他们如何感知引力呢？让卡鲁查和克莱因大吃一惊，他们发现居民会感知两种力，他们可以诠释为引力和电磁力！在卡鲁查-克莱因理论中,电磁力从引力中得出来!

可以粗略地理解这个令人目瞪口呆的发现。三维空间的力可以在三个不同方向牵引物体,这也是我们把空间称为三维的含义。在卡鲁查-克莱因理论的四维空间中,引力可以在四个方向上牵引物体。对于我们这些近视的居民,在我们所知的三个方向上的引力牵引就是通常的引力。但在第四维空间,这是我们因太近视而看不见的,引力牵引又是什么呢?我们把它解释为另一种力,称为电磁力。

对很多物理学家来说,电磁出自于引力是够令人兴奋的。但不久,卡鲁查-克莱因理论就从物理学家的集体意识中隐退了,因为知道了除引力和电磁之外还有别的力。强力和弱力是为了解释一大群新现象而发明的。进一步研究发现,它们是不能纳入卡鲁查-克莱因框架的。在我学物理时,从来没有听说过卡鲁查-克莱因理论。20 世纪 70 年代有关引力的主要教科书没有提过它。

从几何中得出的力

甚至当卡鲁查-克莱因理论名声不好时,也有少数物理学家时不时地研究它。卡鲁查和克莱因把内空间看作一维的圆。如果内空间是多维的又会怎样?例如内空间可以是个二维球面,见图 A. 1(a)。

物理学家发现,内空间的维数越多,越多种的力会涌现出来。如果内空间是个圆,就出来电磁力。如果内空间是个球,就出来包括电磁在内的几种力。基于上述论据,下面的说法就不奇怪了:力在球面上可以比在圆上有更多的方向牵引。

这些力如何依赖于内空间的对称性呢?例如二维的内空间可以是球面也可以是环面。环面绕图 A. 1(b)中用虚线标出的轴旋转后是对称的,而球绕任何轴旋转后都是对称的。结果是,如果内空间是球,联系所得出的各种力的对称性比内空间是环的情况要多。实际上,如果内空间根本没有对称性,如图 A. 1(c)所示的空间,就得不出任何力。能得出的力的数目依赖于内空间有多么对称。因此从球得出的力比从圆得出的多,因为它比圆更对称。

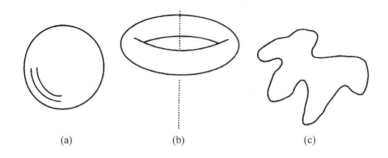

图 A.1 内空间的可能选择

(a) 球;(b) 环;(c) 没有对称性的面

图(b)中虚线轴的意义在本文中有说明。图中空间必须表示为二维面。实际上物理学家通常会想到高维空间

一个卡鲁查-克莱因的狂热拥护者会喊出,不可思议地妙!内空间的对称性给我们看到的外空间力的对称性打上了自己的烙印。

物理学家对基本力的对称性感到狂喜,而数学家早就对几何形状的对称性着了迷。在卡鲁查-克莱因理论中,数学家的对称性和物理学家的对称性走到一起来了。几何对称性融入了物理对称性,这是极端美丽的,但不幸的是,这只有在数学的华丽中才能完全地欣赏到。

在20世纪70年代,物理学家对强力和弱力有了新的理解。从新理解出发,他们得以把强、电磁、弱力合而为一。此后又认识到,大统一力作为引力的一部分可以从卡鲁查-克莱因理论得出。到此卡鲁查-克莱因理论杀了回来。物理学家试过各种内空间。我相信内空间应该是个球,因为那是几何形状中最符合审美观点的。

我应该强调,空间多于三维的观点绝不会被普遍地接受。为什么内空间这样小,而外空间(即整个宇宙)又那么大?不同的空间维是在同一基础上开始的,不知什么原因,其中一些伸展开了,而另一些几乎缩没了。一些物理学家认为存在被隐藏不可视的维这个想法走得太远了,和实验现实离得太远了。

没有兑现的承诺

在物理学中我们理解力目前所处的阶段,基本粒子(例如电子)的质量被认为是未定参数,若它们的值是知道的,只是因为被测量过。为什么电子的质量是约半个 MeV? 没人知道。而卡鲁查-克莱因理论称基本粒子的质量是由内空间的大小决定的。

物理学家被卡鲁查-克莱因理论的这个勇敢的承诺激励了。不幸的是,很快,一个计算对他们的激动泼了一盆凉水:电子的质量竟约为普朗克质量,10^{19} GeV。这算什么理论? 10^{19} GeV,即 10^{21} MeV,和半个 MeV 根本不能同日而语。在卡鲁查-克莱因理论中,内空间越小,粒子(如电子)的质量就越大。因为我们不能把内空间扩大,我们就不能把电子的质量减小。

在 20 世纪 70 年代末期和 20 世纪 80 年代初期,物理学家设法修改卡鲁查-克莱因理论,希望得到合理的电子质量。但没有结果。在失望中他们准备放弃这个理论。

差不多就在这个时候,超弦理论出现在舞台上。在我们介绍卡鲁查-克莱因理论背景的长过程中,说到超弦理论只有在空间是九维时才有意义。和卡鲁查-克莱因理论打了这么多交道,物理学家对此处之泰然。他们远远没有把理论扔到窗外去,相反地,他们把卡鲁查-克莱因理论的概念吸收到超弦理论中来了。

有时被称为超弦理论的第三个奇迹是,电子是无质量的。你可能认为这不能算奇迹,因为电子质量是半个 MeV。相对普朗克质量尺度,半个 MeV 不管你的愿望和目的如何,都是等于零的。肯定这是对卡鲁查-克莱因理论的一个巨大的改进。超弦理论的信仰者希望,当理论最后被很好地理解时,某些现在被忽略的小效应会将电子的零质量改正为半个 MeV。在现阶段,这个问题可以算是一个小事情。

一件好事给出了太多东西

但卡鲁查-克莱因概念只能以一种奇怪的方式纳入超弦理论。困难是财富带来的尴尬。我说过弦的不同方式的扭动表现为不同的粒子。以一种方式扭动，弦表现为引力子；以另一种方式扭动，它表现为光子。所以理论包含光子和相应的电磁作用。类似地，它包含强力和弱力。超弦理论已经包含了这些已知的力了，它需要从卡鲁查-克莱因理论来的力就如同在头上需要一个洞一样。

弦理论家真是处于困境了。物理学家一直在努力了解已知的四种力从何而来。现在忽然有了太多的力：从弦的扭摆来的力和从卡鲁查-克莱因框架来的力——卡鲁查-克莱因力。弦理论家被迫选择无对称的内空间。

如前文提到过的，如果内空间是完全非对称的，没有力会涌现出来。选择非对称的内空间，弦理论家得以避免太多的力。他们只保留从弦的扭摆得来的力。

在传统上，卡鲁查-克莱因的狂热爱好者永远只考虑对称内空间。为什么要考虑非对称内空间呢？总之，卡鲁查-克莱因理论的要点就是把引力放进来，而得到其他的力。在这个意义上，把卡鲁查-克莱因概念引入超弦理论是不符合卡鲁查和克莱因的初衷的。一些物理学家，包括我在内，是对这种颠覆卡鲁查-克莱因理论表示担心的。过渡到高维空间的美和优点是，其他力作为引力的一种而得到。但超弦理论不需要这些力（至少对旁观者而言），因此选择了惹笑的内空间。

我一个人仍然希望内空间是一个完全的球，并且卡鲁查-克莱因理论原始的美仍然得以保持。但我的弦理论朋友反对这种情绪，说这是一相情愿和有怀旧病的。

弦理论的复杂性部分地是由于非对称内空间。但对于非对称内空间，物理学家要得出理论的推论有很大困难。

在第 9 章中，我提到过拓扑是如何进入物理的，数学家如何用拓扑推导出几何对象的性质，而这些几何对象是常人无法直观想像的。在卡鲁查-克莱因理论和超弦理论中,拓扑确实来到了前台。只要内空间是对称的,例如是球,它的性质就可以立刻推导出来。但在超弦理论中,内空间勉强能被想像出来,就要用拓扑方法提取对一些问题的答案,例如电子的质量是否会比普朗克质量小得多。

在最初的激动中,曾认为超弦理论能决定内空间。可惜现在这个承诺已被证明为幻想。很多不同的内空间都是可能的,而相对一个内空间就有一个弦理论。物理学家现在只能依靠拓扑学和其他高深的数学分支,例如代数几何学,来分类和研究这些空间。

这里是藏龙之地

女士朋友又唠叨了,"我还是不懂超弦理论。"

我只好叹息说:"我知道,对不起。我对弦理论是描述得多解释得少。部分的原因是因为理论在物理上和数学上都很新,物理学家对它了解不深。我没有解释为什么理论没有感染反常和为什么电子的质量为零。没有人真正懂得这些个**为什么**。这就是为什么它们被戏称为奇迹的理由,它们只是从方程式中出现的。"

她感到解脱了,说:"这使我感到好些了。我怕我丢掉了些什么。"

我懊悔地说:"但我并不感到好些。为有知识的外行读者写这本关于物理的书,我的愿望是尽可能多解释一些。但讲到后来,很多东西都基于量子物理的高深概念。"

她高兴地答:"是这么回事。至少我能想像一根弦在扭动。不同的扭动方式对我们就表现为不同的粒子。"

"对。这是关键点。引力子只是无限多扭动方式中的一种。在一定意义上,引力被降级了。这是一些物理学家不喜欢超弦理论的原因之一。我们总觉得引力应该很特殊,因为它和空间、时间和万物都联系着。"

"这也使我担心。"

"毋庸置疑,超弦理论是自 1915 年以来在我们对引力的理解中最重大的进展。自从量子物理到来,引力就趋向于自己让位。你知道画地图的人如何标出他们一无所知的地域。他们用一句拉丁名言:'在此线之外是藏龙之地。'引力用这句名言标出普朗克能量外的区域。超弦理论家正在这个区域探险。有龙!它们是以无限多种形式扭动着的弦。"

奇迹和困难

有了以上三个奇迹,弦理论拥护者的信心坚定了。但仍有困难和麻烦。目前,物理界对超弦理论会不会成为其拥护者所宣称的万物的最终理论看法不一。理论的发展有巨大的复杂性,而且还没有达到用实验判定基本问题的阶段。一个内在的困难是,实验只能在远低于普朗克能量处进行,而理论却在那高耸的能量标度处表述。所有那些无限多的由超弦理论引入的"附加"粒子——代表弦的不同扭摆方式的超大质量粒子——只在普朗克能量或更高处唱它们的歌。

梯级

为了更好地了解对超弦理论不同的评价,让我们更仔细地讨论物理的能量尺度。能量尺度可以看成梯级。在每一个梯级上,物理学家尝试得出由这个尺度表征的所有现象。例如,原子物理学家尝试计算有 11 个电子在核周围飞行的钠原子的性质。对他而言,钠原子核只是由一些数字表征的小球,诸如它的质量、电荷和磁矩。(原子核的磁矩告诉我们,它在磁场中如何表现,就像电荷告诉我们它在电场中如何表现一样。)他认为这些数字是给定的,或是直接用实验测量的,或是计算出来由核物理学家交给他的。核物理学家知道钠原子核是由 11 个质子和 12 个中子组成的,她开始尝试去计算钠核的性质。但她只有被告知质子和中子的性质后才能进行这项工作。如果已知质子和中子的磁矩是多少,就能计算钠核的磁矩。轮到粒子物理学家,他要计算质子和中子的磁矩。

我们对物理世界的了解是循序渐进的。在每一个梯级上，物理学家都有一大堆被称为参数的数字。在我们沿梯级往上走时，希望在每一个梯级上需要的参数越来越少。所以，原子物理学家把所有几百个核的磁矩都看作参数，而核物理学家只把质子和中子的磁矩当作参数。（至于磁矩，其故事终止于粒子物理这个梯级上。在当前被接受的粒子理论中，夸克的磁矩被赋予一定的数值，通过这些数值可以计算质子和中子的磁矩。）

在物理学探索越来越高的能量尺度时，大量的现象仍然要在低能尺度理解。例如，各种金属物质的性质仍和物理学家的预期不同，从而使他们困惑。但对这些现象的解释肯定不在高能量尺度的物理。一个亚核粒子在一个极大数分之一秒内衰变不可能去影响金属的行为。

我们对物理世界的了解可以粗略地用给出多少参数来量化。当前被接受的粒子理论包含 18 个参数。（确切数量决定于你如何去数，以及你认为哪些是已经理解的。）基础物理学的目标是把参数的数目减到绝对小。有些物理学家甚至抱着把参数数目减为零的希望。

在粒子物理之后的梯级是什么？

物理学家只能猜测。从特征能量尺度为 10eV 的原子物理开始，我们要往上爬十万倍高的能量到达特征能量尺度为 1MeV（即 1 百万电子伏特）的核物理。从核物理，我们要在能量上往上爬一千倍高的能量到达特征能量为 1GeV（即 10 亿电子伏特）的粒子物理。在当前，在加速器上进行着能量尺度为 100GeV 物理的探索，但没有发现特别神奇的新东西。（我很严格地用"新"的严格概念。它所涉及的物理必须要求对现有理论作结构性的改进，才被称为"新"。）

在 1000GeV 我们能看到新物理吗？或是只能在高得多的能量上才行？

很大赌注下在下一个梯级在何处的问题上。很多纳税人的钱投进去了。建造下一代加速器的物理学家迫切地想知道这个问题的答案。他们应该设计探索 1000GeV（称作 1TeV）的机器吗？或者直接冲击 100TeV？

我们所知的全部是在普朗克能量（即 10^{19} GeV）有一个梯级。这是引力告诉我们的。此外,大统一理论告诉我们,强、电磁和弱作用在 $10^{15}\,\mathrm{GeV}$ 融合为一个相互作用,但并不是每个人都相信大统一理论。当前我们只在约为 $10^2\,\mathrm{GeV}$ 能量尺度上进行实验性物理探索。

一个极端的观点是,孩子们,就是这样了。在 $10^2\,\mathrm{GeV}$ 到大统一尺度之间没有戏剧性的新物理了。大统一理论的拥护者把这个大区域称作"沙漠",他们说在这里实验家只能看到"贫瘠的沙"。实验家和设计加速器的物理学家自然恨这个观点。他们气愤地指向物理学史。在过去,当我们在能量上往上走时总能遇到新物理,尽管没有得到任何暗示。"沙漠"一定会开花,成为牛奶和蜂蜜之乡。

哲学上的区别

从背景上看,对超弦理论的不同看法反映了物理学家对于物理应如何进展的一个真实哲学区别:是应大步向前跃进,还是艰苦地往上爬梯级。超弦理论的信仰者认为,真实的物理只在普朗克尺度,在此以下的所有物理我们已经基本上明白了,至少在宽泛的大纲上。在他们的无边信仰里,他们宣称已经找到了**最终的设计**。与之对比的是,没有信仰的人是反对者。他们把信仰和铁的事实绑在一起,而不是和高深数学的幽雅绑在一起。他们担心那些同事们在向普朗克尺度跃进时会到达数学迷恋的永远不能实现之地。

这种哲学的搏斗是一直存在的,在理想家和实践家之间,在爱因斯坦与大多数致力于数据和具体计算的理论物理学家之间。

爱因斯坦曾说过:"我要知道上帝是如何创造世界的。我对这个或那个现象不感兴趣。我要知道**他**的思想,其余只是细节。"多么目空一切的理想主义!怎样的挑衅!听一听那些把生命奉献给这个或那个现象的物理学家咬牙切齿的声音吧!

当然,从研究星体到研究金属和材料,物理的大部分是和这个或那个现象打交道的,是应该如此的。我们谈到的是,致力于理解世界最终是如何运行的基础物理,在基础物理学界内的哲学分歧。

老人是不回头的，并且再次说："我相信能用纯粹数学构造的方法发现观念和定律……他们提供了解自然现象的钥匙。经验会建议合适的数学概念，但数学概念肯定不能从经验演绎出来……因此，我认为在一定意义上纯粹的思想能理解现实，就像古人梦想的一样。"纯粹的思想！多么傲慢，但又是多么辉煌的傲慢！这是引诱孩子们变成理论物理学家的梦想！了解自然，通过纯粹的思维！

怀疑派在窃笑了。古人梦想过，但他们走不多远。德谟克力图认为物质是由原子构成的，从伊斯兰到中国的文明中，都有哲人具有类似的观点。但若没有 19 世纪末和 20 世纪初的实验，我们对原子是一无所知的。毛泽东认为，辩证唯物论要求亚核粒子是由层子（从"层次"一词而来）构成的。但若没有 20 世纪 50 年代和 20 世纪 60 年代建成的大加速器，我们可能永远不会知道关于夸克和胶子的事。

那么爱因斯坦说的是什么意思呢？物理学有过用纯粹思维推进的吗？最好的例子（有人说这是惟一的例子，如果它算个例子的话）就是老人自己的引力理论。下落的人感觉不到引力的观点揭开了引力的秘密。当然这个观点自身也要建筑在事实上，即伽利略的观察——所有物体以同一速率下落。问题是，这个理论不是艰苦地一步一步地构造出来的，而是每一步都需要实验的指引。它是整体地产生的。不要管诞生过程有多么痛苦——爱因斯坦奋斗了多年——理论究竟是整体地产生的。

但爱因斯坦理论是规则的一个例外。例如，理解弱作用的奋斗更贴近基础物理的发展特征。从发现放射性到现在，弱作用理论是一块砖又一块砖地建起来的，当新的实验和理论矛盾时，一些砖块会被去掉，甚至建筑的一翼被推倒重来。

爱因斯坦的情绪反映了他被自己发现引力理论的成功所陶醉。很多人觉得引力理论的发现是纯粹思维能推进物理的惟一的例外。四分之三世纪之后，超弦理论的信仰者又举起纯粹思维的大旗。基本粒子是实际的弦的扭摆这个概念是纯粹的思维，不是被任何实验所启示的。

粒子物理学家分为两类。一些人着迷于"纯粹思维"，另一些人认为爱因斯

坦的梦——表现为超弦理论——已经变成了噩梦。实际上，一个物理学家的选
择，即搞不搞超弦理论，往往很少与哲学观点有关，而更多的与其他因素有关，
如爱好、能力、职务提升的前景，也许更重要的是惰性。要掌握一个全新的发展
需要很多精力，很多物理学家，即使对超弦理论半信半疑，也仍然继续着他们一
直在工作的方向。

注　记

在下面的注记中，有的是文献参考，其他是对正文中讨论的加强或补充。

1　美的寻求

3① 引用邦迪的一段话，见惠特鲁的《爱因斯坦：其人及其成就》(G J Whitrow. Einstein: The Man and His Achievement. New York: Dover，1973)。

3 爱因斯坦判断理论的标准，见霍夫曼的《爱因斯坦：创造者和反叛》(B Hoffman. Albert Einstein: Creator and Rebel. New York: Viking Press，1972)。作者是爱因斯坦一个时期的他的合作者，在描述爱因斯坦的工作时，他写道："爱因斯坦的深奥本质上源于他的简单，他的科学性源于他的艺术性——关于美的非凡的感觉。"

4 表面上**自然**像是有个设计，而这个设计又能为人理解，爱因斯坦在给友人毛利斯·索罗文(Maurice Solovine)的信中表达过，他对此感到诧异。见霍尔顿所写的"爱因斯坦对'什么是思想'问题的回答"，载于《爱因斯坦：百年纪

---

① 注记中黑体数字表示在正文中的页码。

念卷》(G Holton. What, precisely, is "thinking"? Einstein's answer. In: A P French ed. Einstein: A Centenary Volume. Cambridge, Mass: Harvard University Press, 1979)。

7 唯象定律和基本定律间的区别不是非常明显。牛顿引力定律一度被认为是基础定律,但爱因斯坦把它作为自己的引力理论的唯象体现推导出来,但是最近有些理论物理学家证实,有可能爱因斯坦理论也来源于更深刻的理论。尽管有物理学家的傲慢,但是一代人认为是基础的东西,下一代人可能认为是唯象的。

2 对称性与单纯

9 关于物理学中对称性的一个经典的但也是早期的参考,是外尔的《对称性》(H Weyl. Symmetry. Princeton, N J: Princeton University Press, 1952)。也可以读韦格纳的《对称和反射》(E P Wigner. Symmetries and Reflections. Bloomington, Indiana: Indiana University Press, 1967)。

16 关于为什么星体缓慢燃烧的解释源于贝推(Hans Bethe)和其他人。见克雷顿的《星体演化原理与核合成》(D D Clayton. Principles of Stellar Evolution and Nucleosynthesis. New York: McGraw Hill, 1968)。

17 在"大数的统治"这一节里,我谈到宇宙中光子和质子的数目令人难以想像的巨大。读者会觉得奇怪,先不管是谁订的货,究竟是谁数出这些数目。调查是事前完全没有计划的。大约二十年前,两位在新泽西州荷姆斯戴尔(Holmsdel)的贝尔电话公司工作的工程师阿尔诺·彭齐亚斯(Arno Penzias)和 罗伯特·威尔逊 (Robert Wilson)建造了超灵敏的天线。让他们失望的是,不管他们费多大的劲(包括定期清除喜欢天线的鸽子留下的粪),天线总是产生一种稳定的信号。原来他们听到的是宇宙之歌。就像微波炉中充满微波一样,宇宙中也遍布微波辐射,只是强度极小而已。诺贝尔奖授予了这个伟大的发现,这个发现也有助于确立乔治·伽莫夫关于宇宙从大爆炸开始的理论。在探测到微波辐射时,彭齐亚斯和威尔逊实际上看到了在很长很长时间以前发生爆炸的暗淡余晖。微波辐射如同无线电波和光波一样,也是电磁辐射的一种形式。从电磁理论可以知道一定强度的微波辐射包含的光子数密度，再知道宇宙近似的大小，物理学家只要把两个数乘在一起就得到宇宙中光子的数目。顺便说来，和宇宙微波背景辐射的光子数相比，宇宙中所有的星体自从它们诞生以来发出的光子的数目少得可怜，就更不要说我们的电灯泡发出的光子了。

要决定质子的数目，可以数一下一个典型星体（例如太阳）中包含的质子数、一个典型星系（例如我们的银河系）中的星体数和可观测宇宙中的星系数，然后把它们乘在一起就行了。因为通过测量宇宙微波辐射得出的光子数很精确，所以最好的办法是：通过先确定质子的数密度和光子的数密度之比间接得出质子的数目。在早期宇宙中（用人的标准看是早期，但用粒子物理的角度看已经很晚了），质子和中子结合在不同的原子核中。多数质子得以和电子结合形成氢原子，其余的质子和中子碰撞结合成氦核。例如，一个有经验的厨师尝一下蛋糕就知道黄油和面粉的比例。用同样的方法，天文学家根据今天测量出的天空中氦的数量，就能告诉我们光子和质子数目之比。在这个例子中，用做蛋糕来比喻不仅是形象而已，在烹饪中，化学反应重新安排分子。在早期宇宙中，核反应把质子和中子结合在一起。

3 镜子另一端的世界

20 在餐桌上传盘子的引文来自久迪斯·马丁的《严格餐桌礼仪指南》（Judith Martin. Miss Manner's Guide to Excruciating Correct Behavior. New York：Warner Books，1982，p. 130）。

23 关于花鳉科鱼类的描述来自穆尔契的《生命的七个神秘》（G Murchie. The Seven Mysteries of Life. Boston，Houghton Mifflin，1981，p. 134）。

23 我要感谢我在普林斯顿的历史学教授约翰·马丁（John Martin），在一次有益的谈话中，他告诉我伦勃朗在铜版画中如何不在乎遵守左和右的约定。

24 男人领带上的条纹提供了又一个人类关于左和右的约定的有趣例子。在美国，从右肩到左膝的习惯已经有多年了。在英国，习惯正好相反。著名的美国制衣商布鲁克斯兄弟（Brooks Brothers）决定推出一排方向相反的条纹领带。新样式只存在了一个季节。载于《哈佛杂志》(*Harvard Magazine*)(1985 年)的一篇报道中谈道:一个完全任意的习惯对我们居然有这么大的影响。

25 在军事婚礼中,例如在西点军校,新娘站在新郎的右方,是为了防止在他要拔出剑时伤到自己。

26 关于宇称不守恒的叙述,一个引自伯恩斯坦的《可以理解的世界》(J Bernstein. A Comprehensible World. New York:Random House,1967,p. 35),另一个见杨振宁的《基本粒子》(C N Yang. Elementary Particles. Princeton,N J,Princeton University Press,1961)。

30 关于吴女士的传略,可以读卢布金(G. Lubkin)写的"物理学研究的第一夫人吴健雄"(G Lubkin. CheinShiung Wu, the First Lady of Physics Research. Smithsonian,1971(1))。关于弱作用实验的历史讨论可以读吴健雄写的"深奥和惊讶:贝塔衰变对于了解弱作用的贡献"(C S Wu. Subtleties and Surprise:The Contribution of Beta Decay to an Understanding of Weak Interactions. Annals of the New York Academy of Sciences,1977(294))。

30 肯定吴女士会有吸引人的故事可谈,我曾到哥伦比亚大学对她进行访谈,并事先申请了停车许可。这是一位有活力的美丽夫人,在她周围有一种高贵的气氛。吴女士完全超越了你在事先对一位核物理学带头人所能有的想像。在激动时她用小巧的手做手势,在谈到她生活中遇到的人物和事件时她会停下来追忆。

谈话进行得很顺畅。她回忆说,当她看到父亲在 1911 年革命中所用的枪和剑时感到害怕。在第二次世界大战中,她为曼哈顿计划工作(她笑着说:"就在这里的曼哈顿,在第 136 和 137 街之间的一个汽车展厅中隐藏着的实验室里。")。当我问到关于她的著名实验——第一次看到我们的世界和镜中的世界的内在区别时,她的眼睛发亮了,用明显的欢悦声音说:"那可真有意思!"但是,在几乎是满清时代,出生于一个封建的和男人统治家庭中的女孩子是怎样变成一位"实验核物理的女皇"和美国物理学会的第一任妇女会长的呢?

吴女士解释说,她生在长江口边的浏河,由于它的位置,曾在历史上作为帝国海军远征的出发地,以后也是西方影响来到中国最早的地方之一。以后由于港口淤泥,它的地位被东面下游约 20 英里的另一个小镇上海所取代。吴女士的父亲曾经在上海一家外国贸易公司做文书。他受新思想的影响很大,并于几年后回到家乡违背她父亲的意愿办了一所女子学校。吴女士回忆说,她的父亲在上海学会了装收音机。在 1930 年左右,在浏河能够听到上海的广播,她的父亲就为农民装收音机。

但她的童年远不是在平静中度过的。浏河几次被海盗和军阀所劫掠。但她却比很多人都幸运,在 1936 年她在南京的中央大学(建于 1902 年左右)完成了学业。在一位曾在密歇根大学学习过的浙江大学女教授指导下进行了短时间的 X 射线研究后,吴女士得到去密歇根大学学习的机会。但到了旧金山,一位朋友领她去看伯克利(加州大学所在地),她立刻就喜欢上这座校园。吴女士回忆说,她早就决心进入美国的生活。因为某种原因许多中国学生都去密歇根大学学习,但她决定不去。她遇到一个物理系的学生带她去见雷蒙德·伯吉(Raymond Birge),这是一位被认为有建立物理系之功的物理学家。吴女士回忆说,伯吉"非常非常和蔼",尽管课程已经开始了几星期,他还是允许她入学。

1939 年消息传到美国,两个德国物理学家奥托·韩(Otto Hahn)和弗利兹·斯特拉斯曼(Fritz Strassman)成功分裂了铀原子核,因而使大量能量释放出来。发明并发展了粒子加速器的是伟大的南达科塔州人恩奈斯特·劳伦斯(Ernest Lawrence),没有加速器就没有近代核物理和粒子物理。他立即让吴女士投入工作。她获得了保密审查许可,并获得了经验。后来,在曼哈顿计划中,当费密所建起的反应堆中的一个经过几小时工作后停止时,她所获得的经验对曼哈顿计划起了关键的作用。在 1942 年,吴女士在田园般的马萨诸塞州的著名的女子斯密斯学院(Smith College)获得了教学职务。如果不是恩奈斯特·劳伦斯来访,这可能就是她研究事业的终结。他认为吴女士应该从事研究工作。不久之后她从哈佛、哥伦比亚、普林斯顿、麻省理工学院以及其他研究中心收到研究职务的聘请,这就是劳伦斯的影响。她去了普林斯顿,发现"这里男人们都很好",特别是核物理学家亨利·斯迈斯(Henry Smythe),他费力在此前全是男性的教授班子中为吴女士争取到一个位置。(此后她成为普林斯顿第一个接受名誉学位的女子。)当第二年哥伦比亚再次邀请她时,吴女士决定接受,并搬到了纽约。

吴女士常常被问到关于进入物理界的妇女的事。她对现在妇女可以做任何事情而感到高兴。谈到女物理学家已经有了重要影响时，吴女士感叹道："在过去从来没有这样少的人在不利条件下作出这么大贡献！"她为在她的事业中每个人对她都很好而感到幸运。和许多人猜想的相反，她在中国时也很顺利。她的大学同学都强烈地意识到，因为中国很落后，所以在各领域中男和女工作都很辛苦。在她到了美国后，看到在多数著名的私立大学中妇女被排除在外，感到很惊讶。在多年以后她听自己的女研究生说，男孩子们都不愿和学物理的女生约会外出，她更感到惊讶。在伯克利时，吴女士是学物理的惟一女生。任何人都"很和蔼并乐于助人"，教她量子力学的罗伯特·奥本海默是个"完全的绅士"。

吴女士感到伤心，因为其他女物理学家并不都很幸运。里瑟·迈特纳（Lise Meitner，1878—1968）是在德国工作的奥地利物理学家，是放射性衰变研究的创始人之一，不得不在物理系外面的木匠棚里做实验。迈特纳是第一个了解核裂变的人。当她访问哥伦比亚时，吴女士了解老年人经常要去厕所，过一段时间就问她是否要去。迈特纳别扭地回答她不用去，她经历过很好的训练，因为木匠棚里根本没有女厕所。

31 艾里斯的很多工作是和吴斯特合作的。

33 《宇宙的烦恼》一诗，见约翰·阿普戴克的"电话接线柱和其他的诗"（John Updike. Telephone Poles and Other Poems. New York：Knopf，1965）。

34 半世纪以来，物理学家以越来越高的精确度重复艾里斯的试验，尝试决定是否中微子有一个小的质量。如我所解释的，这个实验取决于电子的最大能量是否小于 E^*。（最近，俄罗斯的一个研究组宣布中微子的质量不是零。但其他实验组不能获得与他们一致的结果。）

4 时间与空间联姻

48 陈与义的诗，见钱钟书的《宋诗集注》（钱钟书. 宋诗集注. 北京人民文学出版社，1979. 148）。

52　关于电磁理论的发展简况,我参考了以下来源：摩根的《发现电的人们》(B Morgan. Men and Discoveries of Electricity. London：Wyman and Sons，1952)；霍尔顿和罗勒的《近代物理科学基础》(G Holton,D H D. Roller Foundations of Modern Physical Science. Reading，Mass：Addison-Wesley，1958)；麦克斯韦的《从苏格拉底前到量子物理学家的物理思维》(J C Maxwell. Physical Thoughts from the Pre-Socratics to the Quantum Physicists)，以及1975 年由 Pica 出版社(纽约)出版的桑穆布尔斯基(S. Sambursky)编集的一个文集。

52　电 (electric) 来源于希腊语,意思是琥珀。

52　孩子们一定对磁体着迷。这里的力是在两个物体不接触的情况下起作用的。罗马诗人鲁克瑞休斯 (Lucretius) 为了解释这个现象建议说,从磁石流出"大量的种子",用它们的"撞击排开"周围的空气,这样形成了真空,"铁的原子就能够趋向磁石"。(虽然这个有趣的理论是错的,鲁克瑞休斯对真空的作用却有着非凡的理解。)

52　在 1600 年,吉尔伯特(Gilbert)在一本物理学史上最有影响的书籍之一上发表了他的研究结果。实际上检察机关控罪伽利略,因为他在其他"不端行为"之外还拥有吉尔伯特的书《磁体(De Magnete)》。顺便说来,1588 年英国海军在查理 · 霍华德(Charles Howard)指挥下打败了西班牙的阿尔马达(Armada),这也是值得注意的。商业和军事的利益刺激了科学研究,这不是第一个也不是最后一个例子。

53　在磁体附近的导线上通过电流是否会使导线运动的问题是由威廉 · 沃拉斯顿(William Wollaston,1766—1828)提出的,这早已被除去科学史学家以外的人所忘记了。

59　在 1887 年,当爱因斯坦还只有八岁时,美国物理学家阿尔伯特 · 迈克尔森(Albert Michelson)和爱德华 · 莫莱(Edward Morley)被麦克斯韦对美国海军提出的讯问所推动,进行了一个巧妙的试验,以确定作相互匀速运动的观测者所测量的光速。教科书经常把这个实验作为物理学发展中最关键的实验之一来介绍,确实他们二人惊人的结果在物理学界产生了震动。但爱因斯坦在他的工作中从来没有提到过这个实验。如我所解释过的一样，他完全可以从纯粹理论的角度得到和他们相同的结论。科学史学家一直被爱因斯坦在1905年以前是否知道这个实验的问题所困扰。爱因斯坦传记作家的带头人亚伯拉罕·派斯仔细翻阅了历史记录，做出结论：爱因斯坦确切知道。见派斯的《上帝是高深莫测的：阿尔伯特·爱因斯坦的科学和他的生活》(Pais. Subtle is the Lord：The Science and Life of Albert Einstein, New York：Oxford University Press，1982)。

59 另一段历史涉及法国的天才阿芒·希坡利特·路易·菲佐(Armand Hippolyte Louis Fizeau)。在1851年，他测量了流水中的光速，但他的结果在五十年中没有得到解释，直到爱因斯坦的理论出现。

62 在1928年，爱因斯坦对皮亚格(J. Piaget)指出，他应该去研究孩子们如何感知时间。见皮亚格的《儿童的时间概念》(J Piaget. The Child's Conception of Time. New York：Ballantine，1971)。

62 关于光明女士的打油诗，作者是个研究真菌①的专家。见巴陵-古尔德的《打油诗的魅力：未被禁止的历史》(W S Baring-Gould. The Lure of the Limerick：An Uninhibited History. New York：C N Potter，1967)。

62 在诸如此类的记载和物理学教科书中，很自然把发展归功于一个物理学家。没有必要用凌乱的线索来充斥正文，在科学中这太常见了。要了解历史的详细情况，可以去读专门的著作。

我给出电磁学发展的详细情况，是希望让读者了解20世纪初物理学界的概况。问题是，电磁理论已经发展到这样的程度，相对论不变性已经很自然地来到爱因斯坦一代人的意识中。艺术史学家用同样的论据解释为什么巴洛克影响在几个国家几乎同时出现。类似地，除爱因斯坦外还有一些物理学家在研究相对论——法国的亨利·普恩加莱(Henri Poincare)、荷兰的海因利希·洛伦兹(Heinrich Lorentz)、英国的乔治·费茨杰拉德(George Fitzgerald)、德国的沃德马·沃伊格特(Woldemar Voigt)和赫尔曼·闵可夫斯基(Hermann

---

① 指在极短时间就疯狂生长的东西。

Minkowski)，但爱因斯坦在提炼出相对论不变性的物理推论方面走得最远。

63 希望更多地了解爱因斯坦对力学的修正的读者，下面是主要之点。力学的一个中心概念是运动物体的速度，它定义为物体行走的距离与所需的时间之比。但是哪个时间？

我们应该用物体的固有时间，还是用一个看着物体运动的观测者的时间？物理学家放弃了成见，把它们分别定义为固有速度和非固有速度。在日常生活中，它们的区别是可以忽略的。但是对于快速运动的物体，固有和非固有速度可以相差很多。

光子提供了最极端的例子。要记住，光子所携带的表是永久停在正午的，光子的固有时间永远不变，因此光子的固有速度是无限大。与此对比，光的非固有速度是有限的，等于 300 000 千米/秒。有的外行人觉得相对论的一个方面特别吸引人，即光速是所有速度的极限。实际上这个速度是指光的非固有速度，并不是固有速度。

在力学中，运动物体的动量等于它的质量乘以速度，这是个永远合理的公式。一辆卡车比和它并肩前进的小轿车动量大。在考虑快速运动的物体时，爱因斯坦要决定动量的定义应该涉及固有速度还是非固有速度。

在物理学中选用哪个定义要受到方程式看起来更"干净"和更对称这个愿望的影响。在本质上，物理学家希望物理量在有关变换——（在当前是洛伦兹变换）之下变得更整洁一些。固有速度赢得了竞赛。在洛伦兹变换下，固有速度定义的分母——运动物体的固有时间——根本不变。换句话说，运动物体的固有时间是运动物体的内在性质，它与观测者无关。观测者所记录的时间则与观测者有关。爱因斯坦选定了用固有速度来定义动量，这就不可避免地得出他的公式 $E=mc^2$。一旦动量的定义确定了，能量的定义就随之而确定了，因为在洛伦兹变换之下能量和动量是相互关联的。

另一个重要考虑是，如果动量是用固有速度定义的，那么它是守恒的。（见第 8 章关于守恒定律以及它和对称考虑的密切关系的讨论。）

从动量公式按逻辑关系得出有质量物体不能以光速运动的结论。如果它以光速运动，它就有无限大固有速度，即无限大动量。与固有速度不同，动量是可以测量的物理量,一个物体不能有无限大的动量。与此相反,一个无质量粒子,例如光子和中微子,必须以光速运动,如果它们有动量的话。

5 一个快乐的思想

69 爱因斯坦在 1921 年 9 月 30 日给史摩尔(E. Zschimmer)的信中表示了对于"相对论"名称的不喜欢。(霍尔顿在《爱因斯坦百年纪念文集》中的引证,前已引述。)

69 见劳伦斯·杜雷尔的《巴尔萨查》(Lawrence Durrell. Balthazar. New York:Dutton,1958,9,142)。

70 在霍尔顿和艾尔卡纳编辑的《阿尔伯特·爱因斯坦,历史和文化透视》(G Holton,Y Elkana. Albert Einstein, Historical and Cultural Perspective. Princeton, N J:Princeton University Press,1982)中,霍尔顿在他所写的"引言:爱因斯坦和我们想像的形成"这篇文章中,列出和分析了对于爱因斯坦工作的一些巨大的误解,而这些误解居然已经成为我们文化的一部分了。在他的分析中,一个著有《声音和暴怒(The Sound and the Fury)》一书的作家威廉·法尔科纳(William Faulkner)把爱因斯坦的思想和其他东西混合编纂在一起。对于法尔科纳,霍尔顿写道,"判断近代物理的轨迹是好的物理还是坏的物理是徒劳无益的,因为这一点痕量元素已经混在制造的新的合金中了。"

75 见温伯格的《引力和宇宙论》(Weinberg. Gravitation and Cosmology. New York:Wiley,1972)。

75 见彼得斯(A. Peters)著的《彼得斯地图》,由友谊出版社在美国出版。在《哈泼杂志(Harpers)》1984 年 4 月刊上可以找到另一个描述。感谢佩吉·加拉赫尔(Peggy Gallaher)告诉我这个参考。

78 顺便说来,引力能够使光弯曲的概念源于牛顿,他把光当成小的致密的球。

80 在 1884 年,哈佛大学建立起美国第一个专门的物理学大楼。爱德温·霍尔(Edwin Hall)是早期和约翰斯·霍普金斯(Johns Hopkins)齐名的实验物理学家。他曾经做过一些重要的电磁测量,此时他的兴趣转到探测对牛顿自由落体定律的可能的偏离上来。为了安排他,哈佛大学在新建筑里造了一座约二十米高的塔。自然地,霍尔并未发现任何有趣的效应。直到四分之三世纪之后这座塔才有了有意义的用途。

81 要真正了解黑洞,必须知道牛顿和爱因斯坦的本质区别。

在牛顿理论中,有质量物体在它的周围产生一个引力场,故事结束了。爱因斯坦的理论要复杂得多。从麦克斯韦的时期开始,物理学家就懂得给定的场包含能量,例如,对于星体附近的引力场。因为根据爱因斯坦的早期工作,能量和质量是等价的,因此引力场包含质量,并产生附加的引力场。换句话说,星体产生引力场,而它又产生一个附加的引力场,这个附加的场又产生另一个附加场,……直到无穷。引力的这个特性可比喻为"通过复利钱能生钱"。在这个意义上,爱因斯坦理论是非线性理论的一个例子,牛顿的理论是线性的。通常情况下,产生的附加引力场是小的,爱因斯坦和牛顿理论的区别不大。但在黑洞附近,附加的引力场叠加起来,造成时空的极度弯曲。

83 哈勃的工作基于早期韦斯托·斯利佛(Vesto Slipher)和哈勃的同事密尔顿·胡马森(Milton Humason)的工作。见佩格斯的《完全的对称性》(H Pagels. Perfect Symmetry. New York:Simon and Schuster,1985)。

85 爱因斯坦和贝多芬工作的比较引自派斯的《上帝是高深莫测的:阿尔伯特·爱因斯坦的科学和生活》(Pais. Subtle is the Lord:The Science and the Life of Albert Einstein. New York:Oxford University Press,1982)。派斯指出,名言是合适的,这个名言在贝多芬的作品 135 号中出现。

6 对称性指挥设计

87～88 这两页上的图取自杨振宁的文章"爱因斯坦以及他对 20 世纪下半叶物理学的冲击"(C N Yang. Einstein and his Impact on the Physics of the Second Half of the Twentieth Century. CERN Report,1979)。

89 爱因斯坦的理论看起来很简单。牛顿理论在用牛顿称谓的引力场表示时也是如此。但用牛顿的场来表示爱因斯坦理论时,就成为包含无数项的可怕的一大堆。可以有把握地打赌说,没有人能够在没有对称性原理帮助时猜出这个无穷级数是什么。

7 作用量无处不在

99 和作用量原理有关的数学已经从物理扩张到其他领域,在这些领域中战略规划起着重要作用。赛跑运动员要确定达到竞赛终点所需时间最短的路线。实际上,一篇关于这个问题的文章刚在一个物理杂志上刊出。在我们的讨论中也提到过经济学的重要性。杰出的经济学家保罗·塞缪尔森(Paul Samuelson),在 1970 年 12 月 11 日以物理学中的作用量原理开始了他的诺贝尔奖获奖演讲"分析力学中的极大值原理"。他接着谈道,一个谋求最大利益的企业的产出是由九十九个不同的输入所控制的,他谈道:

> 企业购进了一批货。一个经济学家在原则上可以写下描述确定货物价格的九十九个变量间关系的九十九个需求函数……在一百维空间的九十九个不同表面上的信息要存储起来会有巨大工作量!但近代经济学家认识到所需的需求曲线实际上是最大利益问题的解时,他们就能对付这个任务了。

100 有的人甚至于幻想到把最小作用量原理运用到非物理领域。想像在某处会有一个电影图书馆,它包含各种各样的可能的历史。例如,在一个历史中,母狼没有抚养罗慕洛斯(Romulus)和瑞穆斯(Remus)①,而是把他们吃掉了;在另一个历史中,拿破仑打败了威灵顿。每个历史都有个编号。在这无穷多的历史中,编号最小的就被选出了。

8 女士和虎

108 我从迪克著、布罗和尔翻译的英文版的诺特的主要传记《艾米·诺特》(A Dick. Emmy Noether 1882—1935. H I Blocher Trans. Boston:

---

① 罗马神话。——译注

Birkhauser，1981）选取关于诺特生活的资料，也参考布鲁沃和斯密斯所编的《艾米·诺特：向她的生活和工作的致敬》（J W Brewer，M K Smith. Emmy Noether：A Tribute to her Life and Work. New York：Marcel Dekker，1981），此外还参考她的同代人所作的纪念演讲，其中有许多收录在以上两本书中。布鲁沃和斯密斯的书列于《纯粹和应用数学专著和教科书》系列中。虽然多数内容是关于纯数学的，但也包含传记性内容。

109 根据韦格纳在则吉吉所编的《理解物质的基本构成》（A Zichichi. Understanding the Fundamental Constituents of Matter. New York：Plenum，1978）中所写的文章，赫赛尔（J. F. C. Hessel）是在晶体对称性研究中第一个明确讨论对称性的物理学家。第一个系统的讨论是由克莱茨曼（K. Kretschman）给出的（Ann der Physik 1917(53). 575)。不变性和守恒之间的联系在不同程度的普遍性上由哈默尔（G. Hamel）（Z Math Phys，1904. 1）、诺特和恩格尔（F. Engel）（Nach Ges Wiss Gottingen，1918. 235,375）进行过研究。

111 在 1933 年 4 月，即第三帝国成立后的一个月，犹太裔的诺特被逐出大学。两年后她死于布莱恩茂尔学院（Bryn Mawr College）。

9 学习去读这本伟大的书

114 在我所选修过的所有数学课程中，群论是最有意思的。

116 给读《可畏的对称》的数学家的一个注记：我讨论的是转动群，不是它的覆盖群。

10 对称性的凯旋之歌

126 在作家的手中，海森堡的不确定性原理和爱因斯坦的相对论原理遭到同样的命运：他们像变戏法一样把不确定性变出海森堡从未想过的想法。我听说海森堡的不确定性原理是在建筑界摆弄出来的，感到非常吃惊。另外的人把原理的含义延伸到他们自己随便想像出来的样子。我不再谴责这类现象了，我再一次引证保罗·塞缪尔森的诺贝尔获奖演说：

> 没有比迫使一个经济学家或者一个退休工程师在物理的概念方面和经济学的概念方面寻找相似性更具有悲剧性了……当一个经济学家将海森堡的不确定性原理用到社会现象时，最好会被认为是语言的图解或是玩弄字眼，而不会被认为是量子力学关系的有效应用。

128　在量子物理中，几率幅不是由通常数(实数)给出的，而是数学家称谓的复数。

129　在 20 世纪 60 年代，斯梯夫·埃德勒和约翰·贝尔以及罗曼·贾克伊分别独立地发现，在某些情况下，量子理论不一定具有相应经典理论的所有对称性。在当时，因为这个理论的可能性太出人意料了，并被称为反常。对反常的研究在我们寻求自然的对称性中起重要作用。

132　我在讨论原子中转动对称所起的作用时，把自旋忽略了，因而简化了讨论。

11　夜间森林中的八重路

142　以下是同位旋对称历史的简短概括。因为中子质量与质子如此接近，柴德威克自然地认为中子是由质子加上一个电子形成的。我们现在知道这个图景是错误的，并和一些实验观测相矛盾。很难理解为什么原子的一些电子在核周围旋转，而另一些却被吸入核中。

海森堡认为，中子是个独立的粒子，而核由质子和中子形成。他进一步假定，**交换**质子和中子，强作用保持不变。注意到这个对称比同位旋对称要弱得多，在后者人们把质子或中子变为它们的线性组合。但海森堡继续认为中子是由质子加电子组成的。他是这样解释质子和中子间的相互作用的：当中子走近质子时，中子里的电子跳进了质子。海森堡解释，电子在质子和中子之间跳来跳去，产生了它们间的相互作用。在海森堡的图画中，两个质子间是没有强作用的,因为没有电子跳来跳去。他错误地认为原子核是由质子和中子间的吸引所维系的。

海森堡的理论被实验家海登伯(N. P. Hydenburg)、哈夫斯泰德(L. R. Hafstad)和图为(M. Tuve)证明是错误的,他们测量了两个质子间的相互作用,(仿照早期怀特(M. White)的工作)并发现了质子间的相互作用和质子与中子间的相互作用的强度是可比的。1936 年,卡森(B. Cassen)和康登(E. U. Condon)以及布赖特(G. Breit)和芬伯格(E. Feenberg)分别建议把海森堡的交换对称推广为同位旋对称。(我要感谢温伯格在关于这个问题的讨论上给予的帮助。)

顺便说来,在 1934 年汤川的文章中只有带电 π 介子。而同位旋需要电中性的 π 介子,是在晚得多的时候(在 1938 年左右)才被恺默(N. Kemmer)以及坂田、武谷和汤川分别认识到。

148　我从汤川秀树的自传《旅行者》(Hideki Yukawa. The Traveler. English Translation by L. Brown and R. Yoshida. Singapore：World Scientific Publishing，1982)取得引证。汤川描述了他在 1932—1934 年期间寻求核力理论时的"长期的磨难"。为了使自己安静下来,他每天在不同的房间睡觉。在 1934 年 10 月的一个夜间,关键的概念就像一个闪光出现在他面前。

149　认为 K^0 总是和 Σ^+ 一同产生,是把讨论简化了。还有,盖尔曼、西岛、派斯以及其他人找到奇异量子数守恒的路程也比正文中描述的要曲折得多。

150　关于费密的引证源于韦伯编的《科学中更多的随机行走》(R L Weber. More Random Walks in Science. Bristol，England：The Institute of Physics，1982)。

150　顺便说来,物理学家语言的纯洁性也有限制。例如 lepton 的复数 leptons 根据希腊语本来应该是 lepta。

150　实验家卡尔·安德逊和赛斯·内德迈尔把发现的粒子称为"mesoton"。物理学家罗伯特·密里根建议将它改为"mesotron"以便和电子(electron)、中子(neutron)一致,但安德逊说,这和质子(proton)就不一致了。mesotron 名称就沿用下来,并根据印度物理学家巴巴(Homi Bhabha)的意见被缩写为"meson"。据伽莫夫说,有的法国物理学家提出抗议,认为这个名字和法语的马易混。另外,"meson"的发音和汉语、日语的"迷想"相近,意思是幻觉或幻想。在 20 世纪 30 年代,日本物理学家经常聚会讨论介子物理,被称为"幻觉会议"。

原来,安德逊和内德迈尔发现的粒子并不是汤川所说的。为了区别它们,汤川的粒子被称为 π 介子,那个骗子称为 μ 介子。后来知道,μ 介子根本不是介子,它是一个轻子,就像电子,名称就被缩为 μ 子(见第 15 章)。顺便说来,汤川在他的文章中把他的 π 子称为 U 粒子。见卡尔·安德逊写的文章,载于《粒子物理学的诞生》(Laurie Brown, Lillian Hoddeson. The Birth of Particle Physics. New York:Cambridge University Press,1983.148)。

154 作为对 20 世纪 60 年代早期实验情况混乱的一个说明,现在已经知道在 1963 年发表的统计中列出性质的有 26 个强子,其中有 19 个并不存在。

154 读者会发现,$SU(3)$ 群和转动群 $SO(3)$ 在它们的定义表示中都牵涉到三个物体的相互转变。但是对这两个群而言,变换是不同的。

155 关于尼曼生活的资料中,我参考了他的自传《强子对称、分类和复合性(Hadron Symmetry, Classification, and Compositeness)》,即将出版。另外,见迪康著《以色列情报机构》(R Deacon. The Israeli Secret Service. New York:Taplinger,1977.138)。

从这个半自传性的资料中知道,尼曼的祖先是犹太教先知埃利亚胡(Eliyahu,1720—1797)的门徒,这一群人代表了当时理性和学术性犹太教的前沿,是情绪主义(sentimentalist)观点的抵抗者。

根据尼曼的一篇文章,载于埃尔卡纳编的《科学和哲学的相互作用》(Y Elkana. Interaction between Science and Philosophy. Atlantic Heights. N J:Humanities Press,1974.1~26),坂田作为马克思主义者,坚持基于辩证唯物论的自然哲学观点而走了错路。

157 盖尔曼在他的文章(Phys,1964 (1).63)中说到了高枕无忧。

160 给定质子由两个上夸克和一个下夸克构成,中子由两个下夸克和一个上夸克构成,我们能很容易得出夸克的带电量。质子和中子的电荷应该等于它们包含夸克电荷之和。把中子的一个下夸克变成上夸克，中子就变为质子。记住质子带有一单位电荷，而中子不带电。所以上夸克应该比下夸克多带一单位电荷。用 Q 代表上夸克的电荷，那么下夸克的电荷就是 $Q-1$。含有两个上夸克和一个下夸克的质子的电荷应该是 $Q+Q+Q-1=3Q-1$。由于质子电荷为 1，我们就得到方程 $3Q-1=1$，其解为 $Q=2/3$。基础物理学中一些重要的计算并不那样难。

夸克具有分数电荷困扰了许多物理学家，也说明了为什么盖尔曼起初不愿考虑 $SU(3)$ 定义的三重表示。在那以前，所有已知粒子的电荷都是质子电荷的整数倍。

12 艺术的复仇

164 普瑞德瑞格·斯为塔诺维奇在《场论》（Predrag Cvitanovic. Field Theory. Nordita lecture notes. Copenhagen：Nordita，Blegdamsvej，1983）中指出，早在 1914 年詹姆士·爵伊思就知道了规范对称性[①]。我感谢威廉·比阿列克（William Bialek）给我看这本书。

164 我忍不住要给出爵伊思说到规范对称性的一段。我肯定许多读者会感到很好奇。这是在什么意义下的东西呢？下面就是。

佐伊：（冷淡地，手指在项饰带上。）要诚意吗？下次吧。（她冷笑了。）我假定你从错误的一边下了床，要不然就是和你最要好的女孩搞翻了。我能看得出你的想法。

布卢姆：（苦涩地）男人和女人、爱情，它是什么呢？软木塞和瓶子而已。

佐伊：（突然发火）我恨透了不真诚的坏蛋，给流着血的妓女一次机会吧。

---

① 实际上爵伊思写的是"gauging the symmetry"，并非指物理的规范对称。见脚注②。——译注

布卢姆：(后悔地)我讨人厌，你也绝对邪恶。你从哪里来，伦敦吗？

佐伊：(伶牙俐齿地)猪都吹管乐器的猪诺顿。我在约克郡出生。(她抓住了他在摸自己乳头的手。)我说，托米小老鼠。停止这些，干点更坏的吧。你有现金吗？十个先令？

布卢姆：(笑，慢慢点头)更多，美人，更多。

佐伊：看你！(她用自己天鹅绒般的软爪子随意拍了他一下)你是到我们的音乐室来看新的自动钢琴的吗？来吧，我来脱衣服。

布卢姆：(犹疑不决地摸着自己的后脑勺，衡量着她裸露的两个梨子的对称性，感到前所未有的尴尬)要是知道了，她会嫉妒得要命。这个绿眼睛的妖精。(真诚地)你知道这有多难，我用不着告诉你。

佐伊：(高兴了)眼不见，心不烦。(拍他)来吧。

布卢姆：笑面巫婆？摇摇篮的手。

佐伊：小宝贝儿！

布卢姆：(在亚麻布床单上，穿一件长袍，一头黑发的大脑袋，用大眼睛固定在她的光滑睡衣上，用粗手指数上面的铜扣子，湿润的舌头吐了出来，口齿不清地说)一二三，三二一。

166 克莱因(O. Klein)和肖(R. Shaw)曾讨论过与杨振宁和米尔斯类似的概念。

167 尼尔斯·亨德里克·阿贝尔(Niels Hendrrik Abel)出生在挪威农村一个贫穷的牧羊人家庭中。他是一个天才的数学家，26 岁时在赤贫中去世。记住在把群的两个变换相乘时，次序是重要的。阿贝尔的名字是和相乘次序并不重要的那些群联系在一起的，它们称为阿贝尔群。物理学家通常对相乘次序重要的那些非阿贝尔群感兴趣，所以有了非阿贝尔规范理论的名称。例如我们强相互作用的理论就是非阿贝尔规范理论。有讽刺意义的是，这位聪明数学家的名字竟和消极的意义联系在一起。其实电磁理论就是阿贝尔规范理论的一个例子。

169 我给出的有关"规范"一词的信息是从几本字典上查来的。《牛津英语词典》说,这个词的来源不明。它早在 13 世纪古老的法国北部出现,但在其他罗马语言中没有出现过。(现代法语中 gauge 拼作 jauge。)《韦克莱(Weekley)词典》和《牛津汉语词典》意见一致,但多了一个语源学注解,认为它来自德国中部的高原。见韦克莱著《近代英文的语源学字典》(E Weekley. An Etymological Dictionary of Modern English. New York:Dover,1967)。不论如何,物理学中的规范理论和距离或大小无关。

174 耦合强度会随物理世界被观察的能量尺度变化,这个观点早在 20 世纪 50 年代初就由斯提克堡(E. C. G. Stueckelberg)和比德曼(A. Peterman)、盖尔曼(M. Gell-Mann)和娄 (F. E. Low)、波戈留伯夫(N. Bogolyubov)和舍尔科夫(D. V. Shirkov)提出过。作为整体,物理界对其没有进一步的研究,部分原因是这些文章写得太难懂了。

176 我称渐近自由理论为"停滞的理论",因为一旦耦合强度减到零,它就停在那里不动了。

177 特鲁夫特也曾独立地认识到杨-米尔斯理论是渐近自由的。但他的结果没有在杂志上发表,知道的人也不多。苏联物理学家赫里普罗维奇(I. B. Khriplovich)也研究过杨-米尔斯理论耦合强度的行为。

177 顺便说来,我和威尔切克关于中微子在质子上散射的工作标志着一个长期合作的开始。我们二人在普林斯顿生活了多年,我们日益扩大着的家庭彼此相处得很好。威尔切克和我现在都在圣巴巴拉的理论物理研究所。

184 李(B. W. Lee)和津-热斯丹(J. Zinn-Justin)也曾讨论过杨-米尔斯理论可以重整化问题。

13 最终设计问题

188 托马斯·曼著海伦·娄-波特译的《魔法山》(Thomas Mann. The Magic Mountain. Helen Lowe-Porter Trans. New York:Knopf,1927.480)。

190 对称自发破缺的概念是通过曲折的路径来到基础物理学的。我们给出的例子(包括酒瓶和磁体)指出,许多通常的物理现象展示了对称自发破缺,这是个常常不被明确认识的事实。在 1957 年,三个美国物理学家约翰·巴丁、里昂·库柏和罗伯特·施里弗成功解释了自从 1900 年就已为人所知的特殊物理现象——超导。如大家所知,一段导线对电流的通过表现出一定的电阻。一些不同种类的金属在温度降到很低时,电阻就戏剧性的消失了。巴丁、库柏和施里弗由于他们的贡献被授予诺贝尔奖(顺便说来,约翰·巴丁是历史上惟一一位得到两次同一学科诺贝尔奖的人,前一次他因发现晶体管而获奖)。这里,我不给出超导的详细解释,而只是指出它在本质上涉及对称的自发破缺。在俄罗斯物理学家金兹堡和朗道的理论框架内这是更明显的。除在正文中提到过的名字以外,还有许多物理学家,主要的有斯提凡·阿德勒、克提斯·凯兰、若纳-拉斯尼奥、毛利斯·莱维、莫瑞·盖尔曼、莫夫·戈尔德伯格、山姆·垂曼和威廉·外斯伯格,也对我们关于对称性的自发破缺的理解做出过贡献。

14 力的统一

207 有的读者会感到奇怪,为什么不把 15 个夸克和轻子场分别放进 3 个五维表示中去。可以,但这样一来夸克和轻子就没有它们所具有的性质了。这就是我在正文中说的比起我们简单的计数更为天衣无缝的符合。问题在于这样一个前提,并没有夸克和轻子带着观测的性质出现作为保证。(此外,如果采用这个表示分配,理论也会出现反常。见第 10 章的注记。)

208 自然地,有些爱开玩笑的人把 $SU(5)$ 理论中夸克和轻子的分配称为"伍尔沃斯(Woolworth)分配"。

209 为了使叙述更加流畅,我随便地采用了"电磁登山者"和"弱登山者"来说明大统一。严格说来,我应该说"$SU(2)$ 登山者"(从高到低)和"$U(1)$ 登山者"(由低到高)。

209 三个登山者的出现可能使读者困惑。即使电弱统一将电磁和弱作用统一起来,但仍有两个耦合强度。见前一个注记。

211 当我提到中子衰变时,我再次牺牲了科学的严格性。中子实际上衰变为一个质子、一个电子和一个反中微子。

218 盖里·斯泰格曼(Gary Steigman)在一篇有影响的文章中考察了现

有的证据并得出结论,物质-反物质宇宙是不能成立的。

222 此前,我编过一部关于大统一的书《宇宙中力的统一,二卷本》(A Zee. Unity of Forces in the Universe, 2 vols. Singapore: World Scientific Publishing, 1982)。虽然该书是为研究生和研究者编的,但外行读者也可以通过翻阅这部书获得当前关于大统一研究的更多的信息。

223 在大统一前很久,伟大的苏联物理学家和人道主义者安德烈·萨哈洛夫就认识到,如果重子数可以不严格守恒,宇宙中物质的起源就可以理解。在西方萨哈洛夫的工作是不为众人所知的。在大统一提出之后,一些物理学家重新发现了物质产生的过程,并把它放进大统一的框架,他们包括吉村、狄莫普洛斯、萨斯肯德、杜桑、垂曼、威尔切克、温伯格和我。我自己和这个问题的接触始于20世纪70年代早期,当时我在巴黎访问了一个时期。我租住了一套属于物理学家罗兰·奥姆纳斯合作者的公寓,他们在研究包含等量物质和反物质的宇宙。我在那里看了几篇这方面的文章。此后的几年之中,我和威尔切克尝试了几次,看对称自发破缺能否提供物质-反物质宇宙中的分离机制,但没有成功。最后,我、垂曼和杜桑一起认识到重子数不守恒提供了关键因素。

223 暴涨宇宙概念所面临的许多困难中,经济学家喜欢"体面退出问题":如何使宇宙退出暴涨时期。为了解决这个问题,林德、阿尔布雷希特、斯泰因哈特发明了原始模型的几个变种。

15 傲气抬头

226 基础物理学家改变了问题,这个事实使我想起一个学术界的笑话。一个经济学的研究生在准备他的博士资格考试。研究生决定看前几年的题目来做些准备。同样的问题年复一年,这让他大为惊讶。他为此去问自己的教授,这位有名的学者回答说:"是的。问题年年一样,但正确的答案却年年不同。"

227 μ子也独立地被斯垂特(Jabez Street)和斯梯文森(E. C. Stevenson)

发现。

227　关于 μ 子的混乱是在 20 世纪 40 年代由坂田和井上在日本、马夏克和贝特在美国澄清的。

231　派斯在他关于爱因斯坦传记中描述了后者的孤僻，特别在第 39 页。

232　贡那尔·诺德斯特罗姆（Gunnar Nordstrom）和海因利希·曼德尔（Heinrich Mandel）也分别提出引力的高维理论。见派斯一书。

238　大统一规范相互作用能产生引力的概念源于苏联物理学家和人权主义活动家安德烈·萨哈洛夫的工作。一些物理学家，包括闵可夫斯基（P. Minkowski）、藤井（Y. Fujii）、寺泽（H. Terazawa）、阿德勒和我，重新发现了这个概念并发展了它。

239　费密子的命名是为了纪念美籍意大利物理学家恩里科·费密（Enrico Fermi），玻色子的命名是为了纪念印度物理学家玻色（Satyendra Bose）。

240　在欧洲工作的韦斯（Julius Wess）和祖米诺（Bruno Zumino）是最早系统地研究超对称的人。早期的关于超对称的讨论出现在苏联物理学家果尔方德（Y. Golfand）、里赫特曼（E. Likhtman）、沃尔科夫（D. Volkov）和阿库洛夫（V. Akulov）的工作中。在内吴（Andrei Neveu）、施瓦尔茨（John Schwartz）和拉蒙（Pierre Ramond）的工作中也有显现。

242　1933 年 6 月 10 日，爱因斯坦在牛津的斯本塞的讲座（Herbert Spencer lecture）"关于理论物理学的方法"，发表于"我的世界观"（A Einstein. On the Method of Theoretical Physics. Mein Weltbild. Amsterdam：Querido Verlag，1934）。

16　造物主的思想

245　CPT 定理是由吕德斯（G. Lüders）、祖米诺、泡利、施温格以及其他人发现的。

245　在 K 介子的衰变中，逻辑上存在 *CPT* 被破缺，而 *T* 仍不变的可能性。但对实验数据的仔细分析指出 CPT 不变性是应得到肯定的。

245 我们对旋转的陀螺在引力场中的进动都很熟悉。实验家在寻求时间反演破缺的直接证据时研究不同粒子在电场中的进动，例如电子和中子。这个进动选出一个特定的方向。

246 一个建议是，我们感知中的时间箭头是和宇宙膨胀相联系的。但要明白远处星系的运动如何影响我们的意识是很困难的。

246 关于时间本性的著作，可以参看兰斯伯格编的《时间之谜》(P T Landsberg. The Enigma of Time. Bristol，England：Adam Hilger 1982)。

248 当然我仅是稍稍触及我们的意识问题。关于这方面的文献，可以参看汉普登-特纳著的《意识的地图》(C Hampden-Turner. Maps of the Mind. New York：Macmillan，1981)。佩格尔斯著《宇宙的密码》(H Pagels. The Cosmic Code，New York：Simon and Schuster，1982)给出了量子测量理论的清晰和通俗的介绍。在专业物理文献的作者中，海德堡大学的泽(H. D. Zeh)和伊利诺伊大学的莱格特(A. Leggett)都是属于在近年来对观测者和量子的关系有深入分析的科学家。

248 对布莱克的诗的批评，可以看垂龄著《文学的经验》(L Trilling. The Experience of Literature，Garden City，New York：Doubleday，1967. 857)。布莱克关于燃烧的猛虎的诗中，除去把第一行"能构造您的可畏的对称吗?"的"能"字改成最后一行的"敢"字，最后一行和第一行完全一样。最有意思的是，在某些更早的版本中，布莱克在两处都用了"敢"字。在寻求近代物理学的对称性时，不要把这首诗读得太多。

249 有关上帝是否有选择的引证取自爱因斯坦给施特劳斯(Ernst Straus)的意见，可参考弗兰奇编的《爱因斯坦：百年纪念卷》(A P French. Einstein：A Centenary Volume. Cambridge，Mass：Harvard University Press，1979)。霍夫曼的引证参见他的《爱因斯坦：创造者和反叛》(B Hoffmann. Albert Einstein：Creator and Rebel. New York，Viking Press，1972)。

250 一些年来，人类中心的观点受到很多批评。一个合理的批评可以参考佩格尔斯 1985 年在《科学》杂志第 25 卷第 2 期的文章。

跋

252 一个简短但内容丰富的关于弦理论的介绍，可以看这方面公认的专家威腾写的文章（Ed Witten. Reflections on the Fate of Spacetime. Physics Today 1996(4). 24）。更为专门的介绍，可以看波尔秦斯基著《超弦》（J Polchinski. Superstrings. Cambridge：Cambridge University Press，1998）。

254 最近关于超弦理论的自恰需要 p 膜的观点，是由我在理论物理研究所的同事波尔秦斯基和他的年轻合作者戴进(Jin Dai)和李(Rob Leigh)在此前若干物理学家工作的基础上领先提出的。更早期的工作可以参考波尔秦斯基关于 D 膜的 TASI 讲座（J. Polchinski, TASI Lectures on D -branes）。（在互联网上可以查到）

259 徐一鸿的文章（A Zee. The Unreasonable Effectiveness of Symmetry in Fundamental Physics. In：Ronald E ed. Mathematics and Science. Mickens Teaneck，N J：World Scientific，1990）。

260 徐一鸿的文章（A Zee. On Fat Deposits around the Mammary Glands on the Females of Homosapiens. Ralph Cohen ed. New Literary History. forthcoming 2000）。

260 乔治·威廉斯著《小鱼的发光》（George C Williams. The Pony Fish's Glow. New York：Basic Books，1997. 140）。

261 斯莫林著《宇宙中的生命》（Lee Smolin. The Life of the Cosmos. Oxford：Oxford University Press，1998）。

索　引

313